Adult Activity Books Series

The Giant Book of

Suguru

1000 Easy to Hard Number Blocks (10x10) Puzzles

Vol. 6

Khalid Alzamili, Ph.D.

A Special Request

Your brief review could really help us.

Thank you for your support

August 2020

ISBN: 9789922636573

Dr. Khalid Alzamili Pub

www.alzamili.com

Author Email : khalid@alzamili.com

CONTENTS

Title	Page No.
Introduction	*1*
Easy	*3*
Medium	58
Hard	114
Solutions	*170*
Bonus	*220*

INTRODUCTION

Playing logic puzzle is not just a fun way to pass the time, due to its logical elements it has been found as a proven method of exercising and stimulating portions of your brain, training it even, if you will and just like training any other muscle regularly you can expect to see an improvement in cognitive functions. Some studies go as far as indicating regular puzzles can even help reduce the risk of Alzheimer's and other health problems in later life.

Suguru (Number Blocks) is a logic puzzle with simple rules and challenging solutions. The task consists of a rectangular or square grid divided into regions.

The rules of Suguru are simple, each region must be filled with each of the digits from 1 to the number of cells in the region. Cells with the same digits must not be orthogonally or diagonally adjacent.

1	5				3	5	2		
4				6	7			4	2
7		5	3		4	2		6	
6	2						7	3	7
	4	5		1		4	6		5
1		2			2			1	
			1			6			4
	6	7	3	6			1		
4			2	1	4	3		5	
1	7	3	6		6		2		4

1	5	6	4	2	3	5	2	1	5
4	3	2	1	6	7	1	3	4	2
7	1	5	3	2	4	2	5	6	1
6	2	6	4	6	5	1	7	3	7
5	4	5	7	1	3	4	6	4	5
1	7	2	3	5	2	5	3	1	3
2	3	4	1	7	3	6	4	6	4
5	6	7	3	6	5	2	1	2	1
4	2	4	2	1	4	3	6	5	3
1	7	3	6	5	6	1	2	1	4

This Logic Puzzles book is packed with the following features:

- 1000 Easy to Hard Suguru (10x10) Puzzles.
- Answers to every puzzle are provided.
- Each puzzle is guaranteed to have only one solution.

We hope this will be an entertaining and uplifting mental workout, enjoy The Giant Book of Suguru.

Khalid Alzamili, Ph.D.

Easy (1)

4		3	6					3	1
	1		5	2					
2	4	6			3		2		5
	1		7			5		1	
5				1	7		7		5
				3		2		6	
		3		1	6		7		4
4	1	6		5				5	2
6					1				
	4	5	2	3		5			3

Easy (2)

		1	4	5	4		2		5
	3				3	6		6	3
	4			1				7	
6		1	3		3		3		6
5		5		7		4		4	
	3		2		6		6		1
	2	5	7		4		7	4	2
							5		5
		3		3		4		2	
3	7		2	7	5		1		

Easy (3)

1		5		1			3		1
3	6				4		4	6	
1			7	6			3		
	5	1		3		4		6	3
1				5			1		
7			1		3			2	5
		3	6	2		5		4	
	7		5		3		2		5
3		4			7				
6		2		5		4			4

Easy (4)

	2	1		4		2		1	3
7	5		6	5		7		2	5
	6			2	3		4		
4		3		5	4		5		2
6			1	2		2			4
	2					1			2
3	1			3	2	6		6	
2						4			7
	6		6		2	5		5	3
2		4	2	1	4		3		

Easy (5)

4			4	1		4	6	1	5
2	6	2			5				7
		4	5		3		6	2	
4	7			2		1		7	
		2	6				3		
5	3		3		6			1	
6						5	3		3
	4		2		7	2			1
1			6		6		6	2	
3	4			5				5	1

Easy (6)

7			1	6		5			2
									1
5		7	4		5		3		2
6			2			2	7		6
	2	3		7	3		5	1	
6			4			7	2		6
7		5			3				2
		1	4			1		5	
2				7	6	4	6		1
4		3		3		1		7	2

Solution on Page (170)

Easy (7)

1		5	2		5		1	3	6
5		3				3	2		2
2		2		5			7	1	
1	3		7			2		5	2
	5				6			4	
4	6	7		5					
	2		1		1		1		1
5		4		5		2		7	
1								3	1
2	7	4		1	7	6	5	4	

Easy (8)

3	1		1	2			3	5	1
		3		5	4	6	1		2
5	7								
	2		1		1	5	6		4
	5	3	4	6				3	
			5		1				
	5		7	4			3		6
7		4			5		1	7	2
2	3		6				3		
1		7		3		2		6	4

Easy (9)

		2				1		5	
		4			3		6		1
	5				4	2	5	3	5
3			1	3			4		
1				4		2		3	4
	2		7	1			7		1
	7			6		2		4	
2			5		4		3	6	1
	5		6	7	2				7
1	3			4		7	3	4	

Easy (10)

5		1	5		3		4	3	1
		2		4		2	1		6
2	6		1		3			4	
				2		7	6	3	
3		3		7	1		1		4
	5		5			2		2	
	6	3			3				5
			4		4				
	3		2			6	3		1
1	4	5		4	1		1	2	4

Easy (11)

3	1		4	6		3		5	1
	4		3				2	6	
2				5	7		4		4
			6	3		1		3	
3		1					4		2
	2			3		3			4
6			6				6		
	1		7	4		3			7
4	2	6		2					4
5		7		4	6	3		1	

Easy (12)

	7		4		3	5	7		
3	6		5				2	4	1
				7				5	2
5		7		5		4	7		
1		1		6	1	3			
	4						1	3	
3			4		1	6	2		
		1		3		7	1		1
	4	7	6		4				4
2		1		2			6	2	3

Solution on Page (170)

Easy (13)

6	1		3		4	5		5	6
		6		7				4	
4	1		2				3		3
			5			1	6		4
	5	3		4		3	7	1	6
			5	7	1				5
	1						1	4	
4	2		1		7	4		2	7
	5				1				
1		6		3		3	2	1	3

Easy (14)

2	3		2		6	3	5		5
	7			3			2	1	
2		1			4	3			3
6			4		2			1	
3	1	6				3	4		
	2		3		1				1
4						7	1		4
	3		4		5		3		
4					1				1
3			3	2		3	6		4

Easy (15)

1		4			1			4	5
	5		1			4		7	
6			7	6			1		6
7		3		1			7		2
		2			4			1	
3	6		6		5				2
			3	4		4			
3		2			2				1
	6		1	4		6			6
	5	2			7		3	1	2

Easy (16)

2			5		5	1	4	6	1
4		7	3	7	3		3		
		1		1		1		7	3
6	2		6		2		5		
	7			3		1			6
4		5	4		4			1	4
		1		5			6		2
	4				3			5	
1	2		5	7	5			2	4
3	6	1		4		6	5		6

Easy (17)

4	7			5	1	3		2	4
1			3		4		7	5	
5		6		2		2		2	1
	4	5		3			4		4
6					1	7		5	
3		4		3					3
			2	5					7
5		1	6				3		2
			3					1	
3		2				5	3		3

Easy (18)

	1		5	4	3	2		1	2
3			2				6	5	6
	6	1		3	5	2			
	4							7	
1		5				6	5		4
6	4		1	5		7		7	
2		5			3			6	4
		3		5	2				
5			4	3		6			2
1		2		6	1		5	6	1

Solution on Page (170)

Easy (19)

		3		6	5		2		
6	2		7	4				7	6
3	5		5		1	4		2	1
2		6	7			3	6	4	
3		3		3	1			2	
	5				7	4			1
3		2			6		1		5
		5				4		2	
			4	5				5	
1	2		6		4		7		4

Easy (20)

1	4		3	6		3	1		2
2		5	7		5		2	6	
				6		7			3
		3		5	3			2	
1						7			5
2						6			
	3	6		4	3		2		3
6			1			4			4
	1	3		6		1	7		
3	4	2		5		6		4	1

Easy (21)

4			3			5	3		1
7	2							6	
1	6		3				3		5
		5		4				1	3
3	6		1	6		7	3		4
	1	2				4			2
2				3	6		5		
	5	1		5		4	1		6
3	7		4	3				5	
5			6		1		4	2	

Easy (22)

	2			5		4	1		1
3			2	3				5	
	5		1		5		4		6
		2		4		3	1		5
3	5					5		3	6
2			2		3		1	2	
	7		4	1			4		4
3	2	3			2			7	
	4			6				2	
6		5	1		1		1	3	1

Easy (23)

6	5		5	1	2		2		1
7		3	2			3	4	5	
	1	6		6				7	4
2	7				4				
5	6	1		6				1	3
1			5		3		4		6
	4	2		2			1		4
	1	5					2		7
	2		2		6	3		4	
3	5		7			2		2	5

Easy (24)

1			6	2		7	6		
5	4		3				1		
	7			4				2	
6		2					4		
	1		3	2		7		2	1
4		4		1			3		7
	2				3			4	
7		6					7		6
5			5		3	2		4	
	7	4		2	4		3	1	3

Solution on Pages (170-171)

Easy (25)

3		1			4	2	7		4
		5		7				6	
2		6	1			7		4	2
		4		5		2			5
4						4			3
6		7	3	1				6	4
2	3		6			6		3	
7				3	1		2	1	2
	4		4	6				4	
3		2	5		3	1	2		

Easy (26)

4		2		7		1	2		6
	6				2	4			
4		3		4	6		3		
1					1		6		2
	2			4					
3		4	7			6		5	
4				5	2			2	
2	7		6				6		3
	3		3	2	7		4	2	
1				5		5		1	

Easy (27)

7		4	5	3	7				3
	6	3	1			4		6	
2		4	2		2		7		4
	1				7		6		1
6		6			4	3			
5			1		1		1	5	6
4		4		3		4		4	
3	6	2				6			2
			3		4		4		
	5	2		1		2		2	4

Easy (28)

3	1		1		4	2			1
7		2		2	6		4	6	
3			3			1			1
1		2	7	1		2		5	2
	5	4			3		1	3	
2			6	4		4			7
7	1		7					6	
5		3			4	3	7		
				2		1			7
4	6		5		3		4	3	

Easy (29)

1			7	5		1		3	2
5		3		1		3	4		
4		4	2		7		7	3	6
	7		7	1		2			1
2	6			2		7		2	
4		1	4		6		5	7	
	2	7	2			3		3	4
1					4		1		
	2	4		3		3			3
3			6	1		2	1	2	4

Easy (30)

	4	1	5		5	1	6		4
3				6	2			5	3
	1		1		4		6		1
3		2		7	3		4		
1			4			1			
		6	5		3		3		
3		2		2		5		7	
				6	7		1		2
	1					2		5	4
4	6	2		1	4		3		6

Solution on Page (171)

Easy (31)

	6	5		6		5			5
4		3		2	1	4		3	1
	7		6			6		2	
2		5			5				4
1			7	3				5	
	5		5				1		1
		3		1		3			5
4			4		5	2		2	3
3			6	3	4		3	4	
2		4		1		5		1	7

Easy (32)

2		7		6	2		2		3
4		3	4		1	3		6	
1	2	7		6			7		2
	3		1		4			5	6
5						6			2
3			1		7		4	5	
		4		5		2		7	1
	3		6		6		4	3	5
5				3		3		6	
4	2		1	7			2		1

Easy (33)

2		2		1	4		4		3
	6		4				5	6	2
1		2		2		2		3	
3	7	4			1		7		6
	5	2				2		3	7
1			7	1	6		4		2
		1	5			5			
7	6				3				3
1		7			6		2	4	
	2		2	1		3	6		7

Easy (34)

2	1				3				5
6	3	4		5				1	
	1		6			3			3
6	3		1				4		
2		6		4		1		1	6
	3		2				7		
2				4		3		3	
	1	2	6						1
					6		7	5	
2		1	2	5			2		4

Easy (35)

5	3	4		6		5		1	2
	6		1		7		2	7	
2		4	3						2
5		7		7		5	4		5
	4		6			2		1	
7		2			6		6		4
	6		6	2		2		7	
4		7				5			3
	5		3	4	6		6	4	
1		1		1	3		1		5

Easy (36)

3		4		3		2		5	1
1	6	1			4		3		
7				2	3	2		5	4
	3					1		7	3
4					3	4			4
3		1		7			2	6	
	4		3			6			2
6			1		2		7	4	
7	2			6		6		1	6
1		7		5	2		3		4

Solution on Page (171)

Easy (37)

4	2			6	7		5		1
	5			2		3	6	4	3
2		3		4					
3			2	5		5			4
	2	4	3			2		7	
7							5	2	5
4			7			2	1		6
	1	2	3			4		5	
6									2
			6		5		6	1	

Easy (38)

2	5		1		1		7	6	
1		6	4	3		5			1
5		1					3		2
7					2				4
	5			5	3		3	6	
1		4				6			
2			3				2		4
4				4		3	5		3
	1	6			6		4	7	
		5	4		3	1		1	5

Easy (39)

		2		4		6		4	5
	4	3	5	1	2		7		1
2	6	2		6				6	
	3		3		1		5		
1		1				3		4	2
	2		2	4				3	
4		3	7		2		2		
			4			6			7
6		7		6			2	3	2
3	1		4		5	3	4		1

Easy (40)

3	5	6			7		6	3	1
	4		4	1	3	4			
2				2		2	6		5
7		5	3				4		4
	2		7			3			6
1	5		4		6		7	2	
		1		7	1	4	1		
6	4		5	4				7	
1		1		2	5		5	4	1
3	2	6		1		3	6		2

Easy (41)

2			6			2		1	
1		4		4	7	4	3		3
					2		7	4	
	4	1		6		3			2
2			2		5		7		6
		6				4		3	
3	4			5		7			6
		2	7		6		5		
6	7		6			2			4
3		1			5				3

Easy (42)

1			3			5	4		
2				6		6	3	7	6
	7	2	3		3		1	4	
5				4		4			
4	3		2		7	1			2
6		1		1			5	4	
7	3		4		7		2		1
			1	5		4		5	2
5	4		3			3	7	6	
6		1		7			2		3

Solution on Pages (171-172)

Easy (43)

4	5	2		1		2		6	3
1		3			4	7	3		4
7			1						
1		3		4	7		4	5	
	2		7			1	7		6
6		5		6					
	1	6	2		2		5	7	3
4		7		1		6		4	
			2						2
5		1		7	4		3	1	

Easy (44)

1		4				2		6	
3	5		1				3		7
				2		7	1		4
6			3		1		6	7	
5	7	2		2					3
6			1	5		4	6	5	1
	2		6						
5		3		4		5		4	
		6		3		7			3
3			1	2	4		1	2	

Easy (45)

1	6	2				5	2		4
		3	6	3	4			5	
5			2				6		3
	3			3		3		1	2
4		6			5		4		3
6			4			7			2
	3	1		2	1				3
1	4		3			6	4	5	
		2			1			6	
5		6	3			4	7		2

Easy (46)

5	2		1		4		1		2
3						3		7	6
7	6		4		7	4	6		
				3				2	7
3	1		1		6				3
2	5		7			4		1	
	1	4			6				6
4	3		7	3					4
5		4			2		2		7
1				4	7	6		1	2

Easy (47)

1	5				3	5	2		
4				6	7			4	2
7		5	3		4			6	
6	2						7	3	7
		5		1		4	6		5
1		2			2			1	
			1			6			
	6	7	3	6			1		
4			2	1	4	3		5	
1	7	3	6		6		2		4

Easy (48)

1	3	6	7		3	4		7	2
	5			2	6		3		
		1				2		5	
7		7		5		3			1
4			1		4			3	4
	1		4	3			2		2
4		5						3	5
1		1	3	7			2		
	5		5				4		
6	3		2	7	3		5	2	6

Solution on Page (172)

Easy (49)

6	2	5	3		7		7	2	
5	4		2	1		3			1
3		3		5		2			7
	4	2	6				4		4
1	5			1	4		2	6	2
7		6		3		3		3	
	4				5	2			
			7	2			5		5
		4		4	7			6	
5				6		5		3	2

Easy (50)

3	2	5				1	5		5
5	6		1		2				6
7		2		5	3	1		4	
6				1			2	5	3
	4		2		2	1	4		7
2	7	3		1			6		2
6			5		6	7			
		3	2				1		5
	2			3		3	2	3	
3	6		4		4		4		4

Easy (51)

1			7		6		4		
3		5				5		7	2
	6	3	6	7		3			
1	2				5	1		6	3
		1		4		4		4	
4	2	7	2			7			5
			6		3	6		2	1
4				4					
		5		5	1				5
6	2		4		6		4	1	4

Easy (52)

2		3	5			3			1
3	1			6		1	4		
		5		3			7		1
1	3					3		3	
5	4	5		7		6	1		6
	7				4		3		
1	3			1		1		4	
	2			7		5		2	
5		6	3					1	3
2	3			6		7	2		

Easy (53)

5	4	2	3		3		6	2	
1		1		4			3		3
	6		7		6	2		2	6
1		3	1			7	1		
	7		4		4		5		7
5		6		2		3		3	6
				6				7	
			5				6	2	
1		1		1		1		1	5
4			2		4		5		2

Easy (54)

5		1	3	6	5		5	2	
2		5				7	4		
6					2				5
	4	5		7		1	7		3
						3		6	
	2			3					4
4		7		1		5	4	5	
	3		2		7		3		
5	6				5	4		7	1
3		4					3		3

Solution on Page (172)

Easy (55)

2	1		5	3			6	2	3
	3				2				4
1			5	7		4			
7					2				
5			1			3		3	
	2		6					4	2
1	5	1		4		7		3	5
			5				1		
4	3			4				4	7
2		6		6		2	6		2

Easy (56)

3	4	6	1	6	3		3		1
	1				4	1		5	
2		6			6				1
5			1	3		3	7		4
2		3	5		1			6	
	4			6		4			2
3	2	3		7	5		2		1
7	4		1		2		7	4	
	2				3	1			
4	6		4			7		6	3

Easy (57)

	3				7		5		
5		1	6			3	2		4
		5	2		2		4	5	
3		6				1			3
6	2			1				6	
	5		7			4		5	4
2		2	3	4		1		3	
				2					4
4		5	4		1	3		3	
2	1		3	7		7	6	1	4

Easy (58)

	4	2	4	2				4	2
5			1		1	7		5	
3	7		5	3					1
		4		2			4		
1			3	1		3	1		1
			5		7			7	6
5	2			2			3		2
	3		1						3
6		2		2					4
1	3	7	1	3		3			1

Easy (59)

6			4		3	7		5	4
	3			1			3		3
1			4		3		5		4
	2	5			5				7
1			6	4		6	1	6	
3	5	1		5					5
6			7		6			3	4
		6		1			6		
	3		7		4	2		5	
7	1		4		1				1

Easy (60)

2		1				6	4	5	2
5			3		2				1
1		4			6	3	6	5	
7			5		1		1		7
	5	7				4		2	
		1	6	4	5	6	3		1
3	4			3			2	5	4
			6			3			
7		2		5			4		4
4		1		6	4			3	1

Solution on Page (172)

Easy (61)

3	6		3		4	1	4		2
2		5	2	7	5	3		1	
	3				2				3
2		7		5		6	5		1
5				2	4	7	1	6	
	3	6				6			7
1	5				5		3	1	
		3				1			
1	6	1	6		7	6		2	
3	5		2		3	4	1		3

Easy (62)

	3	1	5		2	1		2	7
1			6						4
	7	5		2	5	3			7
		3			1			6	1
4				7		6			
					3		4		1
			6			1			4
1				3	6				
4	2		4	1			2		2
5		1			4	6		1	3

Easy (63)

1		2	3		5	1		2	3
			5				3	5	
3		6		2		4		2	
			1		1		6		4
	2	6				3	5		5
6	4				4	1		7	
		5							4
	3		1	4		2		6	2
2		4							
1	3		3	6	1	2	3		7

Easy (64)

3	2		1			2		1	6
1			5		7				4
3				6		2		2	
2		2		4		4			3
					2		7		4
3		4				4	2		
5	6	3	1			3			
		4		5		1			3
	5		7		2			6	
7		2		3		1	7	3	2

Easy (65)

2		3	5		1		3		
	4		2	6	2	4		5	1
1	5		1		7		2	6	
	3		7	2		5			
2		4			7		4		1
	1				1			7	
		3				4	2	6	
3	1			3				3	4
	4	7	1	2			6		
2		3	4		5	3		1	5

Easy (66)

2	3		6	5	1		5		4
4		2							
		6	1		4		5		6
	3			7			4		2
	5	2				6		5	6
3					5		3		4
1		5	6	1		2		2	5
	7		4		7		3		
3	5			3					4
		3	2		5	2		1	

Solution on Page (173)

Easy (67)

2	5		7		5		7	6	
				6		2		5	1
6	4	7			1			2	
7			2			7			1
	2	5		1					5
			2		2		5		
3		4		6		4			2
2	1		3		3		1		
3		6		5		7		3	6
	1		1		1		6		2

Easy (68)

	4	3		3	1		4		
6						5	3		2
	2	6		4					
1			2					5	2
		3		1			1		1
3			5			2		6	4
		1		7		1		2	
1	7		3		5		6		1
6		4	6	4		2	7	2	
		5			1		1		3

Easy (69)

3	1			1		6		6	2
2		6			3		3		
	3			4	7	4		6	
4		5	7						1
6	1		6			5			
5				4	3			3	1
2	1		1			2		4	
		7		4	1	7		6	3
1				6			2	5	
2	5	4			7	5	1		4

Easy (70)

5	2			2		2			7
	3		4		3		5		6
1	6						2		
		1		1		5			1
5	3			3	6		3	4	
4		4	1		4		6		3
	1			2			4		2
3		7			1			5	
	5			4		4		6	
2		1		5	3		2	7	4

Easy (71)

2	3			3			1	4	
5			5	4		4			3
3		1		2			7	6	
		5		6			1		4
2			1		7			5	
	4		2		6	2		1	2
		3	6			3	7		6
		2			7		1		2
4			5	4			5		4
2	5	1				1		3	

Easy (72)

3	5		2	3		3		2	5
	7				6		7	1	6
2		1		4				5	
	3	6	3		2				1
5		1				5	3		
	4	6			1				1
5				2		2	3		3
1		2	1				1	5	
4	6			3	5	3		3	2
3		7	4	1		4	1		6

Solution on Page (173)

Easy (73)

1				1	7	5		1	4
	6		4		2	4	6		3
4	7			1		1		5	
	3	4	3				7		4
5				2	6			1	
			4				3		5
		2		6					3
3	4		1			2	7	1	
1				7			4		2
	3			4	1		2	5	

Easy (74)

4		7	2	6		1	5		1
		4			5	7		7	4
	3					3	1		2
					5		4		
2	3	7	5	7		1	3		2
1							4		
4	5			6		5		6	1
		2			1	6		3	
3		5		2			7	5	1
4			6		5	2			3

Easy (75)

3		1		3			1	3	7
	5		5		7			4	
4			4	3		1	5		3
		2							
1	3	5	6		5				
5			4					3	
	3	6				2		7	1
2		5		7	4	6			
1			3		1		3		1
7			5		4		1	4	5

Easy (76)

3	6		1		5		1		2
4		5		4		3	7		1
		1		1	5	2		3	
3			6			4			1
5	7		2		1			6	
1				3			5		5
4					1	7		1	
	1	2		2			4	6	7
			6		7			3	
4		4		1	2	3	4		1

Easy (77)

	2		5	4	3	2	1	4	
1									1
		2		4		6	1	6	
1		4		3	1				3
	6		2		7				4
1		1		4					5
	2		6		3		3		6
4			3		4			5	
	5	2		6			3		4
6		1	4	5					2

Easy (78)

5	2	6	4		2		6		3
	1					1			
3					2	6		7	4
	1	5			1			1	
3		2	1	3		6	2		5
	6	3		5		7		7	1
7	5		1		3	2			2
3	2			7		7	6	4	
	6	1					2	7	3
2	7		6		1	6	1		4

Solution on Page (173)

Easy (79)

2		6	3		2		1		2
7	4				6			3	
5				5		7		5	1
		6	1				1		2
		2		5		4		4	
	4				1			5	3
	6				6		7		2
5	3			4	1		6		
	1		7	6		3		3	
2		2		3	4		1		

Easy (80)

5		3	2	4	2		4		1
				1		6	5		3
				2		3		1	
	6		5		6				5
4					5	2		7	3
7				4			5	1	5
	5	7	1		2		3		
6			6	4	7				2
	3						5		3
2		5		6		3		2	1

Easy (81)

2	5		3	7	1		6		5
1		2				5		1	
4		4				1		4	2
7	2				4		2		
	5	7			5	1		7	4
1			5		7		2	3	
4		6			2	5		5	
3			2	6		6			3
7		4		7		5		4	
5	2		1		3		1	2	1

Easy (82)

2		3		1		5	3		1
	7				6			4	
5				5			2		2
2		2	6			4	5		
	6						3		3
4		1			4	7		5	4
	5		2	3			2		6
2			5					5	
1			4			6	2	7	1
6	4		3	1	4				2

Easy (83)

1	6	2			5	3	5		3
	5			4			1	7	
1	4		5		2	6			2
		3		6				3	4
7	1			3			2	5	
			4		2			3	
6			7	5			7		2
	2			2		1	3	1	4
1			5		5		5		2
3	5		6	3				1	7

Easy (84)

7	6	3		1	6	5	3		2
	1		5	2		2		1	3
3	2		6				4		4
5		5						6	
6			1			3			3
4		7			5	6			2
2			1		2		5		6
5		2				1			5
	3		7	2					
5		6		5		4		3	1

Solution on Pages (173-174)

Easy (85)

4		7	5	1				2	5
	1				6		5		3
6		4		7		4	6		
5		6						2	6
			3		3		3		3
3			5			2		5	
	2	4			6		3		4
5				5			4	2	
2		7		4	7		6		3
1	6		3		5	2		4	

Easy (86)

5	2	1		1		7	3		2
3	6		7			1		1	3
		3		6	4		2	4	
	4		4				1		6
5		5				6		5	
	1		6	4	1		2		1
4					5		6		
	5	3	1		4		1	4	
2	7	4		5		5		5	6
3			6		4	3	6		2

Easy (87)

7	6	5				1	4	2	
3	2				6				
	5	6		2		5		3	
			7		1		6		1
		1	6			7		5	
	3			7			2		7
2	4				3		5	3	
1		1		1		7			2
			4	3				4	
6	4		1		6	2	3		5

Easy (88)

1		3	5	3		3		6	1
		2	7				7		3
3		5			4	1	5	4	
	1			2					1
3		7		3	1			7	
6	1		6		4	2	3		5
	4			1					4
2			5	2			5		2
1		3				4			
2	5		1	7			5	7	6

Easy (89)

3			2	4	1		3	4	5
	7			3					1
4		5	1		4	3		2	
	3		7						5
5		1		5	7	5		7	
			2						6
	2	4		4		3	5		4
1			1					2	
	2		5	7	5	2			5
1				2			6	7	4

Easy (90)

3		2	6	1		3		1	2
2		3			4		6		4
			1		5			2	
5			6		1				5
	2			5			3		3
		4			1	7			1
1			1		5		2	5	
5		4		2				1	3
	3			4		1			2
1					2		3	5	1

Solution on Page (174)

Easy (91)

2		5	6		2	7			2
		7		5	3	5		4	
6	1								3
7		2		1		7	2		1
5		4	6				4	6	
2	6		1			6		1	4
1		5		2	5				
	3					6			5
1		6			5		4	3	
2			7				2	1	7

Easy (92)

4			2	1		3		4	1
6				3	6	7			2
	5	6	7				5		
	7		2		2				
2		4		6		5		4	3
	5		3		7		3	2	
1	7			4			5		
5		3	5		7				1
1		1		4		3		4	
2	6		6		5		1		2

Easy (93)

6		4	2	6		1		5	1
	2				3		4		
3		3						1	
			2	3		3	2		
1		5			1			4	6
	6		2		3	4			
5				4		2		2	1
1		2	1			3	6	5	
	5	3				1			3
7		6	2		3				4

Easy (94)

	2			4				4	
1		7	3		2		2		
5		1		6	7			4	2
	3		3		2				
2	1		4	6		1		7	
6		3					2		4
					3	1		1	
3	4		2	1		5			3
2		5			4				
4		2			7	1	5		4

Easy (95)

6						2	4	5	
	5							7	6
3					5				
	6			1		6		7	5
2	4		6		4		4		3
6	7			3		3		5	2
		4	1		2	4		6	
3				5			5		1
6			3	1		2			3
1	5	6		2	7		1		

Easy (96)

4		7	5		1		1	3	
					4				4
5			6	5		1		7	5
6	2			7		7	4		
	4	3	4				5		
3					5				
5		2	3	6		1		3	
	4	5			2		4		7
2	3				6	1	3		1
	7			5	3		4	2	5

Solution on Page (174)

Easy (97)

2			6		4	7		3	1
	7		3			6			5
2		5		6			4	7	
1		7		7				2	3
									1
	4			5		2	1		4
3		5			7			2	1
		3	6	4		5	4	3	
1		7				6		1	6
	2		3		4		4		

Easy (98)

1		5		3		5			6
3			4	6	7			2	4
6	1			3			4	3	
2			4		2			7	1
3	4				5		3		
		5				1		4	5
3				3		5			2
1		6	4		6		2	4	5
			3					3	
2		4		1	5	3	7		6

Easy (99)

4	5	2		6	1		2		4
	7		5		5			5	
2		1		6			2		2
			5	1		7	3		4
			7				4		
	5		1	6		7			
	6			2		4		3	
2		1		7	5		6	7	4
	4		2		3		4		
1		1	6	4		2		1	3

Easy (100)

5	2	1		3			4	2	
7			4		4			7	6
6			7				4		4
	1			5				3	
7			6		4		5		
		2		2		6	7		
3			7		4	3		2	7
	1			5	1		6		
2		2	1			2	4	7	4
1	5	6		5	1		5		1

Easy (101)

1	5		2			4	5	2	3
3		7			1	6			7
			4			4			
1	3	2		1			3		7
5			3		4		5		2
2	4	5		6		6		3	
	7	3			1		1		
1	5		1		7	2			2
		7			6			4	
	1		1	5			3		1

Easy (102)

	3	6	3		2	7		1	4
2		7		1				3	
4	5	2	4		2	5			
3		3		5		3		2	
5		5		7					
2	7		4	3	4				
		5	1			3		3	4
2				7			6		
4		5			5		4		5
1	2		1	3	2	1		7	1

Solution on Pages (174-175)

Easy (103)

3		1		2	4	5	3		1
			5		3		4	5	
1	5			7		1			6
							5		4
6		4			1	2		1	
	1		1			7			7
2		2	7			6			5
5	6		1		1		1		2
		3		7		3	5		3
5			5		4		2	1	

Easy (104)

2	3		2	1		5			2
	4	1	4		7				4
						1		6	
4		5	7	5			4		4
	6			6		6			2
1	2		5		2	7		7	3
5									
	3	1		3			6		
5	4		4		1			4	
1		1	2	6		3	1		3

Easy (105)

4	7		1	3		2	3		
	3	2		7		6		6	2
1		6			3	4			4
	2	5				6		6	
1		1			4		5		1
7	5				5	7	6	2	4
3			4	2					
	5				1	7			2
4	1			2			1	5	
3		5	7		3	2		4	

Easy (106)

1	4	6		7	3		6	4	1
7			2		4	5		2	
		1							5
3	7		2	4	3	4			1
	2						1		
6		5				7			5
	2		3		3	4			4
7						5		3	
	3		4		3		6		
1				1		7			5

Easy (107)

1		7		3	2	6		3	1
	3						7		2
1			2	6			4		
	7				1	2	6	3	
5					6	4			5
		3	4					1	
	2					7	6		4
5	3			3	1			3	7
4	2		4				2		
1		5		3		6	5		3

Easy (108)

		2	5		2		5		4
3	7								
		2	1	6			3		3
4						1		2	4
			4	2				5	
2	7	1	5			1	4		3
				3	6			2	6
5	6					1	7		5
	2		2		3	6		3	
1				4		2	4		2

Solution on Page (175)

Easy (109)

5		6	2	7		2	1	2	6
	1				5	4			
5				6			7		
3	2		1					6	2
	4				5				3
5	6	5			2		7	5	
	4			5			2		
			6		4	7	1		6
	3							2	
4		5	2	4	3		5		5

Easy (110)

5	2			2	6	2		3	4
		6	5		3		5		
6	1			4		1			7
7		5		3		3			
			2		4		2		4
5		4		3		6			5
		5	2		2	3		1	6
5	3			3				4	
	6		1			2		5	1
2		5	4	7	5		4	6	

Easy (111)

	6		1	4	7		2		7
					3	6	5		
1	5		2	1		4		6	5
4	7	1		6			2		3
		2	3			7		4	
6		1							
2			3		5		5		
	1	5		6			3	7	1
5		6			3				2
1	2		2	1		1	6		3

Easy (112)

		5	1	3			3		4
1		6			5		4	5	
				4		1		1	6
1		5		1	2		3	7	
5	2		6		3				1
		5			5		3	5	
3	6		3			4			3
		4	5	6	5			2	5
4					1	4		4	
2		6	1		2			1	6

Easy (113)

2			2		4	7	1		5
5		3		7				3	
6	4			3		5	6		5
3	1				4	7			4
		7		3		2			
6			4		6		1		6
4	5	7	1		5			3	4
1		2				7			
	5		6			3			6
	2	4		3	2		7	2	4

Easy (114)

3	1	4	1		6		3	5	1
				2		4	2		
4			5				3		6
	6		7			2		7	
1			6		1				
3		5		3			6	1	2
2						3		5	
	6		5	7	1		7		1
1		1			6		3		6
3	4		6	1		7		1	4

Solution on Page (175)

Easy (115)

1	4		3	5			5	1	4
3		1	2			4			6
2				7		1		1	
			2				5		4
	7		3			2			5
6	4			5	1		6	4	
	5	6	1		2	3	1		5
	2	4		7					4
			6		5				
1		3			2		3		6

Easy (116)

3			5		3		3		
	6	7			7	4		1	
3	2			3					2
		7			2	6		4	
5				4	1		3		
		4	1			2		2	1
6	3		2				5	6	
4					5		2	7	
6		4	6		7				4
3	2		2	3			3		3

Easy (117)

1		1		4	3		6		4
	6	7						7	
3				1		1	4		1
	5		5	2	7			2	
2		2	3			6	3		
	1			1	7	1			5
6		5	2		6		4		4
5	1			1	2	7		3	5
			3			6		4	
3	1	2	7		5		2		1

Easy (118)

3	1	2			4	3		7	6
			5		6				1
6	5	7					6	4	
	4		6			2	1		3
					4			4	
	3		5						7
	2		2		2		6	5	
4		5	1	6		7	4	1	4
6	2	3					2		2
3		6		5	7	3		4	3

Easy (119)

	1		5		6			1	3
			2		5				4
7			4	6		1			
1					7		5		2
	4		7	3		1			4
6	5	1		1	4		5	6	
		4	7		6	1			
	3		2			2			7
4			7		6		3	2	
1	5	3	1	3		4		1	

Easy (120)

6	7		4	7	1		1	4	6
1		6				7		2	
3					4		1		5
	1			6		3			2
	2	6			4	2	7	3	
		3	1		1				5
6	7		7				1		4
2	4							2	
		3	6		5	2	4	6	
6		2		2	1		1		3

Solution on Page (175)

Easy (121)

		2	7		1	5		3	6
1	4	3		5		7			1
3		6	1		6				
	1			4			3		2
3			2		5	1		7	1
	7	4		3		3		6	3
1			2		4		1		
		3		6	3			3	5
1		2		2		4			
4	5		1		3	2		4	3

Easy (122)

3		1	5		2	6	7		2
	2				3				5
7		1	6	5		2			
6	2		2		6		5		
5	3	4		4				3	
			1		6		5		
3	1	4		7		7		2	
	6				5		6		5
2	7	4			2			7	4
6		5	2	3		3		2	6

Easy (123)

	4	5	1			2			3
3					5		3		1
2	4			4		6			
	6		2				4	5	1
5						6			6
	4		2		4		5		3
			4	5					
		2		3			6		2
7		4	7		1			5	3
1	5		3	5		2			1

Easy (124)

4	1	6		6		2	1		1
3			7	4			4		
	5	1			2			5	1
4			2	1		7	1		4
					6			5	
7		2				3	4		3
6	3	6							1
			4		3		3		2
5	6	2				2		7	
1		5	1		6		4	6	1

Easy (125)

3	2		1	5	1		6	4	
1		6				7			1
	5	4		3	4		4		
2	1		1		6	5			
4				4		4	2		5
	2		1					3	
3		7		6	7		4	5	4
	4		2		3	1			3
6		5		1			2	4	2
1		6	4	3			1		6

Easy (126)

6		2	3	2		5	7	1	7
4	5	1		1	3				3
1		6				1	3		
4		7	4				6	1	2
	6			1		5			6
		4			3		1	2	
2			1	5		4			4
3	6			3		6		1	
		7	1						5
1				4	6	1	7	2	4

Solution on Page (176)

Easy (127)

5			4		7	1		6	1
1		5		2					
	6	7		5			7		
1			2		2	4		5	
2		7					1		2
6	4				7		7	6	
		6		3		5			5
7	4		4	7	6			1	
	1		1			1		5	6
2		5		6	5		7		1

Easy (128)

2		5	2		3	2	1		6
	3		7	4				4	
2			2	3			2		5
1	6		7		4	5	4	1	
		5		6		6	2		
6			2		1			4	1
7		4		3			1		
1			2		5	6		3	7
	5	4		4			1	4	
6			1		2		2		5

Easy (129)

5		2	1			1		1	2
4	7			3			7		
2		6	7		6	1		5	3
4		4						4	2
	1	2					3	5	
6						1			
		4		4	5	2			
6			1				5		6
	4				7	6		1	
2		5	4	1	5	1		4	7

Easy (130)

5	7	1		3	4	6			4
	3						1	5	
				6	3		7		2
	5					5		4	1
		7			6		3	5	3
3	6			4			4		2
4		5	2		6		6		4
5			1			4		2	
	1			5			3		1
5	6	4		4		7		2	5

Easy (131)

3	4		5		3	4	2	3	6
	5		6	2	5				4
6		7		4		7		7	
4		4	1		1			3	5
3	1			5			1		4
		7	1		7			3	
	3			2			1	4	2
	6		7	1					6
3		1	6		7		6	5	
4				4		1		2	1

Easy (132)

2		1		1		3		4	1
6		4	5		5		1	7	2
			6		2				3
7	6	5		4		1			
5			3		3		6	4	
4		4		5		1		7	
			2			7	5		2
5	6			5		1	3		1
2		2	6		3		2		6
	7	5		1				5	

Solution on Page (176)

Easy (133)

1		2	5						2
	7	1						5	
3				2			3		2
5	6	5	1					5	3
3			7		7		3		2
	6		2			5	2		
5					1				
4		5		3		3			
1	2		2		7		6	2	1
4		5	3		3		4		

Easy (134)

2		4		1	6	1		2	
5	1		2				4		1
3		3		3	7				3
6	1		1	2				1	7
2			3		3		5		3
	4	7		2					
2			4		4	3			4
	1			7		7	2		5
	3		5		5	1		4	
1				1		7		2	5

Easy (135)

3	2		4			5			1
	7	3	1				6		4
1	6				5	7			
5		5		4			6		2
	1		6		6				5
2		4		7		1		7	1
			3				2	6	
4		2		5	6				2
5	1	6		2			5		5
3		2	3	6		2		7	1

Easy (136)

3	6			3		4		7	2
4			5		1			5	
2	5		1	3		5	4		1
		3				2			4
5	4			2	6				
1			5		4				3
	2			1		1		7	
5	4		5		7		4		4
	2			3					6
7	6	5			4		3		7

Easy (137)

	5	4		2	7	3		1	4
1		1	3			5	2		
	5		7				6		
3			5		5	4		3	
	4	6			2		2		4
1		2		4					
			6		6	2			1
	3		3		4		3	6	
2	5			6				1	
	6	1			4	5	2		2

Easy (138)

	1	2		2		1	5	7	5
4		3	6		5				4
	5					4		3	
1	7	3				5		7	
	5		6		2		3		4
		3				1		2	
	7		2		3				7
	4		6		2				6
6		2		5	3		5		
2	1		1		2	6		4	2

Solution on Page (176)

Easy (139)

1			7		6	5	2		1
5	6	5		4			6	4	
	1					3			
3	2			4			2		6
	4				6	7		5	1
5		5	6	2	3				
4			4			4		1	3
	5		3		1			6	
6			4		6		5		1
3	4	1		2		1	7	4	3

Easy (140)

3	1		2		5		3		
		5		4				4	1
4		6			3	2		2	7
	5			6			3	4	
7		7		2	1		6		6
4	2			7		4			3
1		6	2	3			5	7	
	2	7							1
4			2	5	6		4		
6			1				1		4

Easy (141)

5	2	6	1			5	1	3	
4	7			2	4	6	4		5
2		6			1			6	
	1					2			1
2	6			5	1			2	3
3	7				2	3			
			5	4		1	2		2
1			7		3	7	6	4	
	2	6	4		4		3		
		1			7	1		2	3

Easy (142)

1	4	7		6		7	3		
	5		1		2	5		6	
6	2		7		4			5	
3								6	
4		5		6	4		2	5	1
1				1					3
	5	6			4		2	1	
3		2		1			4		5
		4	5		4	6	3	6	
3			1			2	1		1

Easy (143)

2				2					6
1		4	7	3		4		3	
	3				1		2	1	5
		4	1	6		6	7		2
			2		2		4		
1	2								6
4		7	6					2	
				2		5	6		4
4		3			6				6
6			4	5		2	6	5	

Easy (144)

1	5	6		1	3			1	2
2			5				3	6	
3	7	1		3		6	1		7
	2			7					4
4		4	6			1			6
1	3		5		4		2	3	
4				6		3	4		5
5	2			2				6	4
1			6		5		4	1	
			4				2		3

Solution on Pages (176-177)

Easy (145)

		1		3		2		6	
5	7				5	6	5		3
3		1		3		7		4	
2	4		6	1			2		
					6	3			2
					7		7		4
5		5		2					3
2	3	4			1			5	6
4		1		2			1		
3		6	5		6	4		4	5

Easy (146)

5		7	1		1	2		1	5
	4				7		5	4	
2		5				1	6		3
3	7		3		3			7	
	6		4	2		1	5		
3	1		6			6		7	2
2	6		4		4			1	
		1		1		6	5		4
	4		3		2		1	3	
3		5		5		5		4	2

Easy (147)

2	5		3		2		4		3
1		1				6		6	2
2		6				5	1		5
			7	4				6	7
4		4		5		5		4	
	3	1	3			4			5
2					5				1
	7		4		7		4	3	
5			3		5		1	5	1
6	3	2	4	2		2	4		3

Easy (148)

1	7		6	4	6		5		4
5		3			7	2		1	
	1		2			6			5
4			5		2		1		1
	2	7		3			4		
4			1				1		3
		4		5	6	4		6	
	3	1							5
5		2		5					1
2	6		1				6	2	3

Easy (149)

6	7		3		1		2		5
5				6		5			4
4	1			3					1
			5			6		6	
6	2	6	4		5		1		3
7	4					7		4	
3		3	2			2			1
4	1		4		4		5	3	6
		3		3			6	1	
1	6			2	4		2		

Easy (150)

7		5	3		5		3		5
	4		7	4				4	
3	6				6			2	1
				7			1		5
4			4			6		3	6
						5		2	
3			5	2		3	7		1
2		6			1			6	
	7			2			4		3
6		5	1		6	2	1		2

Solution on Page (177)

Easy (151)

	5	1		6	2				3
2			3	4		4	6		1
	1				3			4	
3				2		7	6		3
	5	6			6	4			2
2		7	3		2		3		
1	4		1	5					
3		5		7	1			4	3
			1						5
	2	5	3	5	3	7		6	2

Easy (152)

	3		2		3		3	1	
		5	4		4		5	6	
3		2		3			3		3
	7								4
4		4		1		6	7	2	
3			6		2			3	1
	4		2		6	4		2	
5		3		3		1	7		5
3				7	5			3	
2	1	7	2		1		6		5

Easy (153)

		4	2	1		5		6	7
	2				6		4		2
3	5		5	2	4		6	1	
		4				5			5
3	6		7	2			1		7
4		4			1			3	
	2				3			2	
6		7		1		7			3
		2	4					2	6
2	3		3	5		3	4		1

Easy (154)

2		1	3	1	6	4	2		1
					2			3	
2	3			3	4			6	4
6				2		6	4	1	
	5		6		4		3		2
4				1	6		7		4
5			6		3			2	
	3	1				1	4		5
2		5	7	5	6	5		2	4
4			3		1		1		

Easy (155)

2		5	3	5		6	1		5
		7		6	2	5		4	
4	3		1				1		
1		4		2			3		1
6		7	6		3			2	
						5		5	7
6									
3	5		4	7	6	5		5	2
			3		2		3	4	
1	6	1		6		1		7	1

Easy (156)

1		5	7		4	2			
6	4		4	6	1			3	
		1		2			6	5	1
1	2		6			7			4
	5		1					2	
7		3		3	5		4		1
			1			3			2
2				2	5		5		1
	5		1	6			7	2	
3		3	4		1	4			3

Solution on Page (177)

Easy (157)

		6		4	1		3		4
3	4		7		6	4	5		2
2					3			3	
	6			2	5			7	6
2		4							
			2	6				5	3
1		4				3	6		2
2	3		2	1				4	
	4	6			3		1		7
1			4			6		2	

Easy (158)

4	1		4		7	5	1		1
	3	2		6			4	3	2
5					3	5			5
		5	2		6		2		7
1	4	1		1				4	
	5		5	4			5		1
4			7		6				
		1				4			7
1					2		7	6	
5	3		2	4	6	5		2	1

Easy (159)

6	4	1	6	2			1	4	2
			7		1	2	5	7	
	3	2							3
1		4		2			3	2	
	6		1	4		2			4
4		3				3		2	
	2		1	7		2			6
1		4				1	6		5
	6				4		4		
1		4		2		7	3		2

Easy (160)

1		2		7		4			1
	6		3		6				
				4		7	6		4
4		4	3			1		3	
3	2				4	3		7	5
		4		5			6		1
4			3		1			3	
	5	6		2		5			6
4			4			1		7	
1	2	5		2	5		4	3	1

Easy (161)

2		1	6	4	3		2		3
	5					1		6	
6		6	2				5		4
	1						6		7
3		2							5
4			1			2		4	
	5				7				2
2	1	7	1	3		2	3		5
	4	5		5		1			
1		3			3		2	1	2

Easy (162)

7	6	5		2			4	3	2
	2		4		5				1
3		3		7			2	6	
	7		6			5		3	5
3				2			1		4
	1	7		5	3		5	3	
6		2			4	2		2	6
				7					
2		4		5	4		1		5
6	5		6		6	2		6	4

Solution on Pages (177-178)

Easy (163)

5		2	5			6		4	1
3	6		1						3
2		2		6		4		4	
	1			4	3		1	7	
7		2	3			7	2		
	1			2					4
6		5	3		4				
	2		2			3	4		5
6		3				5		1	
	2	4		2		7	3		7

Easy (164)

2		5	7		1			5	2
5		2				4	3		
	4			7	6			6	3
3		6	1				3		4
6	4	3		4	2		6	1	5
7		1							2
	2			7		1		1	5
3	1	6	5				5		6
	2			7	5	1		4	
1	4	6			4		3		2

Easy (165)

1	6				7	3	2	6	
				5		6			
7	3			4		7	5		
		2			3			6	
3		6			4		2		
2	7		5	2		7	3		6
			4		6	1		2	
	3			5			3		4
		6				5	7	5	
3	1	4		1	2		1	3	

Easy (166)

	2				1	4	1		4
		4			5		6		
6								3	
5		4	2		3	6	5		
	7			5		2			4
2		2							3
			3	2		1		2	
4	3	4	6	1	5		7	1	4
		1			4	2			
	4		6	7		6		2	4

Easy (167)

2	7		5	6		3	4	5	4
	1	3							
2		7		2		7	1		
5	4			3	5		5		7
	7		6		2		1		3
2			2	7		3	7		2
	3	5			2			5	6
7			2	4		3	4		
		7			6				
6	1	3	1	4		7	3		1

Easy (168)

1			4	7		5		2	1
2		5			1		1		6
	7			2		3			7
			5						5
5		4	2		2	3			
1		1		4			6	1	
2	4			5					4
3	5				2		7		
		3		1		4	2		3
3	6		4	7	3	6			4

Solution on Page (178)

Easy (169)

4		1			2		2		1
	3	6			3		7	3	4
5					2				5
6		4		1				3	
			5		4		2		2
1	7		6	7		6		5	1
5			4					2	
2		3			1		5		1
5			4					3	
2	3	1		1	6				

Easy (170)

1		2		4		1	4		6
4		4	3		3				5
5	7		6		4	6			6
				3			5	2	
	6		7			1		4	3
			6		6		5	1	
2			2	1				2	4
	5	1			4	3			
1	2		5	2			6		5
3	4	3		4	1	5		4	

Easy (171)

1		1		5	3	6		2	1
4	5		3	6			5		
2	6	7		5	1		2	7	
	4								4
3		3	2		6		3		1
6								4	
2		4			7		2		
	5					3			2
6		1		1			5		
4	5	4	2					3	6

Easy (172)

2		1	7		2	4		2	1
	4	6				6	5		6
3		1	4		3			1	2
	5				7	6	4		5
2		4						3	
	6	5		4		4	7		1
3	4	3		3	6			2	
6	5		1		4	1			1
	2		2	3	2				4
3	5	7		4		6	3	5	

Easy (173)

4		7		2	4		5		
5		5		6		3		2	
	1		1		1	5		6	3
6		7							4
1			5	2		4	1		6
	4	2			6		3	5	
3		6	1			1			1
			4		4		7	4	
	2	3	6	3				5	
4		1			2		2		3

Easy (174)

4		5	1		1	2		5	6
	1	7			5		1		3
6	2		1		3			5	2
3		5		4			7		
	6				2	3			6
5		5				5		2	
	3				6		6		6
		6		5			2		1
5		3		2		4		4	
3	2		7		5		3	5	

Solution on Page (178)

Easy (175)

2	4		3		5	6		2	1
	5	1		4		7	1		3
4				3		4			6
3	2				2			5	
		7	2	6	3	4	2		6
7	6			5		7			
3							4		7
	4	1		3		1			
3	2		5	1	4		6		5
	4			2		2		2	4

Easy (176)

3		2		1		1	5		3
4			4			6			4
7		1			5		2		
		5	4			6	3		
	3			1		1		2	
1				5	3		4		3
5	7	3	7			1			7
1		1		6	7		4	1	5
4	6		5		1		7		
3	5			2		5			2

Easy (177)

2	4		3			3	2		3
3		2	4	6	7				
1		6	1				6		5
	7			5		2			3
	3	2	6				4		6
2		1			5			2	5
		4	5	2	3			4	
	3		1				1	5	2
4					7				
2	5	3	1	3			3		7

Easy (178)

2	6	1		1	3		5		1
	4	3		2				4	
3		2	4			7			
1	7			2			6		1
5			1	4		5		3	
	7	2			1				4
3				4					6
5			5		3		5		1
6				1		1		6	
	1		5			6			4

Easy (179)

4	5	6				2			1
1					1		5		5
	5	4			3	6		1	
4				5		7			
	3	5			6	5			5
			6	5		4		7	
1		4					2		4
2	5			7		6			3
	7				3		1	2	
				4			4	7	3

Easy (180)

3		2		7		6	1		3
	4		1				4		
	5			5			1		5
4	1		4		1		3		3
6		2	6		7	6		5	
2	1			1		1	4	2	4
	7		3		5				7
		4				2	1	5	
5					3				1
	3		5		7		7		5

Solution on Page (178)

Easy (181)

1		5						4	2
	4			7	4	6			6
2			4	6			1	5	3
	4	3				5	4	2	
3			7		1		1		1
	6	1		6		3			2
2	5						6	3	6
	4			5	4		1		
						2		7	5
1	6	2	6		4		1		2

Easy (182)

1	3		7			6	4		5
		6				5			
	2		4		4		3		1
6		3						6	
	5	2		2	6		4		1
						3		5	
	5			5			1		3
					3	6		6	
1		1				7		1	4
2	3		6		4		6		3

Easy (183)

4		4	2		4		1	5	2
	7					7			1
3			4	1		1		5	
2					3		3		3
	3		3	1		7		7	2
5	1					5	4		3
4		7							
			1	2		5	7		5
	6		5					6	
1		2		6		2	7	1	

Easy (184)

3			3			2	1	4	2
	7	4					5	6	
1			2		2				5
	5	1					5	1	
1			6	3	4			7	
4					1		2		6
	1	7			5	3			4
7		2		3			1		1
	5		4	5	4		4	2	
2		1		3		7		3	7

Easy (185)

2	5				4		2	5	
		6					6		3
3	1		5			2		2	
		6	4				4		1
1				2				5	
2	4		4		3	5			6
3		5			6	7			4
	4			7				7	
3							2	3	
2		3	1	2	3		5	1	2

Easy (186)

		7		4		4		7	
2		5		1			1	2	3
3		6	4					6	7
1				5		1		2	
	6	7	3		2				5
5		5		6				2	
	3		3			4			7
2				7	3	7	2		2
	4			6				4	6
6		2	5		3	2			1

Solution on Page (179)

Easy (187)

5		3	2		3			2	5
3	2	7		4	2		7		1
4								3	
	5		5			1			1
4				4	2			2	7
		6				1	3		1
	7			3					
5				7		2			4
3		3					4		5
2	7		1	6	7	2		6	

Easy (188)

5	4		4					7	6
2		1		1		3	5		1
1		6			5			3	
	4		1	4				4	
7		3		6			6		
	1				2			3	2
7		2	4			1	5		6
6		1		6	5	2		3	
	5			4			1		2
4		3	1		2	6		3	

Easy (189)

7	6		5	2	3		2		3
5		4	7			4		1	
		2		2	5	1	5		4
6		3			4		7		3
	7		6			3			4
	6		3		5		1	2	1
	3	1		7				7	
1			6	5	1		3		2
4		2		2			1		
2		5		1			3	5	1

Easy (190)

2		1	3	5			4	1	3
	6				2		2		4
3			6	4		4		5	
		1		7	1		6		1
7			4						
	1		7	6	7		3		7
5		5		4		2		2	3
4		3		6		5			1
	6		5			6		4	
4	2		3	2	5	1		3	

Easy (191)

7		4	1	5	6	7	4		1
	6		6	4					6
7		1		1		2		2	
6		3				3			5
	4		6		1		7		3
1		3		4				1	
3							5		4
	6	3		2	5				3
5			4			2			2
	2		6	5		3	4		

Easy (192)

7		2		6	3		1		5
4			4			6			6
	2			7	5		4	7	
6			3				2		3
3				1	3		3	5	
		1	4					4	2
	2			7	3		5		
1			3		4				1
	6			2		6		4	7
3		1	7		3		1		2

Solution on Page (179)

Easy (193)

1		4		1		5	2		6
	6		7	6	2	4		5	
5			4	3			2		4
6							4		5
	3	6	7			3		3	2
7	1			6	4			7	
	3					3	4		3
5	7	2		5		6		5	
	6						3		4
3	5			7		5		2	3

Easy (194)

4		3		2		5	3		6
	2		5		3			4	
3		3		1		1	6		5
	4	6	5			3		2	
7		3		6				5	3
	5		4		2	3		2	
2		1		7			6		5
3	5			1		3	5		
1					4		6		5
5		7	2				7	2	1

Easy (195)

4	7		1	2	3	5	4		2
	1			5				6	
		6	1			1	4		5
6		3		4	2			6	
2	5				5	3	2	4	1
	4	2		7		6			2
7		6	3		1		4		
			1					3	
1		3		5	3	1			1
	5		2		7		5	3	2

Easy (196)

7		2	4	6		5	4	7	1
	4			1	2				
1		2	6			3	7		5
3	4		3	1			1		3
				5		5		5	
			6		3	6			2
	7	2		5			2		7
5		3				4			
4		2		5	2			2	4
	5		3	7		3	6		1

Easy (197)

1	6	3		1				4	2
2				7	6				7
6	5		1						4
	1			4	5		2	1	6
2		3	1	6		4			
		6		4		3	1	3	
					2			4	5
6		1		1	6		2	6	
	3		7			3	4		4
5		2		1		1		3	2

Easy (198)

1	2		4		7		5	4	
6		6		1	2		3		2
				4		5		5	
7	5	4	5		1		1		2
3				3			6		
7	6	5		5		4	5		4
3		2			1			2	
	1			2		5	4		
4	5		1					3	
6	3	7			2	5			5

Solution on Page (179)

Easy (199)

7	1	4		3		6			7
						1		4	
7	5	1		5	7		5		6
1		2			2				4
4				6		5	1	6	2
					3				1
3		1		4		5		5	
	2	6			7		4		6
	4	7	5			2			
3	1		6	1	3		7	2	1

Easy (200)

1		3		2	4				3
	2		4		6	1	2		4
6		7	5	1		7		6	
	3		2				1		
4		1		3		6		4	3
	6	3			1		1		
5	1		4	7		5			6
	4			3	2			7	2
2		2	7			7		1	
5	3		4	1	4		5		3

Easy (201)

1			4		2	3	4		5
	2			6			5	1	
			4		3	7		2	3
	6				1				4
7	3		5		6			3	1
2		2		3	7		2		
5			7			3			2
6		2						4	
3		1		5			2		7
2	4		3		6				2

Easy (202)

	4		7			4		4	1
6					2				2
4		7		6		3		3	
			3		1				
5				5		3	4		4
	7		2		2		2		
5				7			1		5
		3		4		4			1
3	7		5	3	1	3	6	7	
1	4	1		2		2			4

Easy (203)

	2		3	6	1		2		
5		5		4					4
1					5		2		5
2		3		7		3	6	1	
3	1		6		4		2		
		7			3			6	
				2		5	4		
1		3			1			2	4
	4		1				6		
1		3	5	2	1		5	4	2

Easy (204)

2	1	5			1	2		1	2
3		2	6						
4			3	5	1		6		3
1	6		6			3			1
		3		2	6		5		2
	2		4	5				4	
1		3							
	2		4	3			5		
3		6			5	2			
2		3	4	1		6		4	1

Solution on Pages (179-180)

Easy (205)

3		5		4			3		1
	4	2	6			6			2
5				3	4		4	5	
2	7	1				2			3
				2	1		3		5
6		3				4			
		6		5	3		6		
			2			5		3	1
4	5	1		6	3		2		5
6		7		1		1		4	6

Easy (206)

7	4	6		3		2	3		1
			4	6		4	7	2	6
5		3			7		6		5
	6			1				3	4
2				6	3			2	
1		6	1			6	3	4	7
3	7	2			4			1	
	1		7	3		1	6		5
3		5		1					3
2					3	7		2	4

Easy (207)

4		7	3	2		1			2
	2	4			7	3	2		4
1		3	7		6			1	
	2		1				5		
6			6		4				
3	7	4		2	5		6		5
1			6		1			3	
	5		2		3	2			5
1		4		5			1		6
6		3	1	7	3	4		5	1

Easy (208)

4		2	6		5			6	
	5		1	3	4		7	4	
6			6	5					
7	3		1		4	3			5
	4	7		2			5	7	
1		2	3			2			6
2		1			5		6		3
5			3		3			4	5
3		2		5	6				3
4	1		7	1			1		

Easy (209)

1	3		4		2	3		2	
7		6	3	5			5		6
2			2		3		3		5
	1	4	5		5	4			
5	2		3		6				1
1		1		1		7	1	3	2
	4		2				2		
1		3		4					2
			5		3		5	3	1
1		2		6		2		4	

Easy (210)

4		1	7	6	1	6	4		
	3	5		3		3		7	
5	2						2		4
1		6	4		2	3		7	
	4			5			1		1
6		1	2	1		7			
	5		7				4		
		2							2
3						2		4	
2		2	6		1	5	1		2

Solution on Page (180)

Easy (211)

	3			2	1	4	7		2
5		4	5						6
	3			7	6		4		
1		7	3						7
	3	4		5		1			5
4			1	3		5	4	7	
7	2				1			3	4
1		5	1	4		4	5		5
		3			5		6		4
2	1			3		1		2	7

Easy (212)

4	1					1		1	4
		3		6	7			2	7
6	4	2				3		4	
5			1	2	7		1		
		4		5			2		5
7	1		3		2	3			
6		6			7				1
1		3							
7	6			2		2			6
2			3		1				5

Easy (213)

4	2		2		2	1	6		4
		3				5		1	
4	6			7	3		6		4
2				5					2
					7		1		1
5			6	2				6	
	3				6		1		4
6	7	6		3					3
4			1	7			7	1	
5	1	3		6	2	1		4	

Easy (214)

4	7	2		2			4		1
			6		6			5	
2	6		1			4	1		1
4	1			4		5	2		3
3			5		2			5	
						5			4
2		4			2		7	3	1
5		7		5			5		
	6		1		3			6	
1	3	5	7		1	4			

Easy (215)

2		6		3		4		6	
	4			5	2		2		4
1		7	2		3				
5			4			4	3		3
	6			5				2	4
			6		1			6	
3		5	2	4			3		5
	7	1			6	2		4	
			7		5		7		7
3	6	5		2	1		6	5	1

Easy (216)

1			2		4	5		3	7
	7			3		2		5	
			6				1		4
4		3			3			3	2
	2		5	4		2	1		1
1		3			6		5		2
	6	5			2			4	6
4						5		5	2
	5	1			7		2		
4	3		6		3	4		6	3

Solution on Page (180)

Easy (217)

	6		1		2		1		5
2		3		5		7			4
	4		2		3			2	6
	1		3		4	1		1	
2					5		5		4
6		1	3		1	7			1
4						5	6	4	
	3		5		7				1
		4			5			3	4
	2		1	4		1	6		2

Easy (218)

4			7		5	2	4	6	3
		1		2			1		1
6	5					2	4	7	
	3			7		3	5		3
1	2		3		4			6	
3		5		2		1		5	
	6	1			3	6	3	2	4
5				4					
	6	7			3	2		5	3
2	3			2	7		1		4

Easy (219)

3			7	3	5	1	2		1
6	4		2				3		3
					3	6		7	1
5		2	3	2					
	6				6		4		5
2			2	5		7			7
	4						5	1	
		6				2	7		2
3								6	
1			6			2	1		1

Easy (220)

1		2		2			7		6
5	3		3				2		2
2		2			2			3	
6			1	4			5		4
5		6		3		3			6
	2				4	7			
7		4				3			7
	6						2	1	
3			2						
7	1	5		7	1	6	1	4	3

Easy (221)

1	2		3	1		5		3	5
4		4			2	4			1
	2	6		6		6		6	3
4	3		5				4		5
2		6		2	4	3			
	1		3		7		6		5
6		5		2		4		7	6
3		2			1			5	
4				3		2		1	3
2	1		7	1		4		6	2

Easy (222)

6	4		4	7		2		1	5
	2	6		1	4		5		6
5		5				3			4
	7		2	1			2		
5					4	6		3	1
			2	6	1				4
6		7		5					6
3		3	1		6			5	
	7		5	3			3	6	2
3	4	1	6		1	7	1		5

Solution on Pages (180-181)

Easy (223)

3		2		5	1	7	4		1
	1	7	6		2			2	6
2		2		5		7	4		
	4		1		2		3		1
6	1	2				1	5		7
	5		5		6		3		1
1		1		7					5
	3		3			6	7		2
	7			5				1	
	2	3	6		1		6		3

Easy (224)

7	2	1			3	2		1	6
4			7		5		5		3
6	1	4		4	3	6			6
5			7		5		5	7	
7	1					2			5
	2				1	5			1
6			7		6			6	
	4	3				2			3
3		2				5			
1	7			3	4		1	6	3

Easy (225)

7	1		1	5		1	3		
4	6	4		4		2		2	6
	3	1			1		4		3
1			3	5				5	
	5			1		3			6
								3	4
1		7	5		3		4		
6				4	7				5
	4	1				1	4	1	
1		5	7			6		7	3

Easy (226)

	3	5		2		5	1		2
4		2	7		4			3	
		1		6				6	5
3	2		2				1		1
	6				6	7		4	
1	5	2		1		1			
7			6		3		7		5
6	2		2					6	
	5			3		5			2
2			2		1	6	4	1	6

Easy (227)

	4		5		2		3	4	
3		2		1		7		6	5
6		7					3		3
1					3				
2	7	6				5		2	6
		3	4		4				1
2		2		3	2		3	2	
	1		6			1	7		1
5					6			5	
1			2	1		3	4		2

Easy (228)

1	5	2	1		6	5		3	
7				2				4	
	1		1		5		2		
3	4		4			4	1		3
5		1			3				7
	2		2		5		2		2
5		4				7		6	
	3				4	3	5	7	4
		7						1	5
4		2	5			1	6		3

Solution on Page (181)

Easy (229)

	7		3		6	1	5		6
4		2	6	2		4		3	
	1				6	3		4	2
5		2	1				2		
6		6	5		5		6		
4			4				1		
	7	6		5		3		4	2
					1		6		5
	6	4			4			2	
2		5		5		1	6	3	4

Easy (230)

3	5	3		5			6		2
6	4		6		1	3		1	3
		7		5			4		
2			6		7	1		5	4
	4	2	1	2			3	2	
2				5				7	1
			2		4			2	4
5		3		5		7			6
	6		2			6		4	
2	3		1	5	2		3		1

Easy (231)

5	3		2	4		5	2		2
	7	5			6			3	
6	2				2		7	1	6
			7			6			4
	4	3					1	7	
	5		5	1					3
6		4			7	4		1	
	1				2		7		2
3	2	5				5	4		
6		1	4		4	2		2	1

Easy (232)

4		3				3	5		1
	7	2			7				
3	6		5			4		3	
				3			5		6
	2		2		4	2		2	
5		3	6	7	1				1
2		5			2			7	
	3		1	5		6		5	1
2	7				4			4	
1		3	5	7		5	1		

Easy (233)

3			5		3		5		6
4	2		4			1			2
		6			6	5	6	3	
3	7		2			3		4	2
		4	1		6	7			
2					5		3		1
	4	3				2	4		
1	5		4					6	5
		2	6		7	3	2		2
1		3			4			5	4

Easy (234)

2	1	3		6	2	3			2
	4	2	4	1		1		5	
7			5						7
	6	7		4	3			1	
	3		1	2					4
6									
		5				5	6		3
	7		2	6		2		5	
5		6				7		7	
3	4		2	3			1	4	6

Solution on Page (181)

Easy (235)

4	7			5	1	3		2	4
1			3		4		7	5	
5		6		2		2		2	1
	4	5		3			4		4
6					1	7		5	
3		4		3					3
			2	5					7
5		1	6				3		2
			3					1	
3		2				5	3		3

Easy (236)

2			5		5	1	4	6	1
4		7	3	7	3		3		
		1		1		1		7	3
6	2		6		2		5		
	7			3		1			6
4		5	4		4			1	4
		1		5			6		2
	4				3			5	
1	2		5	7	5			2	4
3	6	1		4		6	5		6

Easy (237)

1		5		1			3		1
3	6				4		4	6	
1			7	6			3		
	5	1		3		4		6	3
1				5			1		
7			1		3			2	5
		3	6	2		5		4	
	7		5		3		2		5
3		4			7				
6		2		5		4			4

Easy (238)

4	6	1		4			6		3
	7		5						2
	1				4		5	1	3
2		2		3	1		4	6	
	3	7	4	6	7				
6	4						3		1
		1		5		6		6	
	3				4	3			2
4		2		7	2		2		
5	3		1	3		6		5	4

Easy (239)

5		1	5		3		4	3	1
		2		4		2	1		6
2	6		1		3			4	
				2		7	6	3	
3		3		7	1		1		4
	5		5			2		2	
	6	3			3				5
			4		4				
	3		2			6	3		1
1	4	5		4	1		1	2	4

Easy (240)

		2				1		5	
		4			3		6		1
	5				4	2	5	3	5
3			1	3			4		
1				4		2		3	4
	2		7	1			7		1
	7			6		2		4	
2			5		4		3	6	1
	5		6	7	2				7
1	3			4		7	3	4	

Solution on Page (181)

Easy (241)

3	2		1			2		1	6
1			5		7				4
3				6		2		2	
2		2		4		4			3
					2		7		4
3		4				4	2		
5	6	3	1			3			
		4		5		1			3
	5		7		2			6	
7		2		3		1	7	3	2

Easy (242)

1				1	7	5		1	4
	6		4		2	4	6		3
4	7			1		1		5	
	3	4	3				7		4
5				2	6			1	
			4				3		5
		2		6					3
3	4		1			2	7	1	
1				7			4		2
	3			4	1		2	5	

Easy (243)

6	1		3		4	5		5	6
		6		7				4	
4	1		2				3		3
			5			1	6		4
	5	3		4		3	7	1	6
			5	7	1				5
	1						1	4	
4	2		1		7	4		2	7
	5				1				
1		6		3		3	2	1	3

Easy (244)

3		1		3			1	3	7
	5		5		7			4	
4			4	3		1	5		3
		2							
1	3	5	6		5				
5			4					3	
	3	6				2		7	1
2		5		7	4	6			
1			3		1		3		1
7			5		4		1	4	5

Easy (245)

4		7	2	6		1	5		1
		4			5	7		7	4
	3					3	1		2
					5		4		
2	3	7	5	7		1	3		2
1							4		
4	5			6		5		6	1
		2			1	6		3	
3		5		2			7	5	1
4			6		5	2			3

Easy (246)

1		5						4	2
	4			7	4	6			6
2			4	6			1	5	3
	4	3				5	4	2	
3			7		1		1		1
	6	1		6		3			2
2	5						6	3	6
	4			5	4		1		
						2		7	5
1	6	2	6		4		1		2

Solution on Page (182)

Easy (247)

1	6				7	3	2	6	
				5		6			
7	3			4		7	5		
		2			3			6	
3		6			4		2		
2	7		5	2		7	3		6
			4		6	1		2	
	3			5			3		4
		6				5	7	5	
3	1	4		1	2		1	3	

Easy (248)

3	1		4	6		3		5	1
	4		3				2	6	
2				5	7		4		4
			6	3		1		3	
3		1					4		2
	2			3		3			4
6			6				6		
	1		7	4		3			7
4	2	6		2					4
5		7		4	6	3		1	

Easy (249)

2		1	6	4	3		2		3
	5					1		6	
6		6	2				5		4
	1						6		7
3		2							5
4			1			2		4	
	5				7				2
2	1	7	1	3		2	3		5
	4	5		5		1			
1		3			3		2	1	2

Easy (250)

5		3	2	4	2		4		1
				1		6	5		3
				2		3		1	
	6		5		6				5
4					5	2		7	3
7				4			5	1	5
	5	7	1		2		3		
6			6	4	7				2
	3						5		3
2		5		6		3		2	1

Easy (251)

5	3	4		6		5		1	2
	6		1		7		2	7	
2		4	3						2
5		7		7		5	4		5
	4		6			2		1	
7		2			6		6		4
	6		6	2		2		7	
4		7				5			3
	5		3	4	6		6	4	
1		1		1	3		1		5

Easy (252)

3	1		1		4	2			1
7		2		2	6		4	6	
3			3			1			1
1		2	7	1		2		5	2
	5	4			3		1	3	
2			6	4		4			7
7	1		7					6	
5		3			4	3	7		
				2		1			7
4	6		5		3		4	3	

Solution on Page (182)

Easy (253)

7			1	6		5			2
									1
5		7	4		5		3		2
6			2			2	7		6
	2	3		7	3		5	1	
6			4			7	2		6
7		5			3				2
		1	4			1		5	
2				7	6	4	6		1
4		3		3		1		7	2

Easy (254)

	6	5		6		5			5
4		3		2	1	4		3	1
	7		6			6		2	
2		5			5				4
1			7	3				5	
	5		5				1		1
		3		1		3			5
4			4		5	2		2	3
3			6	3	4		3	4	
2		4		1		5		1	7

Easy (255)

1	5	6		1	3			1	2
2			5				3	6	
3	7	1		3		6	1		7
	2			7					4
4		4	6			1			6
1	3		5		4		2	3	
4				6		3	4		5
5	2			2				6	4
1			6		5		4	1	
			4				2		3

Easy (256)

3		1			4	2	7		4
		5		7				6	
2		6	1			7		4	2
		4		5		2			5
4						4			3
6		7	3	1				6	4
2	3		6			6		3	
7				3	1		2	1	2
	4		4	6				4	
3		2	5		3	1	2		

Easy (257)

4	5	2		1		2		6	3
1		3			4	7	3		4
7			1						
1		3		4	7		4	5	
	2		7			1	7		6
6		5		6					
	1	6	2		2		5	7	3
4		7		1		6		4	
			2						2
5		1		7	4		3	1	

Easy (258)

		1	4	5	4		2		5
	3				3	6		6	3
	4			1				7	
6		1	3		3		3		6
5		5		7		4		4	
	3		2		6		6		1
	2	5	7		4		7	4	2
							5		5
		3		3		4		2	
3	7		2	7	5		1		

Solution on Page (182)

Easy (259)

5	2			2	6	2		3	4
		6	5		3		5		
6	1			4		1			7
7		5		3		3			
			2		4		2		4
5		4		3		6			5
		5	2		2	3		1	6
5	3			3				4	
	6		1			2		5	1
2		5	4	7	5		4	6	

Easy (260)

1			6	2		7	6		
5	4		3				1		
	7			4				2	
6		2					4		
	1		3	2		7		2	1
4		4		1			3		7
	2				3			4	
7		6					7		6
5			5		3	2		4	
	7	4		2	4		3	1	3

Easy (261)

		3		6	5		2		
6	2		7	4				7	6
3	5		5		1	4		2	1
2		6	7			3	6	4	
3		3		3	1			2	
	5				7	4			1
3		2			6		1		5
		5				4		2	
			4	5				5	
1	2		6		4		7		4

Easy (262)

5		1	3	6	5		5	2	
2		5				7	4		
6					2				5
	4	5		7		1	7		3
						3		6	
	2			3					4
4		7		1		5	4	5	
	3		2		7		3		
5	6				5	4		7	1
3		4					3		3

Easy (263)

5		6	1			1	7		1
	2	7			7			6	
5				3	2	5		3	7
2	3			4		3			2
		1	2				5		
3	4			4				2	4
6		7		1		1			6
2	3		4	5	3		5		
		5		1		6		3	2
5			4		7	3		4	1

Easy (264)

2		3	5			3			1
3	1			6		1	4		
		5		3			7		1
1	3					3		3	
5	4	5		7		6	1		6
	7				4		3		
1	3			1		1		4	
	2			7		5		2	
5		6	3					1	3
2	3			6		7	2		

Solution on Pages (182-183)

Easy (265)

5		6	2	7		2	1	2	6
	1				5	4			
5				6			7		
3	2		1					6	2
	4				5				3
5	6	5			2		7	5	
	4			5			2		
			6		4	7	1		6
	3							2	
4		5	2	4	3		5		5

Easy (266)

2		1				6	4	5	2
5			3		2				1
1		4			6	3	6	5	
7			5		1		1		7
	5	7				4		2	
		1	6	4	5	6	3		1
3	4			3			2	5	4
			6			3			
7		2		5			4		4
4		1		6	4			3	1

Easy (267)

4			3			5	3		1
7	2							6	
1	6		3				3		5
		5		4				1	3
3	6		1	6		7	3		4
	1	2				4			2
2				3	6		5		
	5	1		5		4	1		6
3	7		4	3				5	
5			6		1		4	2	

Easy (268)

	2	1		4		2		1	3
7	5		6	5		7		2	5
	6			2	3		4		
4		3		5	4		5		2
6			1	2		2			4
	2					1			2
3	1			3	2	6		6	
2						4			7
	6		6		2	5		5	3
2		4	2	1	4		3		

Easy (269)

	1		5	4	3	2		1	2
3			2				6	5	6
	6	1		3	5	2			
	4							7	
1		5				6	5		4
6	4		1	5		7		7	
2		5			3			6	4
		3		5	2				
5			4	3		6			2
1		2		6	1		5	6	1

Easy (270)

2		3		2	6		1		6
6	7		5			4			
	5		7		5		1	2	3
1				3	6		4		
	7			1		3		1	
6			5		5		7		5
3	4	3		4	3	4		3	
					7		6		2
2		3				4			
		7	5	4	2		3		5

Solution on Page (183)

Easy (271)

2	1		5	3			6	2	3
	3				2				4
1			5	7		4			
7					2				
5			1			3		3	
	2		6					4	2
1	5	1		4		7		3	5
			5				1		
4	3			4				4	7
2		6		6		2	6		2

Easy (272)

	2			5		4	1		1
3			2	3				5	
	5		1		5		4		6
		2		4		3	1		5
3	5					5		3	6
2			2		3		1	2	
	7		4	1			4		4
3	2	3			2			7	
	4			6				2	
6		5	1		1		1	3	1

Easy (273)

1		3	5	3		3		6	1
		2	7				7		3
3		5			4	1	5	4	
	1			2					1
3		7		3	1			7	
6	1		6		4	2	3		5
	4			1					4
2			5	2			5		2
1		3				4			
2	5		1	7			5	7	6

Easy (274)

2	7		5	6		3	4	5	4
	1	3							
2		7		2		7	1		
5	4			3	5		5		7
	7		6		2		1		3
2			2	7		3	7		2
	3	5			2			5	6
7			2	4		3	4		
		7			6				
6	1	3	1	4		7	3		1

Easy (275)

4		7	5		1		1	3	
					4				4
5			6	5		1		7	5
6	2			7		7	4		
	4	3	4				5		
3					5				
5		2	3	6		1		3	
	4	5			2		4		7
2	3				6	1	3		1
	7			5	3		4	2	5

Easy (276)

4		3	6					3	1
	1		5	2					
2	4	6			3		2		5
	1		7			5		1	
5				1	7		7		5
				3		2		6	
		3		1	6		7		4
4	1	6		5				5	2
6					1				
	4	5	2	3		5			3

Solution on Page (183)

Easy (277)

7	4		6		3		4		1
		2		1	7	2		7	
1		1		2		5		5	6
	3		5						2
		4		7			6	3	4
1			2		4				
4				1			3		
6				2				1	
	5	2			7			3	4
1		4	3	1	5				2

Easy (278)

1		4			1			4	5
	5		1			4		7	
6			7	6			1		6
7		3		1			7		2
		2			4			1	
3	6		6		5				2
			3	4		4			
3		2			2				1
	6		1	4		6			6
	5	2			7		3	1	2

Easy (279)

6			4		3	7		5	4
	3			1			3		3
1			4		3		5		4
	2	5			5				7
1			6	4		6	1	6	
3	5	1		5					5
6			7		6			3	4
		6		1			6		
	3		7		4	2		5	
7	1		4		1				1

Easy (280)

1			7	5		1		3	2
5		3		1		3	4		
4		4	2		7		7	3	6
	7		7	1		2			1
2	6			2		7		2	
4		1	4		6		5	7	
	2	7	2			3		3	4
1					4		1		
	2	4		3		3			3
3			6	1		2	1	2	4

Easy (281)

1	5				3	5	2		
4				6	7			4	2
7		5	3		4			6	
6	2						7	3	7
		5		1		4	6		5
1		2			2			1	
			1			6			
	6	7	3	6			1		
4			2	1	4	3		5	
1	7	3	6		6		2		4

Easy (282)

1		2	3		5	1		2	3
			5				3	5	
3		6		2		4		2	
			1		1		6		4
	2	6				3	5		5
6	4				4	1		7	
		5							4
	3		1	4		2		6	2
2		4							
1	3		3	6	1	2	3		7

Solution on Pages (183-184)

Easy (283)

		2		4		6		4	5
	4	3	5	1	2		7		1
2	6	2		6				6	
	3		3		1		5		
1		1				3		4	2
	2		2	4				3	
4		3	7		2		2		
			4			6			7
6		7		6			2	3	2
3	1		4		5	3	4		1

Easy (284)

2	3			3			1	4	
5			5	4		4			3
3		1		2			7	6	
		5		6			1		4
2			1		7			5	
	4		2		6	2		1	2
		3	6			3	7		6
		2			7		1		2
4			5	4			5		4
2	5	1				1		3	

Easy (285)

1		5		3		5			6
3			4	6	7			2	4
6	1			3			4	3	
2			4		2			7	1
3	4				5		3		
		5				1		4	5
3				3		5			2
1		6	4		6		2	4	5
			3					3	
2		4		1	5	3	7		6

Easy (286)

		4	2	1		5		6	7
	2				6		4		2
3	5		5	2	4		6	1	
		4				5			5
3	6		7	2			1		7
4		4			1			3	
	2				3			2	
6		7		1		7			3
		2	4					2	6
2	3		3	5		3	4		1

Easy (287)

3		1		2	4	5	3		1
			5		3		4	5	
1	5			7		1			6
							5		4
6		4			1	2		1	
	1		1			7			7
2		2	7			6			5
5	6		1		1		1		2
		3		7		3	5		3
5			5		4		2	1	

Easy (288)

5	2	1		1		7	3		2
3	6		7			1		1	3
		3		6	4		2	4	
	4		4				1		6
5		5				6		5	
	1		6	4	1		2		1
4					5		6		
	5	3	1		4		1	4	
2	7	4		5		5		5	6
3			6		4	3	6		2

Solution on Page (184)

Easy (289)

3	2	5				1	5		5
5	6		1		2				6
7		2		5	3	1		4	
6				1			2	5	3
	4		2		2	1	4		7
2	7	3		1			6		2
6			5		6	7			
		3	2				1		5
	2			3		3	2	3	
3	6		4		4		4		4

Easy (290)

5		3	2		3			2	5
3	2	7		4	2		7		1
4								3	
	5		5			1			1
4				4	2			2	7
		6				1	3		1
	7			3					
5				7		2			4
3		3					4		5
2	7		1	6	7	2		6	

Easy (291)

	4	1	5		5	1	6		4
3				6	2			5	3
	1		1		4		6		1
3		2		7	3		4		
1			4			1			
		6	5		3		3		
3		2		2		5		7	
				6	7		1		2
	1					2		5	4
4	6	2		1	4		3		6

Easy (292)

3	6			3		4		7	2
4			5		1			5	
2	5		1	3		5	4		1
		3				2			4
5	4			2	6				
1			5		4				3
	2			1		1		7	
5	4		5		7		4		4
	2			3					6
7	6	5			4		3		7

Easy (293)

1		5	2		5		1	3	6
5		3				3	2		2
2		2		5			7	1	
1	3		7			2		5	2
	5				6			4	
4	6	7		5					
	2		1		1		1		1
5		4		5		2		7	
1								3	1
2	7	4		1	7	6	5	4	

Easy (294)

1	7		6	4	6		5		4
5		3			7	2		1	
	1		2			6			5
4			5		2		1		1
	2	7		3			4		
4			1				1		3
		4		5	6	4		6	
	3	1							5
5		2		5					1
2	6		1				6	2	3

Solution on Page (184)

Easy (295)

4		7	3	2		1			2
	2	4			7	3	2		4
1		3	7		6			1	
	2		1				5		
6			6		4				
3	7	4		2	5		6		5
1			6		1			3	
	5		2		3	2			5
1		4		5			1		6
6		3	1	7	3	4		5	1

Easy (296)

3		4		4		6		5	7
	6	7					2		4
3			3	5			3		3
	4	6		4		6			1
1			1	6		4		5	
	6	5			1		1		
			1	4		2		4	
2		5		7			1		
	7		4		5			4	6
2		6		3			5		

Easy (297)

	7		3		6	1	5		6
4		2	6	2		4		3	
	1				6	3		4	2
5		2	1				2		
6		6	5		5		6		
4			4				1		
	7	6		5		3		4	2
					1		6		5
	6	4			4			2	
2		5		5		1	6	3	4

Easy (298)

1	3	6	7		3	4		7	2
	5			2	6		3		
		1				2		5	
7		7		5		3			1
4			1		4			3	4
	1		4	3			2		2
4		5						3	5
1		1	3	7			2		
	5		5				4		
6	3		2	7	3		5	2	6

Easy (299)

1		4				2		6	
3	5		1				3		7
				2		7	1		4
6			3		1		6	7	
5	7	2		2					3
6			1	5		4	6	5	1
	2		6						
5		3		4		5		4	
		6		3		7			3
3			1	2	4		1	2	

Easy (300)

1	4		3	5			5	1	4
3		1	2			4			6
2				7		1		1	
			2				5		4
	7		3			2			5
6	4			5	1		6	4	
	5	6	1		2	3	1		5
	2	4		7					4
			6		5				
1		3			2		3		6

Solution on Page (184)

Easy (301)

2		2		1	4		4		3
	6		4				5	6	2
1		2		2		2		3	
3	7	4			1		7		6
	5	2				2		3	7
1			7	1	6		4		2
		1	5			5			
7	6				3				3
1		7			6		2	4	
	2		2	1		3	6		7

Easy (302)

5	2		1		4		1		2
3						3		7	6
7	6		4		7	4	6		
				3				2	7
3	1		1		6				3
2	5		7			4		1	
	1	4			6				6
4	3		7	3					4
5		4			2		2		7
1				4	7	6		1	2

Easy (303)

2		5	7		1			5	2
5		2				4	3		
	4			7	6			6	3
3		6	1				3		4
6	4	3		4	2		6	1	5
7		1							2
	2			7		1		1	5
3	1	6	5				5		6
	2			7	5	1		4	
1	4	6			4		3		2

Easy (304)

1			7		6		4		
3		5				5		7	2
	6	3	6	7		3			
1	2				5	1		6	3
		1		4		4		4	
4	2	7	2			7			5
			6		3	6		2	1
4				4					
		5		5	1				5
6	2		4		6		4	1	4

Easy (305)

1			3			5	4		
2				6		6	3	7	6
	7	2	3		3		1	4	
5				4		4			
4	3		2		7	1			2
6		1		1			5	4	
7	3		4		7		2		1
			1	5		4		5	2
5	4		3			3	7	6	
6		1		7			2		3

Easy (306)

3			5		3		3		
	6	7			7	4		1	
3	2			3					2
		7			2	6		4	
5				4	1		3		
		4	1			2		2	1
6	3		2				5	6	
4					5		2	7	
6		4	6		7				4
3	2		2	3			3		3

Solution on Page (185)

Easy (307)

	3				7		5		
5		1	6			3	2		4
		5	2		2		4	5	
3		6				1			3
6	2			1				6	
	5		7			4		5	4
2		2	3	4		1		3	
				2					4
4		5	4		1	3		3	
2	1		3	7		7	6	1	4

Easy (308)

	6		1	4	7		2		7
					3	6	5		
1	5		2	1		4		6	5
4	7	1		6			2		3
		2	3			7		4	
6		1							
2			3		5		5		
	1	5		6			3	7	1
5		6			3				2
1	2		2	1		1	6		3

Easy (309)

4		2		7		1	2		6
	6				2	4			
4		3		4	6		3		
1					1		6		2
	2			4					
3		4	7			6		5	
4				5	2			2	
2	7		6				6		3
	3		3	2	7		4	2	
1				5		5		1	

Easy (310)

7		5	3		5		3		5
	4		7	4				4	
3	6				6			2	1
				7			1		5
4			4			6		3	6
						5		2	
3			5	2		3	7		1
2		6			1			6	
	7			2			4		3
6		5	1		6	2	1		2

Easy (311)

2		5	2		3	2	1		6
	3		7	4				4	
2			2	3			2		5
1	6		7		4	5	4	1	
		5		6		6	2		
6			2		1			4	1
7		4		3			1		
1			2		5	6		3	7
	5	4		4			1	4	
6			1		2		2		5

Easy (312)

7	6	3		1	6	5	3		2
	1		5	2		2		1	3
3	2		6				4		4
5		5						6	
6			1			3			3
4		7			5	6			2
2			1		2		5		6
5		2				1			5
	3		7	2					
5		6		5		4		3	1

Solution on Page (185)

Easy (313)

7		4	2				7	1	2
	5					3	5		
	4	2	4				4		
2				1		1		1	6
1	5		4		2		2		4
	4			3		6			
1	2	1	7	5		3		3	
			3					7	5
		2				2		1	
5	4		6	5	6		3		6

Easy (314)

2	5		1		1		7	6	
1		6	4	3		5			1
5		1					3		2
7					2				4
	5			5	3		3	6	
1		4				6			
2			3				2		4
4				4		3	5		3
	1	6			6		4	7	
		5	4		3	1		1	5

Easy (315)

1			3		7	6			5
6	2	7				2	3		1
	1			6		1		5	
6		5		1		4	7		7
1			4		6		5		6
6			3					2	
	1			5		3			
7	6	2	1		1		5		1
3			4	7		4		3	
4	1	2		6		3	2	7	2

Easy (316)

3	1			6	5	2		4	3
5					7		7	2	
2			2		2		3		6
	4			1				1	
		1	4	5	6				7
	7		7			5		5	4
4		5				1	6		3
5	1							5	
		3	2		4	1	4		3
2		4			2			6	2

Easy (317)

2			6			2		1	
1		4		4	7	4	3		3
					2		7	4	
	4	1		6		3			2
2			2		5		7		6
		6				4		3	
3	4			5		7			6
		2	7		6		5		
6	7		6			2			4
3		1			5				3

Easy (318)

6	5		5	1	2		2		1
7		3	2			3	4	5	
	1	6		6				7	4
2	7				4				
5	6	1		6				1	3
1			5		3		4		6
	4	2		2			1		4
	1	5					2		7
	2		2		6	3		4	
3	5		7			2		2	5

Solution on Page (185)

Easy (319)

	7	5	7		1		4	1	2
		6			4	6	7		
5				1		1			4
2	6		3		4	6		6	1
	4		1			3		7	
1				4	2		1		1
	6		6					4	
3		4		2			2		2
	6	3		1		5		3	
2		4	5			2	1		1

Easy (320)

4		7		2	4		5		
5		5		6		3		2	
	1		1		1	5		6	3
6		7							4
1			5	2		4	1		6
	4	2			6		3	5	
3		6	1			1			1
			4		4		7	4	
	2	3	6	3				5	
4		1			2		2		3

Easy (321)

2		6	3		2		1		2
7	4				6			3	
5				5		7		5	1
		6	1				1		2
		2		5		4		4	
	4				1			5	3
	6				6		7		2
5	3			4	1		6		
	1		7	6		3		3	
2		2		3	4		1		

Easy (322)

4	2			6	7		5		1
	5			2		3	6	4	3
2		3		4					
3			2	5		5			4
	2	4	3			2		7	
7							5	2	5
4			7			2	1		6
	1	2	3			4		5	
6									2
			6		5		6	1	

Easy (323)

3	1		1	2			3	5	1
		3		5	4	6	1		2
5	7								
	2		1		1	5	6		4
	5	3	4	6				3	
			5		1				
	5		7	4			3		6
7		4			5		1	7	2
2	3		6				3		
1		7		3		2		6	4

Easy (324)

3	5	6			7		6	3	1
	4		4	1	3	4			
2				2		2	6		5
7		5	3				4		4
	2		7			3			6
1	5		4		6		7	2	
		1		7	1	4	1		
6	4		5	4				7	
1		1		2	5		5	4	1
3	2	6		1		3	6		2

Solution on Pages (185-186)

Easy (325)

3	1		2		5		3		
		5	4					4	1
4		6			3	2		2	7
	5			6			3	4	
7		7		2	1		6		6
4	2			7		4			3
1		6	2	3			5	7	
	2	7							1
4			2	5	6		4		
6			1				1		4

Easy (326)

4	7	2		2			4		1
			6		6			5	
2	6		1			4	1		1
4	1			4		5	2		3
3			5		2			5	
						5			4
2		4			2		7	3	1
5		7		5			5		
	6		1		3			6	
1	3	5	7		1	4			

Easy (327)

1		1	7		3		6	7	1
	4		5	1	5	1		5	
5	6					2	4		2
2		7	5		1		5		3
			3			4			4
2	1	7	2	6			3		
	6					5		4	
				3		1			5
	4	3		1	6		7		
		2	6	7		5		2	3

Easy (328)

1	4		3	6		3	1		2
2		5	7		5		2	6	
				6		7			3
		3		5	3			2	
1						7			5
2						6			
	3	6		4	3		2		3
6			1			4			4
	1	3		6		1	7		
3	4	2		5		6		4	1

Easy (329)

5		1	4	2	7		3	1	3
						6	2		
3	6		5						4
5		2	3		7		5		2
1					4			4	
		4	5			3			6
				1	4				7
		5		5		7			
6			3				2		2
	5	4		6		7		5	1

Easy (330)

4		5	1		1	2		5	6
	1	7			5		1		3
6	2		1		3			5	2
3		5		4			7		
	6				2	3			6
5		5				5		2	
	3				6		6		6
		6		5			2		1
5		3		2		4		4	
3	2		7		5		3	5	

Solution on Page (186)

Easy (331)

5	2		5	1		3			3
1		4		6		6	1		
7		2				2			6
		5	1		6		3		3
5	7			5		7		2	
	3		3	7					5
6	5	4				6		6	
	2	1	6	5			1		4
4					2	6		2	
3		6		4			3		5

Easy (332)

2		1		1		3		4	1
6		4	5		5		1	7	2
			6		2				3
7	6	5		4		1			
5			3		3		6	4	
4		4		5		1		7	
			2			7	5		2
5	6			5		1	3		1
2		2	6		3		2		6
	7	5		1				5	

Easy (333)

5		1	5		3		4	3	1
		2		4		2	1		6
2	6		1		3			4	
				2		7	6	3	
3		3		7	1		1		4
	5		5			2		2	
	6	3			3				5
			4		4				
	3		2			6	3		1
1	4	5		4	1		1	2	4

Medium (334)

1		5						4	2
				7	4	6			6
2				6			1	5	3
	4	3				5	4	2	
3			7		1				1
	6	1		6		3			
2	5						6	3	6
	4			5	4		1		
						2		7	5
1	6	2	6		4				2

Medium (335)

		3		6	5		2		
6	2			4				7	6
3	5		5		1	4		2	1
2		6	7				6	4	
					1			2	
	5				7	4			
3		2			6				5
		5				4		2	
			4					5	
	2		6		4		7		4

Medium (336)

1		5	2		5		1	3	6
5		3				3	2		
2				5			7	1	
1	3		7					5	
	5				6			4	
4	6			5					
	2		1		1		1		1
5		4		5		2		7	
1								3	1
	7	4		1	7	6	5	4	

Solution on Page (186)

Medium (337)

		5		1					1
3	6						4	6	
			7	6			3		
	5	1		3				6	3
1							1		
7					3			2	5
		3	6	2		5		4	
	7		5		3		2		
3					7				
6		2		5		4			4

Medium (338)

4		3	6						1
	1		5	2					
2	4	6			3		2		5
			7			5		1	
5				1	7				5
				3		2		6	
		3		1	6				4
4		6		5				5	2
6					1				
	4	5	2	3		5			3

Medium (339)

1	4	7		6		7	3		
	5		1		2	5		6	
6	2		7					5	
3								6	
4		5		6	4		2	5	1
				1					3
	5	6			4		2	1	
3		2		1			4		5
		4	5		4	6	3	6	
			1				1		

Medium (340)

5	3			6		5			
	6		1		7		2	7	
2		4	3						2
5				7		5	4		5
	4		6			2		1	
7		2			6		6		4
	6		6	2		2		7	
4		7				5			3
	5		3	4	6		6	4	
1		1			3		1		5

Medium (341)

1	6				7	3	2	6	
				5		6			
7				4		7	5		
					3				
3		6			4				
2	7		5	2		7	3		6
			4		6	1		2	
	3			5			3		4
		6				5	7	5	
3	1	4		1			1	3	

Medium (342)

	2	1		1		7	3		2
3	6		7					1	
		3		6	4		2	4	
	4		4						6
5		5				6		5	
	1		6	4	1		2		1
4					5		6		
	5	3	1		4				
2	7	4		5		5		5	6
3			6		4	3	6		2

Solution on Pages (186-187)

Medium (343)

7			1	6		5			
									1
5		7	4				3		2
6			2			2	7		6
	2	3			3		5	1	
6			4			7	2		6
7		5			3				2
		1	4			1		5	
2				7	6	4	6		1
4		3		3		1		7	2

Medium (344)

3	1		1	2			3	5	
		3		5	4	6			2
5	7								
	2		1		1	5	6		4
	5	3	4	6					
			5		1				
	5		7	4			3		6
7		4			5		1	7	2
2	3		6				3		
1		7		3		2		6	4

Medium (345)

5		1	5		3		4	3	1
		2		4		2	1		6
2	6		1		3			4	
				2		7	6	3	
3		3		7	1		1		4
	5		5			2			
	6	3							5
			4		4				
	3		2			6	3		1
1	4	5		4	1			2	4

Medium (346)

7	3				4		7	6	4
2			4	6			3		5
6								4	
1		6	1		4		2		6
								1	3
3					1			6	
	4			3		5		1	7
3				1					
	5	1		2	4		2		5
6	3				1	7	5		6

Medium (347)

4		2		7		1	2		6
	6				2	4			
4		3			6		3		
1					1				2
	2			4					
3			7			6		5	
4				5	2			2	
2	7		6				6		3
	3		3	2			4	2	
1				5		5		1	

Medium (348)

1		1			3		6		4
	6	7						7	
3				1		1	4		1
	5			2	7			2	
		2	3			6	3		
	1				7	1			5
6		5	2		6				4
5	1			1	2	7		3	5
			3			6			
3		2	7		5		2		1

Solution on Page (187)

Medium (349)

5	1	6			2				6
	2					4	6	1	5
3	5		6		3			3	
4		3		7					2
	5		5	2	5				
		4	6				2	6	
		5		1	7	3			5
3				5	4			1	
6	7						5		6
	4		5		2		7	2	

Medium (350)

2		3		1		5	3		
	7				6			4	
5				5					2
2		2	6			4	5		
	6						3		3
4		1			4	7		5	4
	5		2	3					6
2			5					5	
1			4			6	2	7	1
6	4		3	1	4				2

Medium (351)

			1			2		1	6
1			5		7				4
3				6		2		2	
2		2				4			3
							7		4
3							2		
5		3	1			3			
		4		5		1			3
	5		7		2			6	
7		2		3		1	7	3	2

Medium (352)

	4	1	5		5		6		4
3				6	2			5	3
	1		1		4		6		1
3				7	3		4		
			4			1			
		6	5						
		2		2		5		7	
				6	7		1		2
	1					2		5	4
4	6	2		1	4		3		6

Medium (353)

	4		5		2			4	
3		2		1		7		6	5
6		7							3
1					3				
2	7	6				5		2	6
		3	4		4				1
2		2		3			3	2	
	1		6			1	7		1
					6			5	
			2	1		3	4		2

Medium (354)

		2		4		6		4	5
	4	3		1	2		7		1
2	6	2		6				6	
			3		1		5		
1		1						4	2
				4				3	
4		3	7		2		2		
			4			6			7
6		7		6				3	2
3	1		4		5		4		1

Solution on Page (187)

Medium (355)

6	1		3		4	5		5	6
		6		7				4	
4	1		2						
			5			1	6		4
	5	3		4		3	7	1	6
				7					5
							1	4	
4	2		1		7	4		2	7
	5				1				
1		6				3		1	3

Medium (356)

	1		4	6		3		5	
			3				2	6	
2				5	7		4		4
			6			1		3	
		1					4		2
	2					3			4
6			6				6		
			7	4		3			7
4	2	6		2					4
5		7		4	6	3		1	

Medium (357)

		1	4	5	4				5
						6		6	3
	4			1				7	
6		1	3		3				6
5				7		4		4	
			2		6		6		1
	2	5	7		4		7	4	2
							5		5
		3		3		4		2	
	7		2	7	5		1		

Medium (358)

3		1			4	2	7		4
		5		7					
2		6	1			7		4	2
		4		5		2			5
4									3
6			3	1				6	4
2	3		6					3	
7							2	1	2
	4		4	6				4	
3		2	5		3	1	2		

Medium (359)

	6		1	4	7		2		7
					3	6	5		
1			2			4		6	5
4	7	1		6					3
		2	3			7		4	
6		1							
2			3				5		
	1	5		6			3	7	1
5		6			3				
1	2		2	1		1	6		3

Medium (360)

	4		3	6		3	1		2
2		5	7		5		2	6	
				6		7			3
		3		5	3			2	
1						7			5
2						6			
	3	6		4	3		2		3
			1			4			4
		3		6		1	7		
3	4	2		5		6			1

Solution on Page (187)

Medium (361)

		1				6	4	5	2
5			3		2				1
1		4			6		6	5	
7			5		1		1		7
		7				4		2	
			6	4	5	6			1
3	4						2		4
			6						
7		2		5			4		
4		1		6	4			3	1

Medium (362)

1		4			1			4	5
	5		1			4		7	
6			7				1		6
7				1			7		2
		2						1	
3			6		5				2
			3						
		2			2				1
	6		1	4		6			6
	5	2			7		3	1	2

Medium (363)

6				1	2	6	4	1	3
	5								5
2	3			6		7			7
4			3		5		2		
				2		6			2
3			4		5		5	3	5
	1			2		3			4
6		3			4	7			
			1				5		3
2				3	2	6			

Medium (364)

3		1		2	4	5	3		1
			5		3			5	
	5			7					6
							5		4
6		4				2		1	
	1		1			7			7
2		2	7			6			5
5	6		1				1		2
		3					5		
5					4		2	1	

Medium (365)

1		5		3		5			6
3			4	6	7			2	4
6	1			3				3	
			4		2			7	1
3	4				5		3		
		5						4	5
3				3		5			2
1		6	4		6		2	4	5
			3					3	
2		4			5	3	7		6

Medium (366)

1		2	3		5	1		2	3
			5				3	5	
3		6		2		4			
			1				6		4
	2	6				3	5		5
6	4				4	1		7	
		5							4
			1	4		2		6	2
2		4							
			3	6	1	2	3		7

Solution on Page (188)

Medium (367)

5	7	1		3	4	6			4
	3						1	5	
				6			7		2
	5							4	1
		7			6		3	5	3
	6			4			4		2
4		5			6		6		4
5			1			4			
	1			5			3		1
	6	4		4		7		2	5

Medium (368)

2	1			3			6	2	3
	3								4
1			5	7		4			
7					2				
5			1			3		3	
			6					4	
1	5			4		7		3	5
							1		
4	3			4					7
2		6		6		2	6		2

Medium (369)

4		4			4		1		2
	7					7			1
3				1		1		5	
					3		3		3
	3		3	1		7		7	2
5	1					5	4		3
4		7							
			1	2		5	7		5
	6		5					6	
1		2		6		2	7	1	

Medium (370)

3			7		5	1			1
6	4		2				3		
						6		7	1
5			3	2					
	6						4		5
2			2	5					7
	4						5	1	
		6				2	7		2
3								6	
			6			2	1		

Medium (371)

	2			5		4	1		1
3			2	3				5	
	5				5				6
		2		4		3	1		5
3	5					5			6
2			2		3		1	2	
	7			1			4		4
3	2	3						7	
	4			6				2	
6		5	1		1		1	3	1

Medium (372)

	2	1		4		2		1	3
7	5		6	5		7		2	5
	6			2	3		4		
4		3		5	4				2
6			1	2		2			4
	2								2
3	1			3		6		6	
						4			7
	6					5		5	3
2		4	2	1	4				

Solution on Page (188)

Medium (373)

2			6		4	7		3	1
	7		3			6			5
2		5		6			4	7	
1		7		7				2	3
	4			5			1		4
3		5			7				1
		3	6	4		5	4	3	
1		7				6		1	6
	2		3		4		4		

Medium (374)

3	4	6	1	6			3		1
	1				4	1			
2		6							1
5			1	3			7		4
2		3	5					6	
	4			6		4			2
3	2	3		7	5		2		
7	4		1		2		7	4	
	2				3	1			
	6		4			7		6	3

Medium (375)

1		3	5	2	5	7			
			4		6		2		1
5	4		2			1			
							5		1
	7	2		3		1			6
6		6		6			2	4	
2		7	3			1			2
		2		7	4	7		6	
5		7	4		3		2	7	
2		1		2		1		1	2

Medium (376)

3		4		3		2			1
1	6	1			4		3		
7				2	3	2			4
	3					1		7	3
4					3	4			4
3		1		7			2	6	
	4		3						2
6					2		7	4	
7	2			6					6
1		7		5	2		3		4

Medium (377)

5			3	1		6		4	2
1		1		6	4	7	1		
				1		6		2	3
4				5	4				
	1				1	3	6		1
	7	3							7
4			5				1		3
		1				7		2	
5		6		7	3				3
	2				1	2	4		2

Medium (378)

			7		6		4		
3		5				5		7	2
	6	3	6	7					
1	2				5	1		6	3
		1		4				4	
4	2	7	2			7			5
			6		3	6		2	1
				4					
				5	1				5
6	2				6		4		4

Solution on Page (188)

Medium (379)

			6	2		7	6		
5			3				1		
	7			4				2	
6		2					4		
				2		7		2	1
4		4		1			3		7
	2				3			4	
7							7		6
5			5		3			4	
	7	4		2	4		3	1	3

Medium (380)

		2				1		5	
		4			3		6		1
					4	2	5		5
3			1	3			4		
1				4		2			4
	2		7	1			7		1
	7			6		2		4	
2								6	1
			6	7	2				7
1	3			4		7	3	4	

Medium (381)

2			5		5	1	4	6	1
4		7	3	7	3		3		
		1		1		1		7	3
6	2		6		2		5		
	7					1			6
4		5			4			1	4
		1		5					2
	4								
	2		5	7	5				4
3	6	1		4		6	5		6

Medium (382)

2		6	3				1		2
7	4				6			3	
5				5		7		5	1
		6	1				1		2
		2		5		4		4	
	4				1			5	
	6				6		7		2
5	3			4	1		6		
	1		7	6				3	
2		2		3	4		1		

Medium (383)

1			7	5		1		3	2
5		3				3	4		
4		4	2		7				6
	7		7	1		2			1
2	6			2		7		2	
4		1	4		6		5	7	
		7	2			3		3	4
1					4		1		
	2	4							
3				1		2		2	4

Medium (384)

	2				1	4			4
		4			5				
6									
5		4	2		3	6	5		
	7			5		2			4
2									3
			3	2				2	
4	3	4	6	1	5		7	1	4
		1				2			
	4			7		6		2	4

Solution on Pages (188-189)

Medium (385)

3	1		1			2			1
7				2	6		4	6	
3			3						1
1		2	7	1		2			2
					3		1	3	
2			6			4			7
7	1		7					6	
5		3			4	3	7		
						1			7
4	6		5		3		4	3	

Medium (386)

	2			4				4	
1		7	3		2		2		
5				6	7			4	
	3		3		2				
2	1			6		1		7	
6		3					2		4
					3	1			
3			2			5			
2		5			4				
4		2			7	1	5		4

Medium (387)

6	4		4	7		2		1	5
	2	6		1	4		5		6
5		5				3			4
	7		2	1			2		
5					4	6		3	1
			2	6	1				4
6		7		5					6
3		3	1		6				
	7		5	3			3	6	2
3	4		6			7	1		5

Medium (388)

3			5		2	6	7		2
	2				3				5
7		1	6	5		2			
6	2		2		6		5		
5	3			4				3	
			1		6				
3	1	4		7		7		2	
	6				5		6		5
2	7				2			7	4
6		5	2	3		3		2	6

Medium (389)

2			6			2		1	
1		4			7	4			3
					2		7	4	
	4	1		6		3			
2			2		5		7		6
		6				4		3	
	4			5		7			6
		2	7		6		5		
6	7		6			2			4
3		1			5				3

Medium (390)

3		4		4	3	1		2	1
			2		6		3		6
1		6	1			5	7		
2			5		1			1	4
									3
	5		6	3		3			
7					4			7	
2			1		7				3
4			6		4			7	2
5		1		2		1			4

Solution on Page (189)

Medium (391)

	5		3	7	1		6		5
1						5		1	
		4						4	2
7	2				4				
	5	7			5	1		7	
1			5		7		2	3	
4		6						5	
3			2	6					3
7		4		7		5		4	
5	2		1		3		1	2	1

Medium (392)

5	2			2					7
	3		4		3				6
1	6						2		
		1		1		5			1
5	3				6		3	4	
4		4			4		6		3
	1			2			4		2
3		7							
	5			4		4		6	
2		1		5	3		2	7	4

Medium (393)

		4	2	1		5		6	7
	2				6				2
	5		5		4		6	1	
		4				5			5
3	6		7	2			1		7
4		4			1				
					3			2	
6		7		1		7			3
		2	4					2	6
2	3		3	5		3	4		1

Medium (394)

	4		3		3		2	1	2
		7		2		5		3	6
1			5		7				
	4	3		6	3		4		3
2		5					3		6
5		3		7					1
			4	5	2	4			5
		3		3		6			
	7			2	1			4	
6		5	6		5	3			6

Medium (395)

	4	1	6	2			1	4	2
			7		1	2	5	7	
	3	2							
1		4		2			3	2	
	6		1	4					4
4		3						2	
	2		1	7		2			6
1		4				1	6		5
	6				4		4		
1				2		7	3		2

Medium (396)

4		2	6		5			6	
	5		1	3	4		7	4	
6			6	5					
7	3				4				5
	4	7						7	
1		2				2			6
		1			5		6		3
5			3		3			4	5
3		2		5	6				3
4	1		7	1			1		

Solution on Page (189)

Medium (397)

3		2		7		6	1		3
	4		1				4		
	5						1		5
	1		4		1		3		3
6		2	6		7	6		5	
2	1					1	4	2	4
	7		3		5				7
		4				2		5	
5					3				1
	3		5		7		7		5

Medium (398)

4						5	3		1
7	2							6	
	6		3				3		5
				4					3
3	6		1	6		7	3		4
	1	2							2
				3	6		5		
	5			5		4	1		6
3	7		4	3				5	
			6		1		4	2	

Medium (399)

2	3			3			1	4	
			5	4					3
3		1		2			7	6	
		5		6			1		4
2			1		7			5	
	4		2		6	2		1	2
		3	6			3	7		6
		2			7				2
			5	4			5		4
2	5					1		3	

Medium (400)

1		4				2		6	
3	5		1				3		7
				2		7	1		4
6			3						
5	7	2		2					3
6			1	5		4	6	5	1
			6						
5		3		4		5		4	
		6				7			
3			1	2	4		1	2	

Medium (401)

5	2	6	4		2		6		3
	1					1			
3					2	6		7	4
	1	5							
3		2	1	3		6	2		5
				5		7		7	1
7	5		1			2			2
3	2			7		7	6	4	
	6	1					2	7	3
2	7		6		1	6	1		4

Medium (402)

3		1		3			1	3	7
	5				7			4	
4			4	3		1			3
		2							
1	3	5	6		5				
5			4					3	
	3					2		7	1
2		5		7	4	6			
1			3				3		1
7			5		4		1	4	5

Solution on Pages (189-190)

Medium (403)

2	1				3				5
6	3	4		5				1	
	1		6			3			3
6	3		1				4		
2		6		4				1	6
			2				7		
2				4		3		3	
	1		6						1
					6		7	5	
2		1	2	5			2		4

Medium (404)

4		7	5	1				2	5
	1				6		5		3
6		4		7		4	6		
5		6						2	6
					3		3		
3			5			2		5	
		4			6		3		4
5				5			4		
		7		4	7		6		3
1	6		3		5	2		4	

Medium (405)

		3		2	6				6
6	7		5			4			
	5		7				1	2	3
1					6		4		
	7			1		3		1	
6			5		5		7		5
3	4	3		4	3			3	
					7		6		2
2		3				4			
		7	5	4	2		3		5

Medium (406)

		2		5		2		4	
7	4		4		1	5		6	1
2		3			3		2	3	
	5		1		5				
		3		2		7			6
5					3		4		5
1			4					7	
	7		3	6		6			
3		1					2		1
4	2		4	3			7	4	

Medium (407)

2		3				3			1
3	1			6		1	4		
		5		3			7		1
						3			
5	4	5		7		6	1		6
	7				4		3		
1	3					1		4	
				7		5		2	
5		6	3					1	3
2	3			6		7	2		

Medium (408)

		2		2		1	5	7	5
		3	6		5				4
	5					4		3	
	7	3				5		7	
	5		6		2		3		4
		3				1		2	
	7				3				7
	4		6		2				6
6		2		5	3		5		
			1		2	6		4	2

Solution on Page (190)

Medium (409)

1						5	4		
				6		6	3	7	6
	7	2	3		3			4	
5				4		4			
4	3		2		7	1			2
		1		1				4	
7	3				7		2		1
			1	5		4		5	2
5	4		3			3	7	6	
6				7					3

Medium (410)

4	5			1				6	3
1					4	7	3		
7			1						
1		3		4	7		4	5	
	2					1	7		6
6		5		6					
	1	6	2		2		5	7	3
4				1		6		4	
			2						2
5		1		7	4		3		

Medium (411)

	6	5		6		5			5
4		3		2		4		3	1
	7		6			6		2	
2					5				4
1			7	3				5	
	5						1		1
		3		1		3			5
4					5	2			3
			6	3	4			4	
2		4		1		5		1	7

Medium (412)

1	6	2			5	3	5		3
	5			4				7	
	4		5		2	6			
		3		6				3	4
7	1			3			2	5	
			4		2			3	
6			7	5			7		2
				2		1	3		4
1			5		5		5		2
3	5		6	3				1	7

Medium (413)

	4	3		2		1			4
6							5		2
	2	3		1	6	1			3
3	6			7	4		4	5	6
2		5				7	3		
4		6		4				7	
	3				7	6			5
7		6							
			7				5	4	1
4	3		5	4		4		2	7

Medium (414)

6	5		5	1	2		2		1
7		3	2			3	4	5	
		6		6				7	
2	7				4				
5	6			6					3
1			5		3		4		6
	4	2		2					4
	1						2		7
	2		2		6	3		4	
3	5		7			2		2	5

Solution on Page (190)

Medium (415)

3	1			1		6			2
2		6			3		3		
	3			4	7	4		6	
4		5	7						
6	1		6			5			
5				4	3			3	1
2	1							4	
		7		4	1	7		6	3
1				6			2		
2	5	4			7	5	1		4

Medium (416)

		2					7		6
5	3		3				2		2
2		2							
6				4			5		4
5		6		3		3			6
	2				4	7			
7						3			7
	6						2		
3			2						
7	1	5		7	1	6	1	4	3

Medium (417)

		6				4	3		1
3	2			5				5	4
	7	1	3		6		2		7
1				5				3	
5		1	2				7		4
6		6			3			6	1
		7	1		6		4	3	
		5		3	1		1		1
4			4			5		3	
2	6	7		1	4	7	6		2

Medium (418)

3		5		4			3		1
	4	2	6			6			
5				3	4		4	5	
2	7	1				2			3
				2	1		3		5
6		3							
		6		5	3		6		
			2			5			1
4	5	1							5
6		7		1		1		4	6

Medium (419)

	5		1		1		7	6	
1			4	3		5			1
5		1					3		2
7					2				4
	5			5	3		3	6	
1		4				6			
2			3				2		4
4				4		3	5		3
	1	6			6			7	
		5	4						5

Medium (420)

3	5		2	3		3		2	5
	7						7	1	6
2		1		4				5	
	3	6	3		2				1
5		1				5	3		
	4	6			1				
5						2	3		3
1		2					1	5	
4				3	5	3		3	2
		7	4	1			1		6

Solution on Page (190)

Medium (421)

1		3	5	3		3		6	1
		2	7						3
3					4	1	5	4	
	1			2					1
3		7		3				7	
6	1		6		4	2			5
	4			1					
2			5				5		2
		3				4			
2	5		1	7			5	7	6

Medium (422)

2		1	3		6	4	2		1
					2			3	
2				3	4			6	4
6				2		6	4	1	
	5		6		4		3		2
4				1	6		7		4
5					3				
		1				1	4		5
2		5	7	5	6	5		2	4
4			3				1		

Medium (423)

4		7		2	4		5		
5		5		6		3		2	
	1		1		1	5		6	3
6		7							4
			5	2			1		
	4	2			6		3	5	
3		6	1						1
			4		4		7	4	
	2	3	6	3				5	
4		1			2		2		3

Medium (424)

				4	3	6	7		3
2							4	2	1
4		3	4			5			
	2	5		2	1		3		2
3						5	4		
			2		7				
		3			5		7	1	
4	1		7			2	3		5
	3	5					5	2	
5				6		7		3	

Medium (425)

	2	5				1	5		5
5	6		1		2				6
7		2			3			4	
6				1			2	5	3
	4		2		2	1	4		7
2	7	3					6		2
6			5		6	7			
		3	2				1		5
	2			3			2	3	
3	6		4						4

Medium (426)

		7				4		7	
2		5		1			1	2	3
3		6	4					6	7
1				5		1		2	
		7	3		2				5
5		5		6				2	
	3		3			4			7
2				7		7			2
	4			6				4	6
		2	5		3	2			

Solution on Page (191)

Medium (427)

2				7				4	1
		2	6		4	3		6	
							7		1
4		4		3		5		3	
	6		1	2	1		6		2
2		5				2			1
7		2		1			7		
		7	3			5			1
	1		1					2	
5		7	6	7		5		6	1

Medium (428)

5		1		5	1				3
	2		4			2	6		5
6	7						7	2	
			6		2	1		4	
3			1	5		6			
6		5		6			3		6
	4			1	2	1		4	5
5			2						7
	2			4					
4	6	5	2		5			3	6

Medium (429)

			7			6		6	2
2		6					7	4	
3		5	4		6			3	5
	4			1	4		2		
5	3					7		3	
	6		7		6				
2		3		2		5		6	
	4	7			6	4			4
2		3							5
6		4		3		7		4	1

Medium (430)

6			4			7		5	4
	3			1			3		3
			4		3				4
	2	5			5				7
			6	4		6	1	6	
3	5	1		5					5
			7		6			3	4
		6							
	3		7			2		5	
7	1		4		1				

Medium (431)

6							4	5	
	5							7	6
					5				
				1		6		7	5
2	4		6		4				3
6	7					3		5	2
		4	1			4		6	
3				5			5		1
6			3	1					3
	5	6		2	7		1		

Medium (432)

5			4		7	1		6	1
1				2					
	6	7		5			7		
1			2		2	4		5	
2		7							2
6	4				7		7	6	
				3		5			5
7	4		4	7				1	
	1		1					5	6
2		5		6	5		7		1

Solution on Page (191)

Medium (433)

2		2		1	4				3
	6		4				5	6	2
1		2		2		2		3	
3	7	4			1		7		6
	5	2				2		3	7
1			7		6		4		2
			5						
7	6				3				3
1		7			6		2	4	
	2		2	1		3			7

Medium (434)

1				1	7	5		1	4
	6		4		2	4	6		3
4	7								
	3						7		4
5				2	6				
			4				3		5
		2		6					3
3	4		1			2	7	1	
1				7			4		2
	3			4	1		2	5	

Medium (435)

1		1	7		3		6	7	1
	4		5	1	5	1			
5	6					2	4		2
2		7	5		1		5		3
			3			4			4
2	1	7	2	6					
	6					5		4	
				3		1			5
				1			7		
		2	6	7		5			3

Medium (436)

		2	5		4	2	4		3
3	1	7				6	5		4
2					1			1	
	5	2	4	6		2			4
1			5		4			5	
									3
			2	3		4			1
	2	4			5		5		4
5		5		6	4	2			
4	1		2		3		1	7	

Medium (437)

2		6		3		4		6	
	4			5	2		2		4
1		7	2		3				
5			4			4	3		3
	6			5					4
			6		1			6	
3		5	2	4			3		5
	7				6	2		4	
			7		5		7		7
3	6	5		2	1		6	5	1

Medium (438)

4	2			6	7		5		1
	5			2		3	6	4	3
2				4					
				5		5			
	2	4	3			2		7	
7							5	2	5
4			7			2	1		6
		2	3			4		5	
6									
			6		5		6	1	

Solution on Page (191)

Medium (439)

2	1		6					2	5
	4	3		1			6		
		1	6		7			3	
			5	1			2		1
2		3				5			3
	1			6			6		4
6	5	2			7		1		
6	1	7					2		2
		5	2				3	1	

Medium (440)

			5	4	3	2		1	2
3			2				6	5	6
	6	1			5	2			
	4							7	
1						6	5		4
6	4		1	5		7		7	
2		5			3			6	4
				5					
5			4	3		6			2
1		2		6	1		5	6	1

Medium (441)

5		1	3	6			5	2	
2		5				7			
6					2				5
	4	5		7		1	7		3
						3		6	
	2			3					4
4		7				5	4	5	
	3		2		7				
5	6				5	4		7	1
3		4					3		3

Medium (442)

	3	6	3		2	7		1	4
2				1				3	
4	5	2	4			5			
3		3						2	
5		5		7					
2	7		4	3	4				
			1			3		3	4
2				7			6		
4		5			5		4		5
	2		1	3	2			7	1

Medium (443)

	3				7		5		
		1	6			3	2		4
		5	2		2		4	5	
3		6				1			3
6				1				6	
	5		7			4		5	4
		2	3	4		1		3	
				2					4
4		5	4		1	3		3	
	1		3	7		7	6	1	4

Medium (444)

1				4			4		6
4		4	3						5
5	7		6		4	6			6
				3				2	
	6		7			1		4	3
			6		6		5	1	
2			2	1				2	4
	5					3			
1	2		5				6		5
	4	3			1	5		4	

Solution on Pages (191-192)

Medium (445)

	5	2		5		4		5	3
	3	6				3			
	2				2		6		
4		1	3						
		2		6		7		7	2
	6			2			3		
2	7		1		1	4		6	
	4			6			3		1
5					3			2	
1	2	4		2		1	6	4	

Medium (446)

6	7		4	7	1			4	6
1		6				7		2	
3					4		1		5
				6		3			2
	2	6			4	2	7	3	
		3	1						5
6	7		7				1		4
2	4							2	
			6		5	2	4	6	
6		2		2	1				3

Medium (447)

6		3	1					7	3
2				5		4	5		6
1	4		6	3		6			
					5				1
4			7				2		
3		1				1			5
	2					7			4
1	7		4	5			3	7	
	6				7				1
3			6			3		5	3

Medium (448)

2			6	4	3		2		3
	5					1		6	
6			2				5		4
	1						6		7
		2							5
4			1			2		4	
					7				2
2	1	7		3		2			5
	4	5		5		1			
1		3			3		2	1	2

Medium (449)

5	2			2	6	2		3	4
		6	5				5		
6	1					1			7
7		5				3			
					4				4
5		4		3		6			5
		5			2			1	6
	3			3				4	
	6		1					5	1
2		5	4	7	5		4	6	

Medium (450)

		6		4	1		3		4
3	4				6		5		2
2					3			3	
	6			2	5			7	6
2		4							
			2	6				5	3
1		4				3	6		2
	3		2	1				4	
	4	6			3		1		7
1			4			6		2	

Solution on Page (192)

Medium (451)

7	2	1			3	2		1	6
			7		5		5		3
6	1	4		4	3	6			6
5			7					7	
7						2			5
	2				1	5			1
6			7		6			6	
		3				2			3
3		2				5			
1	7			3	4		1	6	3

Medium (452)

5		2	3		3		6	2	
				4			3		3
	6		7		6	2			6
1		3	1				1		
	7		4		4		5		7
5		6		2		3		3	6
				6				7	
			5				6	2	
1				1		1		1	5
4			2		4		5		

Medium (453)

5			3			5		5	
	2			1		2	4	6	
3	6			3		7			
4					2		5		3
						3		2	
	5				5		5		3
4		1		6		3	6		6
						7			4
3			5				5		
5					7		6		3

Medium (454)

			4		5			4	
6				2					
3					6		3		5
	1		6	5	7				3
2				1			6		2
	5	4	2		6	5		5	
6		7		1				1	3
2				6					
	5		2		5		4		6
4		1				3	1		

Medium (455)

2	5				4			5	
		6							
	1		5					2	
		6					4		1
1				2					
2	4		4		3	5			6
3					6	7			4
	4			7				7	
3							2	3	
2				2	3		5	1	2

Medium (456)

7	6	3		1	6	5	3		2
	1		5	2		2		1	3
3	2		6				4		
5								6	
6			1			3			3
4		7				6			2
2			1		2		5		6
5						1			5
	3		7	2					
5		6		5		4		3	1

Solution on Page (192)

Medium (457)

4	1	5	2	5		2			5
		6		6		5	4		2
5	7					6			
2			2					1	
	4			1	7	6	7	6	7
1					3			2	5
3			5		5	2	7		3
2		7	4			3		2	4
	6	3		2		1	6		
5	2		4				5		5

Medium (458)

	4		7			4		4	1
6									2
4		7		6				3	
			3		1				
5				5			4		4
	7		2		2		2		
5				7			1		5
		3		4		4			1
3	7		5	3		3	6	7	
1	4	1		2		2			4

Medium (459)

1		5	3				6	5	
			7		6				3
5			4		1	4		2	
		2		5	6				
	3					5		5	1
		2		2					
	1		1			2	7		5
	6	3				3		4	
			4			1			
6	3	5		3	7	5			

Medium (460)

1	4		3	5			5	1	4
3		1	2			4			6
2				7		1			
			2				5		4
	7		3						5
6	4			5	1		6		
	5	6	1		2		1		5
	2	4		7					4
			6		5				
1		3			2				6

Medium (461)

3	1	4	1		6		3	5	1
				2		4	2		
4			5				3		6
	6		7			2		7	
1			6		1				
		5					6	1	2
2						3		5	
	6		5		1		7		1
		1			6				6
3	4		6			7		1	4

Medium (462)

2		4	6	3			5		
	5					1			1
3		2				6	2	3	
2		7	1		7		1		4
	5			6					2
4	1		3		3		6		1
		2				7		4	
		3		1			5		7
2				4		7			4
	3	7	3	6		2		6	2

Solution on Pages (192-193)

Medium (463)

		1		3		2		6	
5	7				5	6	5		3
				3		7		4	
2			6				2		
					6	3			2
					7		7		4
		5		2					3
2	3	4						5	6
4		1		2			1		
3		6	5		6	4		4	5

Medium (464)

1		4		1		5			6
	6		7	6	2	4		5	
5			4	3			2		4
6							4		5
	3	6	7			3		3	
7	1			6	4			7	
	3						4		3
5	7	2		5		6		5	
	6						3		4
3	5			7		5		2	

Medium (465)

			1		6	3	1		7
4	5			2				6	
	3			3	4		4	1	
			4		5		6		5
3			5	3		4		3	
	7					5			4
3		3	1		7	2			
7	2		2					5	
		3			3			7	
5	1			5			1	3	2

Medium (466)

2		1		1		3		4	1
6		4	5		5		1	7	2
			6		2				3
7		5		4		1			
5			3		3		6	4	
4		4		5					
			2			7	5		2
5	6			5		1	3		1
2		2					2		6
	7	5		1				5	

Medium (467)

	2		1		4		1		2
3						3		7	6
7	6		4		7	4	6		
				3				2	7
3	1		1		6				3
2	5		7			4		1	
	1	4			6				6
	3		7	3					4
5									7
1				4	7	6		1	2

Medium (468)

6	2	5			7		7	2	
5				1		3			
3		3		5		2			7
		2	6						4
1					4		2	6	
7		6		3				3	
	4				5	2			
			7	2			5		5
		4		4	7			6	
5				6		5		3	2

Solution on Page (193)

Medium (469)

2		1	7		2	4		2	1
	4	6				6	5		6
3		1	4		3			1	2
	5				7	6	4		
2		4						3	
	6	5		4			7		
3	4	3		3	6			2	
6	5		1		4	1			1
	2			3					4
3	5	7		4		6	3	5	

Medium (470)

7	6	5					4	2	
3	2				6				
	5	6		2		5		3	
			7		1		6		1
		1	6			7		5	
	3			7			2		7
	4						5	3	
1						7			2
			4					4	
6	4				6	2	3		5

Medium (471)

5	3				6		1		3
2		2				3			5
	7		5	2			1	4	
					3		6		7
		4					2		1
	6	5			4			3	
4			3	5					
1		4			7	3		1	
			7		6	5		2	4
6	4	2		3	1		4		1

Medium (472)

4			4		7	5			
	3	2		6			4	3	2
5					3	5			5
		5	2				2		7
	4	1						4	
			5	4			5		1
			7		6				
		1				4			7
1					2		7	6	
5	3		2	4	6	5		2	1

Medium (473)

4	2		2		2	1	6		4
		3						1	
4	6			7	3		6		4
2				5					2
					7				1
			6	2				6	
	3				6		1		4
	7	6		3					3
4			1	7			7	1	
	1	3		6	2			4	

Medium (474)

2	6	1			3		5		1
	4	3		2				4	
		2	4			7			
1	7			2			6		1
5			1	4				3	
	7	2			1				4
				4					6
5			5						1
6				1		1		6	
	1		5			6			4

Solution on Page (193)

Medium (475)

5	1		2		4	5		4	
		6		6		3			1
7		3			5			7	3
	1		2						6
5		6	7		3	1		5	
7	4			1			3		4
	6	2	4						
2						6			7
		5			4			6	
		6	4		6		3		3

Medium (476)

4		5	1		1	2		5	6
	1	7			5		1		3
6	2		1					5	2
		5		4			7		
	6								6
5		5				5		2	
	3				6		6		6
		6		5			2		1
5		3		2		4			
	2		7		5		3	5	

Medium (477)

	3		6	5	1		5		4
4		2							
		6	1				5		6
	3			7			4		
		2				6		5	6
3					5				4
1			6	1		2		2	5
	7		4		7		3		
3	5			3					4
		3	2		5	2		1	

Medium (478)

2	4		3		5	6		2	1
	5			4		7	1		3
4				3		4			
3	2				2				
		7	2	6	3	4	2		6
7				5		7			
3							4		7
	4	1		3		1			
3	2			1	4				5
	4			2		2			4

Medium (479)

2	5		3		2				
		1				6			2
2		6				5	1		5
			7	4				6	7
		4		5				4	
	3	1	3			4			5
2					5				1
	7		4		7		4	3	
5			3		5		1	5	
6	3	2	4	2		2	4		3

Medium (480)

4		7	2	6			5		1
		4			5	7		7	4
						3	1		
					5		4		
2	3	7	5	7			3		2
1							4		
4	5			6		5		6	1
					1	6		3	
3				2				5	1
4			6		5	2			3

Solution on Page (193)

Medium (481)

7		2		6	3		1		5
4									6
	2			7	5		4	7	
6			3				2		3
3				1	3		3	5	
		1	4					4	2
	2			7			5		
1			3		4				1
	6					6		4	7
3		1	7		3		1		2

Medium (482)

2		6		3		1	5		1
	5		4		5				
1				2		7			
		2		4			6		
1								1	
4	7		1			4			7
		2					6	1	2
3			3		6		2		6
2	4	7	5						
		3	1		1		4		2

Medium (483)

	6		1		2		1		5
2				5		7			4
	4		2		3				6
	1		3		4				
2					5		5		4
6			3		1	7			1
4						5	6		
	3		5		7				1
		4						3	4
	2		1	4		1	6		2

Medium (484)

3		2			6		1		2
5			4		3	5			
4		6					6		5
							7		2
7		4	2	5				1	4
	3				6			2	
1				5			5	3	
	5		6						6
3	7	3			2		6	1	
4			5	1	5	4		2	4

Medium (485)

	7		3			1	5		6
4		2	6						
	1				6	3		4	2
5		2	1				2		
6			5		5		6		
4			4						
	7	6		5		3			2
					1		6		5
	6	4			4			2	
2				5		1	6	3	4

Medium (486)

1			7		2		1		
4	2	4				5			
	1						3		2
3	7		5		7			5	
	6					3			
		3	5			4			4
7					3				
	2		5			5			
5		7		6					5
3				1		2	4		1

Solution on Page (194)

Medium (487)

4	5	2			1		2		4
	7		5		5			5	
		1		6					2
			5			7	3		4
			7				4		
	5		1	6		7			
	6			2		4		3	
2				7	5		6	7	4
	4		2				4		
1		1	6	4		2		1	

Medium (488)

3			5	4		6		4	
4		1			3			5	
		2	6	7			7		
2						4	1		6
	1	3	6					3	
			1		4		1	5	
	1		4	5				4	
5	2	6		2	7				6
	7	5	7		4				1
4				2		3	6	5	

Medium (489)

4	7			5	1	3		2	4
1			3		4		7	5	
5		6		2		2			1
		5		3			4		4
6					1	7		5	
3		4		3					3
				5					7
5		1	6				3		2
			3						
3		2				5	3		3

Medium (490)

	2		4				2	1	
5		3				4			2
			4		6		5		7
1		5		2					4
	4	2	4		7			2	
2			5		3				
	5			6	4	1		7	
1			4				2		4
3					2	6		1	
7	6		3				2		5

Medium (491)

4			4	1		4	6	1	5
2	6	2			5				7
		4	5		3		6	2	
4	7			2		1		7	
		2					3		
5			3					1	
6						5			3
					7	2			1
1			6		6		6	2	
	4			5				5	1

Medium (492)

1	3	6	7		3	4		7	2
				2	6		3		
		1				2		5	
		7		5		3			1
4			1		4				4
	1		4	3			2		2
4		5						3	5
1		1	3	7			2		
			5				4		
6	3			7	3		5	2	6

Solution on Page (194)

Medium (493)

5		3	2	4	2		4		1
						6	5		3
				2		3			
	6				6				5
4					5	2		7	3
7				4			5	1	5
	5	7	1		2		3		
6			6		7				2
	3						5		
2		5		6		3		2	1

Medium (494)

3	2		4			5			
	7	3	1				6		4
1	6				5	7			
5				4			6		2
	1		6						5
2		4		7		1		7	1
			3				2	6	
4				5	6				2
5	1	6					5		5
3		2	3	6		2			1

Medium (495)

2		5	7		1			5	2
5		2				4	3		
	4			7	6			6	3
3		6	1				3		
6	4	3		4	2		6		5
7									2
	2			7				1	5
3	1		5				5		6
	2			7	5	1		4	
1	4	6			4		3		2

Medium (496)

3			2		5		3		
		5		4				4	1
4		6			3	2		2	7
	5			6			3	4	
7		7		2			6		6
4	2			7		4			3
1		6		3			5		
	2	7							1
4				5	6		4		
6							1		4

Medium (497)

2	5		7		5		7	6	
				6		2		5	1
6	4	7			1			2	
7						7			1
	2	5		1					5
					2		5		
3		4		6		4			2
2	1		3		3		1		
3		6		5		7		3	6
	1				1		6		2

Medium (498)

5		1		1			5	3	4
6	7	2			7	3	4		1
				6	5				
3		6	7	1		3			
	5		4						7
6		2		2					3
			1			5		7	5
4		3				6	3	6	
1		4		2	3				3
2				5		1			5

Solution on Page (194)

Medium (499)

3		2		5	1	7	4		1
	1	7	6		2			2	6
2		2		5		7	4		
	4		1		2		3		1
6	1	2				1	5		7
	5		5		6		3		1
		1							5
	3		3			6	7		2
				5				1	
	2	3	6		1				3

Medium (500)

7		4	2				7	1	
	5					3	5		
	4	2	4				4		
2				1		1		1	6
1	5		4						4
	4			3		6			
1	2	1	7	5		3		3	
			3					7	5
								1	
5			6	5	6		3		6

Medium (501)

7	6			1		4		5	3
	4	3		7					4
			4				5		2
			7		3	2			
5		2		2			7	5	
			6		5				3
		1			6		4		
5		3		3				6	5
2					5				2
3	1			1		4		1	4

Medium (502)

	4	2	4	2				4	2
5			1		1	7		5	
3	7		5	3					1
		4		2			4		
1			3	1		3			1
			5		7			7	6
5	2			2			3		2
	3		1						3
6		2		2					4
1		7		3		3			1

Medium (503)

4		3			4	7			1
		7					2		
	5			6	5			3	
		6					1	7	1
	4						6		5
		3					2		
	5			4				3	2
6	2		2		6	2			4
		3		1			3	6	
4	2		2		5		1		5

Medium (504)

2	3		2		6	3			5
	7						2	1	
2					4	3			3
6			4						
3	1	6				3	4		
	2		3		1				1
4						7	1		4
	3		4		5		3		
4					1				1
3			3	2		3	6		4

Solution on Pages (194-195)

Medium (505)

5		6	4	6		2			2
4	3				3				7
1		6		1			3		
	5					5			
1			7		6	3			3
	7	3		5			1	5	
6	5		2				2		
4					3	6		3	5
3		6					4		
5	2	4		1		1		2	6

Medium (506)

	4		5	4			7		2
	6	2				6		5	
3		1							6
	6				6		2		
2	1							4	
	7	3	7			5			2
4						4	3	4	
1		6		7					
				4		5		6	
2	1		5		2		2		3

Medium (507)

4	5	6				2			1
1					1				5
	5	4			3	6		1	
4						7			
	3				6	5			5
			6	5		4		7	
1							2		4
	5			7		6			3
	7				3		1	2	
				4			4	7	

Medium (508)

1	5		3				5	4	
3			7		3		3	6	
4							4	7	2
2				3			6	1	4
			7		2			3	
2			1						7
1				2		4		1	6
	5	6	4		3		3		4
3			3		5	6			6
1				6		1	4	3	

Medium (509)

4			2	1		3		4	1
6				3	6	7			2
	5	6	7				5		
	7		2		2				
2		4		6		5		4	
	5		3		7			2	
	7						5		
5		3			7				1
		1		4		3		4	
2	6		6		5		1		2

Medium (510)

2	7	2			4	6	4		5
	3			2		1			
6	5						4		3
				6				6	
	5			4					
3		6	2		5	7	1		
	2				1			6	
5		1		4			7		5
3		6			6	1			3
6		7		2			3	6	1

Solution on Page (195)

Medium (511)

3	1	2			4	3		7	6
			5		6				
6	5	7					6	4	
	4		6			2	1		3
								4	
	3								7
	2		2				6	5	
4		5	1	6		7	4	1	4
6	2	3							2
		6		5	7	3		4	3

Medium (512)

	3		5	3				2	1
2		6			5		4		4
	4							7	
					4		1	6	
	6			7	6		5		3
5		2							4
3		7		6	2		6	2	
4	5		2		4	7		5	4
7		3			5	6			
6	4		7		4				3

Medium (513)

4	7		1	3		2	3		
	3	2		7		6			2
1		6			3	4			4
	2	5				6			
		1			4				1
7					5	7	6	2	4
3			4	2					
	5				1	7			2
4	1			2			1	5	
3		5	7		3	2		4	

Medium (514)

7		5	3		5				5
	4		7	4					
3	6				6			2	1
				7			1		5
4			4			6		3	6
						5			
3				2		3	7		1
2		6			1			6	
	7			2			4		3
6		5	1		6	2	1		2

Medium (515)

3		4		4		6		5	7
	6	7							4
3			3	5			3		3
	4	6				6			1
1			1	6		4		5	
	6	5			1		1		
			1	4		2		4	
2		5		7					
	7		4					4	6
2		6		3			5		

Medium (516)

5		2	5			6		4	1
3	6		1						3
2		2		6		4			
	1			4	3		1	7	
7		2	3			7	2		
	1			2					4
6		5	3		4				
	2		2			3	4		5
6		3				5		1	
		4				7	3		7

Solution on Page (195)

Medium (517)

5		6	2	7		2		2	6
	1				5	4			
				6			7		
3	2		1					6	2
	4				5				3
5	6	5			2		7		
	4			5					
			6			7			6
	3							2	
4		5	2	4	3		5		5

Medium (518)

2	1	3		6	2	3			2
	4	2	4	1		1		5	
7			5						7
	6	7			3				
	3		1	2					4
6									
		5				5	6		3
	7			6		2		5	
5						7		7	
3			2	3			1	4	6

Medium (519)

	5			2		4		5	7
3		6	5			1	6		6
	7			2					
	1				6	4			4
3								7	1
	1				5				4
		5		4	7	2		6	
5	4		6				3		5
	2	3		1		5		4	
3		1	2		6		3		3

Medium (520)

		2	7			1	5		3
6					6		4	7	
				1					5
	3		3		5		6		
		5						1	5
	4		4			5			
2			1	7		6		2	3
3		5					3	4	
			1	2		4		7	3
3	4	6		3		5			

Medium (521)

6	2	4			1		6		
1				3				4	2
7	4		2			4		7	
1		3		5			2		4
6					4			3	
2	4		6		6	5			4
	7			4		3		2	
	4			6				5	
	6		4			2			4
				7	6		4		

Medium (522)

5			2		3			2	5
3	2	7		4	2		7		1
								3	
	5		5			1			1
4				4	2			2	7
						1	3		1
	7			3					
5				7		2			4
3		3					4		5
2			1	6	7	2		6	

Solution on Pages (195-196)

Medium (523)

1			2				2		5
		3		7					
2	6	5	6				3	5	1
3		3		4			2		3
	5		7			7			6
6		3	2		2		3		
				6			2		2
3			1		5			3	
6	4		6	7		3			5
1					4		2	6	

Medium (524)

2									
	4		2		2	4		5	1
1	5		1		7		2	6	
	3		7	2					
2		4			7		4		1
					1			7	
						4	2	6	
3	1			3				3	4
	4	7	1	2			6		
2			4		5	3		1	5

Medium (525)

7				5		1	3		
4	6			4		2			6
	3				1		4		3
1			3	5				5	
	5			1					6
								3	4
1		7	5		3		4		
6				4	7				5
	4	1					4	1	
1		5	7			6		7	3

Medium (526)

2				2					6
1		4	7	3		4		3	
	3				1		2	1	5
		4	1	6		6	7		
			2						
	2								6
4		7	6					2	
				2		5			4
4		3			6				6
6				5		2	6	5	

Medium (527)

			5		2	4			3
2	1			3	7			6	
			1	6		3			
		5			5				2
7	2		2		4			3	
	4			5			2		4
1			7	3		3		6	
	6						4		
4					4				1
1	3	6		5		1		5	7

Medium (528)

2	7		5	6		3	4	5	4
	1	3							
2		7		2		7	1		
5	4				5		5		7
	7		6		2		1		3
2			2				7		2
		5			2				6
7			2	4			4		
		7			6				
6	1	3	1	4		7	3		1

Solution on Page (196)

Medium (529)

1	6		4		6	7		5	2
3	7			7			1		
			1		5				1
2	6	4		6		1			
	5		2	4	3			7	5
	7							1	
	4	3			7	1			2
	2		2		2		3		1
		4		1				4	
5					3			7	

Medium (530)

	5	6		1	3				2
							3	6	
3	7	1		3		6	1		7
				7					4
4			6			1			6
1	3		5		4		2	3	
4				6			4		5
5	2			2				6	4
			6		5		4	1	
			4				2		3

Medium (531)

			3		3		7	5	
5						2			1
		3			7			6	2
			2	5			7		4
	2		1						
7		7		2		5	4		2
1			1	6		1			
		3			2	4			
2		4		1		6		3	6
3	1			3	5		2		1

Medium (532)

1	3		4		2	3		2	
7		6	3	5			5		6
			2				3		5
	1		5		5	4			
5	2				6				1
1				1		7	1	3	2
	4		2						
		3		4					2
			5		3		5	3	1
		2		6		2		4	

Medium (533)

7		4	1	5	6	7	4		1
			6	4					6
7		1		1		2			
6		3				3			5
	4		6		1		7		3
1				4				1	
3							5		4
	6			2	5				3
5			4			2			2
	2		6	5		3	4		

Medium (534)

	5				3	5	2		
4				6	7			4	2
7		5	3		4			6	
6							7	3	7
		5		1		4	6		5
1					2				
			1			6			
	6	7	3	6			1		
4			2	1	4			5	
1	7	3	6						4

Solution on Page (196)

Medium (535)

7		4	5	3	7				3
	6	3	1			4		6	
2		4	2		2		7		4
	1				7		6		1
6		6			4	3			
5			1		1			5	6
4				3		4			
3	6	2				6			
			3		4		4		
	5	2		1		2			4

Medium (536)

2		1	3	5			4		3
	6				2		2		4
3			6	4		4			
		1			1		6		1
7			4						
				6	7		3		7
5		5		4				2	3
4		3		6		5			1
	6		5			6		4	
4	2		3	2	5			3	

Medium (537)

3			1	5	1		6		
1		6				7			1
	5	4		3	4		4		
			1		6	5			
4				4			2		5
	2		1					3	
3		7		6	7		4	5	4
	4		2		3	1			3
6		5		1				4	2
1			4	3			1		6

Medium (538)

		2	5		2		5		4
3	7								
		2		6			3		3
4								2	
			4	2				5	
2	7		5			1	4		3
					6				6
5	6						7		5
	2		2		3	6			
1				4		2	4		2

Medium (539)

6	4	5				7	6		4
				1			4	3	
		6	4		4	2			
	5		1		5		1		6
	1	7		3				3	
4	6		5				6		4
3			6					1	2
	2	4			3	2	7		
3		5		6				4	3
		3		3	5	3			2

Medium (540)

2			3		6				4
						3			1
3				5	2				2
	6			4		3		4	6
4		7	5		1				
	1			4		5			1
		6				2		3	
			5	3			7		4
6					1	6		5	
	2	4		5	3		2	3	

Solution on Page (196)

Medium (541)

2	7		6		3		7	5	3
	3	1			7			4	7
			4			2	5		
6		3		5	3		7	2	
				1					
3		7			5	2	5	2	3
	2						4		7
6	5	6	2		7	1			1
	3			5	6		5		6
4		7		3			3		1

Medium (542)

2		5			3	2	1		6
	3		7	4				4	
2			2	3			2		5
1	6		7			5	4	1	
		5		6		6	2		
6			2		1			4	1
7		4		3					
1			2		5	6		3	7
				4			1	4	
6			1				2		5

Medium (543)

3							1		2
2			4			5		7	1
7		5	7		2			2	
	4			3		4	7		4
1		2	7		5				
2					1				
			1	4			6		1
5	7	2		6	5	7		5	
		6		2	4				4
1					7		1	2	

Medium (544)

		5		4		5	2	1	5
			2		1			3	
5	2	3		6		3	5		
7					7		4		4
	3		5	4		3	2	7	1
2	5	7					6		
	4		4			1		1	4
		2		1					
								1	6
2		6	4			3		4	

Medium (545)

		7	1		2			1	
4	5			4			6		4
		6		5		2		2	5
		1					6		3
	5		5			7		1	
	4		7		2		3		4
	3				6				
2				3		1	4		
	7	6	4		7				
	5						6	1	3

Medium (546)

5		3	5	3		2		1	2
			1				3		3
		5		2				7	
			7		5		4		6
2		3				1		2	5
4			5						
6	2	3	7			5		6	
	5			4			1		
7			7		2				4
3		2	5	6		1	3		3

Solution on Page (197)

Medium (547)

		5	1	3			3		4
1		6			5		4	5	
				4		1		1	6
1		5		1	2		3	7	
5	2		6						1
					5		3	5	
3	6		3			4			3
		4	5		5			2	5
					1	4		4	
2		6	1		2			1	6

Medium (548)

3	5		5	2		5		2	1
4		6	3						
7		2	7			6		2	
1	4			1	2		4		6
	3		2		6	7		3	
1		5		3				7	
	2								
				6	4			6	2
	3		4					7	1
4		5		1	7	4		5	

Medium (549)

3			5		3		3		
	6	7			7	4		1	
3	2								2
					2	6		4	
5				4	1		3		
		4				2		2	1
6	3		2				5	6	
					5		2	7	
6		4	6		7				
3			2				3		3

Medium (550)

4	3	5	6	4					3
2		7	3		5			5	
	6				4		3	7	4
2		3		2		7			2
						5		3	
3		5		2		6			5
		2		7					
	4				2			4	6
7			3					7	
1	2			1	5		1	6	3

Medium (551)

	3				3		3	1	
		5	4		4		5	6	
3		2		3			3		3
	7								4
4		4		1		6	7	2	
3			6					3	1
	4		2		6	4		2	
5				3		1	7		5
				7	5			3	
	1	7	2		1				5

Medium (552)

5	2		5	1		3			3
1		4		6		6	1		
7		2				2			6
		5	1		6		3		3
5	7			5		7		2	
	3			7					5
6	5					6		6	
		1		5			1		4
4					2	6		2	
3		6		4			3		5

Solution on Page (197)

Medium (553)

	1		2	4		3			2
6	5				7			1	
				6		5			6
2			7		7			5	
	3	5		6		4		2	
			4		1				
4									
		4		7		2		2	
3		5			5				1
2	4		6	7		1	5		7

Medium (554)

2		5	7		6	2			
6	1	2		3		5	1		3
4						2			
		5		5	3				
	1		2	6		1		1	6
7				4		3			2
1		5			1	5	6	1	
	2			7		2			
5		5				7			
3		6	1		5		1		2

Medium (555)

3	6			3		4		7	2
			5					5	
2	5		1	3		5			
		3				2			4
5				2					
1			5		4				3
	2			1		1		7	
5	4		5		7		4		
	2			3					6
7	6				4		3		7

Medium (556)

1		6			5	3		5	
2	3					7			
	4		4		5		2		1
		2				6			6
	7		1		2		7		7
1			4				2		
	4	2		2		7			5
5		5		3	4		3	1	
				1			5		3
1	3		6	2		7		4	1

Medium (557)

4	7	2		2			4		1
			6		6			5	
	6		1			4	1		1
4				4		5	2		3
3			5		2			5	
						5			
2		4			2		7	3	1
5		7		5			5		
	6		1		3			6	
1	3	5	7		1	4			

Medium (558)

1				7		5		2	1
2		5			1		1		6
	7			2		3			7
									5
5		4	2			3			
1		1		4				1	
2				5					4
3	5						7		
		3		1		4	2		3
3	6		4	7	3	6			4

Solution on Page (197)

Medium (559)

5	6		3			3	6		2
4			4		7				
	5	6	3			5			4
1	2			1		1			
	7	5					2		2
3	4		6						1
6									
	7		1			2			
2	3				4		1		6
4		2	5	7		2		5	3

Medium (560)

5		1	2	5		2		1	6
	6					6			4
3			1				2	7	
	2		6	2		6			3
1								4	
5		7				2			5
	3		3		5		5	1	7
6		4	6		2				6
				5		3		3	
3	1		2	6		4		6	5

Medium (561)

3		2	6			3		1	2
2		3			4		6		4
			1		5			2	
5			6		1				5
	2			5			3		
		4			1	7			1
1			1		5		2	5	
5		4		2				1	3
	3			4		1			2
1					2			5	1

Medium (562)

	7		4		3	5	7		
3	6		5					4	1
				7				5	
5		7		5		4			
1		1		6	1	3			
	4						1		
3			4		1	6	2		
		1		3		7	1		1
	4	7	6		4				4
2		1		2			6		3

Medium (563)

7	6	5					4	3	
	2		4		5				
3		3		7			2	6	
	7					5			5
3				2			1		4
	1	7		5	3		5		
		2				2		2	
				7					
2		4		5			1		5
6	5		6		6	2		6	4

Medium (564)

2		2		6		1			2
	6	4							1
			3	5			5		5
5		4			4			3	1
							4		
2	6		2		3		1		2
1		3	7					5	
3						5			4
	5	3	2		2	7	2		2
2			5	4					3

Solution on Pages (197-198)

Medium (565)

2		7	5		1		4		4
5	3				2	6		1	
7		1		7	1		3	4	
1			5					6	
	3	4		6	7				5
5								4	
				4					7
2	6			6			5		3
3		1	5					2	
1	4		3	7	5		3		5

Medium (566)

2					4			6	7
						2		3	
5			5		7		4		1
3					4			3	
	6		5			6	2		4
			1		1			3	
			4	2		5	6		7
			5		1		1		1
	5	2	7			6		4	
7	4			6	1		5		2

Medium (567)

		5	1			6	2	5	1
6	1	2		3					
					1		1		
4		7					6		2
7						3	4		7
5			4		7	6			
	6				3			7	
	5			4			2		4
4		1	2		2	1		1	
	5	4	6				5		

Medium (568)

4	5			5			2	5	3
			2		4				
2		5				7		5	3
	1		1				2		
	7	2			6			3	5
							6		
6	1				1	3	7		1
			1	5				2	
7	3					4			7
1		7		6	1		6	5	

Medium (569)

	1		5		6			1	3
			2		5				4
7			4	6		1			
1					7		5		2
	4			3		1			4
6	5	1			4		5	6	
		4	7			1			
	3		2			2			7
4			7		6		3	2	
1	5		1	3		4		1	

Medium (570)

7	6		5	2			2		3
5		4	7			4		1	
		2		2	5	1	5		4
6		3			4		7		3
	7		6			3			4
	6		3		5		1	2	1
	3	1		7				7	
			6	5	1		3		2
4		2					1		
2		5		1			3	5	1

Solution on Page (198)

Medium (571)

1		5	7		4	2			
6	4		4	6	1			3	
				2			6	5	
1	2		6			7			4
	5		1					2	
7		3					4		1
						3			2
				2	5		5		1
	5		1	6			7		
3		3	4		1	4			3

Medium (572)

4	1					1		1	4
		3		6	7			2	
6	4	2				3		4	
5			1	2	7		1		
		4							5
7	1		3		2	3			
6		6			7				1
		3							
7	6			2					6
2			3		1				5

Medium (573)

5		7	2				7		5
7	3		4	1		3		1	6
6		1		6			6	7	
1			4		7	4			
2	6				1				1
		5		6		4	3		
	3		1	7		6		5	2
6			3		3		4		3
	3		6	4				6	
	2			1	3		4		4

Medium (574)

2			5	1		5			
					6	7	4		3
	4	3			3		6		4
3				6				5	
	2		5			7		2	6
1					5				5
7			5	1	2	1		1	
	6		6		5				6
2		4	1		3				3
3		2			2	6		5	

Medium (575)

3	6	3	5		1		6	3	
2		4		3			1		1
			7		7	6		5	
3				4		1			3
6				6	2			2	
					1			1	6
1						2	6		4
	2		5		7			1	
	4		4		6			5	
		5		3		1	2		6

Medium (576)

3			3			2	1	4	2
	7	4					5		
1			2						
	5	1					5		
1			6	3				7	
4					1		2		6
	1	7				3			4
7		2		3			1		
	5		4	5			4	2	
2		1		3		7		3	7

Solution on Page (198)

Medium (577)

1			7			6	4		5
		6				5			
	2		4		4		3		1
6		3						6	
					6				1
						3		5	
	5			5			1		3
					3	6		6	
1		1				7		1	4
2	3		6		4		6		3

Medium (578)

2	4			6	5			2	3
						6	5	1	
3		5		7				6	7
6		2			5	3			
			1	6		1		4	7
7	5				7	3		3	5
	1						2		
6			6				6		1
4			5			4		5	
	1		3	1			2	6	

Medium (579)

4		3				3	5		1
					7				
3	6		5			4		3	
				3			5		6
	2		2		4				
		3	6	7	1				
2		5			2			7	
	3		1			6		5	1
2	7				4			4	
1		3	5	7		5			

Medium (580)

4		2		5		2			1
	7						5		6
		2						4	
5			6	4		3	1		5
		3							2
2			2		6		7		3
4				1		4		2	6
6			5	3			1		
2					7	2		3	5
	3				4		1		7

Medium (581)

	5	4		2	7	3		1	4
1		1	3			5			
	5		7				6		
3			5		5	4		3	
	4	6			2		2		4
		2							
					6	2			1
	3		3		4		3	6	
2	5			6					
	6	1			4	5	2		2

Medium (582)

	6				3			2	7
4				2	4	7		6	
	7								1
1	6				5				
7			1				6		2
	3	7		2		7			3
6			3			4	5		6
4		4		1		3		3	
6	5				5	2			7
	4			1		6	5	6	4

Solution on Pages (198-199)

Medium (583)

3			5		3		3		
	6	7			7	4		1	
3	2								2
					2	6		4	
5				4	1		3		
		4				2		2	1
6	3		2				5	6	
					5		2	7	
6		4	6		7				
3			2				3		3

Medium (584)

5			4		7	1		6	1
1				2					
	6	7		5			7		
1			2		2	4		5	
2		7							2
6	4				7		7	6	
				3		5			5
7	4		4	7				1	
	1		1					5	6
2		5		6	5		7		1

Medium (585)

3	5		2	3		3		2	5
	7						7	1	6
2		1		4				5	
	3	6	3		2				1
5		1				5	3		
	4	6			1				
5						2	3		3
1		2					1	5	
4				3	5	3		3	2
		7	4	1			1		6

Medium (586)

2			5		5	1	4	6	1
4		7	3	7	3		3		
		1		1		1		7	3
6	2		6		2		5		
	7					1			6
4		5			4			1	4
		1		5					2
	4								
	2		5	7	5				4
3	6	1		4		6	5		6

Medium (587)

	3				7		5		
		1	6			3	2		4
		5	2		2		4	5	
3		6				1			3
6				1				6	
	5		7			4		5	4
		2	3	4		1		3	
				2					4
4		5	4		1	3		3	
	1		3	7		7	6	1	4

Medium (588)

5	3			6		5			
	6		1		7		2	7	
2		4	3						2
5				7		5	4		5
	4		6			2		1	
7		2			6		6		4
	6		6	2		2		7	
4		7				5			3
	5		3	4	6		6	4	
1		1			3		1		5

Solution on Page (199)

Medium (589)

4		3	6						1
	1		5	2					
2	4	6			3		2		5
			7			5		1	
5				1	7				5
				3		2		6	
		3		1	6				4
4		6		5				5	2
6					1				
	4	5	2	3		5			3

Medium (590)

6	1		3		4	5		5	6
		6		7				4	
4	1		2						
			5			1	6		4
	5	3		4		3	7	1	6
				7					5
							1	4	
4	2		1		7	4		2	7
	5				1				
1		6				3		1	3

Medium (591)

5		1	5		3		4	3	1
		2		4		2	1		6
2	6		1		3			4	
				2		7	6	3	
3		3		7	1		1		4
	5		5			2			
	6	3							5
			4		4				
	3		2			6	3		1
1	4	5		4	1			2	4

Medium (592)

			5	4	3	2		1	2
3			2				6	5	6
	6	1			5	2			
	4							7	
1						6	5		4
6	4		1	5		7		7	
2		5			3			6	4
				5					
5			4	3		6			2
1		2		6	1		5	6	1

Medium (593)

	6		1	4	7		2		7
					3	6	5		
1			2			4		6	5
4	7	1		6					3
		2	3			7		4	
6		1							
2			3				5		
	1	5		6			3	7	1
5		6			3				
1	2		2	1		1	6		3

Medium (594)

		5		1					1
3	6						4	6	
			7	6			3		
	5	1		3				6	3
1							1		
7					3			2	5
		3	6	2		5		4	
	7		5		3		2		
3					7				
6		2		5		4			4

Solution on Page (199)

Medium (595)

7			1	6		5			
									1
5		7	4				3		2
6			2			2	7		6
	2	3			3		5	1	
6			4			7	2		6
7		5			3				2
		1	4			1		5	
2				7	6	4	6		1
4		3		3		1		7	2

Medium (596)

1		5	2		5		1	3	6
5		3				3	2		
2				5			7	1	
1	3		7					5	
	5				6			4	
4	6			5					
	2		1		1		1		1
5		4		5		2		7	
1								3	1
	7	4		1	7	6	5	4	

Medium (597)

1		2	3		5	1		2	3
			5				3	5	
3		6		2		4			
			1				6		4
	2	6				3	5		5
6	4				4	1		7	
		5							4
			1	4		2		6	2
2		4							
			3	6	1	2	3		7

Medium (598)

3	1		1	2			3	5	
		3		5	4	6			2
5	7								
	2		1		1	5	6		4
	5	3	4	6					
			5		1				
	5		7	4			3		6
7		4			5		1	7	2
2	3		6				3		
1		7		3		2		6	4

Medium (599)

	2	1		4		2		1	3
7	5		6	5		7		2	5
	6			2	3		4		
4		3		5	4				2
6			1	2		2			4
	2								2
3	1			3		6		6	
						4			7
	6					5		5	3
2		4	2	1	4				

Medium (600)

4	2			6	7		5		1
	5			2		3	6	4	3
2				4					
				5		5			
	2	4	3			2		7	
7							5	2	5
4			7			2	1		6
		2	3			4		5	
6									
			6		5		6	1	

Solution on Page (199)

Medium (601)

		3		6	5		2		
6	2			4				7	6
3	5		5		1	4		2	1
2		6	7				6	4	
					1			2	
	5				7	4			
3		2			6				5
		5				4		2	
			4					5	
	2		6		4		7		4

Medium (602)

6			4			7		5	4
	3			1			3		3
			4		3				4
	2	5			5				7
			6	4		6	1	6	
3	5	1		5					5
			7		6			3	4
		6							
	3		7			2		5	
7	1		4		1				

Medium (603)

	4	1	6	2			1	4	2
			7		1	2	5	7	
	3	2							
1		4		2			3	2	
	6		1	4					4
4		3						2	
	2		1	7		2			6
1		4				1	6		5
	6				4		4		
1				2		7	3		2

Medium (604)

		2				1		5	
		4			3		6		1
					4	2	5		5
3			1	3			4		
1				4		2			4
	2		7	1			7		1
	7			6		2		4	
2								6	1
			6	7	2				7
1	3			4		7	3	4	

Medium (605)

3		2		7		6	1		3
	4		1				4		
	5						1		5
	1		4		1		3		3
6		2	6		7	6		5	
2	1					1	4	2	4
	7		3		5				7
		4				2		5	
5					3				1
	3		5		7		7		5

Medium (606)

4	7	6		2	5			7	1
2			5	3		1	2		3
		1					3		
3	4		3	1	7				
		7					7	5	
				5	2				6
		2		4					3
	5	3			1			6	
		6		4		5		4	3
3		2	3	1					1

Solution on Page (200)

Medium (607)

5		1	3	6			5	2	
2		5				7			
6					2				5
	4	5		7		1	7		3
						3		6	
	2			3					4
4		7				5	4	5	
	3		2		7				
5	6				5	4		7	1
3		4					3		3

Medium (608)

2		3		1		5	3		
	7				6			4	
5				5					2
2		2	6			4	5		
	6						3		3
4		1			4	7		5	4
	5		2	3					6
2			5					5	
1			4			6	2	7	1
6	4		3	1	4				2

Medium (609)

	4		3	6		3	1		2
2		5	7		5		2	6	
				6		7			3
		3		5	3			2	
1						7			5
2						6			
	3	6		4	3		2		3
			1			4			4
		3		6		1	7		
3	4	2		5		6			1

Medium (610)

	4	1	5		5		6		4
3				6	2			5	3
	1		1		4		6		1
3				7	3		4		
			4			1			
		6	5						
		2		2		5		7	
				6	7		1		2
	1					2		5	4
4	6	2		1	4		3		6

Medium (611)

		1	4	5	4				5
						6		6	3
	4			1				7	
6		1	3		3				6
5				7		4		4	
			2		6		6		1
	2	5	7		4		7	4	2
							5		5
		3		3		4		2	
	7		2	7	5		1		

Medium (612)

2	3			3			1	4	
			5	4					3
3		1		2			7	6	
		5		6			1		4
2			1		7			5	
	4		2		6	2		1	2
		3	6			3	7		6
		2			7				2
			5	4			5		4
2	5					1		3	

Solution on Page (200)

Medium (613)

	1		4	6		3		5	
			3				2	6	
2				5	7		4		4
			6			1		3	
		1					4		2
	2					3			4
6			6				6		
			7	4		3			7
4	2	6		2					4
5		7		4	6	3		1	

Medium (614)

1			7		6	5	2		1
5	6			4			6		
	1					3			
	2			4			2		6
	4				6	7		5	
5		5	6	2	3				
4			4			4		1	3
			3					6	
6			4		6				1
3	4	1		2		1	7	4	3

Medium (615)

3	1		1			2			1
7				2	6		4	6	
3			3						1
1		2	7	1		2			2
					3		1	3	
2			6			4			7
7	1		7					6	
5		3			4	3	7		
						1			7
4	6		5		3		4	3	

Medium (616)

2		6	3				1		2
7	4				6			3	
5				5		7		5	1
		6	1				1		2
		2		5		4		4	
	4				1			5	
	6				6		7		2
5	3			4	1		6		
	1		7	6				3	
2		2		3	4		1		

Medium (617)

1			2				2		5
		3		7					
2	6	5	6				3	5	1
3		3		4			2		3
	5		7			7			6
6		3	2		2		3		
				6			2		2
3			1		5			3	
6	4		6	7		3			5
1					4		2	6	

Medium (618)

1			7	5		1		3	2
5		3				3	4		
4		4	2		7				6
	7		7	1		2			1
2	6			2		7		2	
4		1	4		6		5	7	
		7	2			3		3	4
1					4		1		
	2	4							
3				1		2		2	4

Solution on Page (200)

Medium (619)

3		4		4	3	1		2	1
			2		6		3		6
1		6	1			5	7		
2			5		1			1	4
									3
	5		6	3		3			
7					4			7	
2			1		7				3
4				6		4		7	2
5		1		2		1			4

Medium (620)

4		7		2	4		5		
5		5		6		3		2	
	1		1		1	5		6	3
6		7							4
			5	2			1		
	4	2			6		3	5	
3		6	1						1
			4		4		7	4	
	2	3	6	3				5	
4		1			2		2		3

Medium (621)

	2		1		4		1		2
3						3		7	6
7	6		4		7	4	6		
				3				2	7
3	1		1		6				3
2	5		7			4		1	
	1	4			6				6
	3		7	3					4
5									7
1				4	7	6		1	2

Medium (622)

		6		4	1		3		4
3	4				6		5		2
2					3			3	
	6			2	5			7	6
2		4							
			2	6				5	3
1		4				3	6		2
	3		2	1				4	
	4	6			3		1		7
1			4			6		2	

Medium (623)

	6	5		6		5			5
4		3		2		4		3	1
	7		6			6		2	
2					5				4
1			7	3				5	
	5						1		1
		3		1		3			5
4					5	2			3
			6	3	4			4	
2		4		1		5		1	7

Medium (624)

	2	1		1		7	3		2
3	6		7					1	
		3		6	4		2	4	
	4		4						6
5		5				6		5	
	1		6	4	1		2		1
4					5		6		
	5	3	1		4				
2	7	4		5		5		5	6
3			6		4	3	6		2

Solution on Pages (200-201)

Medium (625)

1				1	7	5		1	4
	6		4		2	4	6		3
4	7								
	3						7		4
5				2	6				
			4				3		5
		2		6					3
3	4		1			2	7	1	
1				7			4		2
	3			4	1		2	5	

Medium (626)

	5		2	6		4	5		
7			1		7			3	2
6		3		5			2		6
			2		2				
	1		6				7	4	1
		5	2	7		4			5
4	1		3			3			
3	2	6		2			5		
4		4	5					6	2
1	6			3		6			

Medium (627)

3		1		3			1	3	7
	5				7			4	
4			4	3		1			3
		2							
1	3	5	6		5				
5			4					3	
	3					2		7	1
2		5		7	4	6			
1			3				3		1
7			5		4		1	4	5

Medium (628)

	2			5		4	1		1
3			2	3				5	
	5				5				6
		2		4		3	1		5
3	5					5			6
2			2		3		1	2	
	7			1			4		4
3	2	3						7	
	4			6				2	
6		5	1		1		1	3	1

Medium (629)

3		2	6			3		1	2
2		3			4		6		4
			1		5			2	
5			6		1				5
	2			5			3		
		4			1	7			1
1			1		5		2	5	
5		4		2				1	3
	3			4		1			2
1					2			5	1

Medium (630)

1		2		6	1	2	1		2
		3	4			5		4	1
7			7				7	3	
5	6	1	6		2				4
4	2						3		
3		1			3		1		5
5			3		6		6		3
		7	2			1			
	2			5			6		1
	4					3		2	

Solution on Page (201)

Medium (631)

		4	2	1		5		6	7
	2				6				2
	5		5		4		6	1	
		4				5			5
3	6		7	2			1		7
4		4			1				
					3			2	
6		7		1		7			3
		2	4					2	6
2	3		3	5		3	4		1

Medium (632)

5	7	1		3	4	6			4
	3						1	5	
				6			7		2
	5							4	1
		7			6		3	5	3
	6			4			4		2
4		5			6		6		4
5			1			4			
	1			5			3		1
	6	4		4		7		2	5

Medium (633)

1		4			1			4	5
	5		1			4		7	
6			7				1		6
7				1			7		2
		2						1	
3			6		5				2
			3						
		2			2				1
	6		1	4		6			6
	5	2			7		3	1	2

Medium (634)

3			3			2	1	4	2
	7	4					5		
1			2						
	5	1					5		
1			6	3				7	
4					1		2		6
	1	7				3			4
7		2		3			1		
	5		4	5			4	2	
2		1		3		7		3	7

Medium (635)

5	2	1		3				2	
7					4			7	6
6			7				4		4
	1			5				3	
7			6		4		5		
		2		2		6			
			7		4			2	7
				5			6		
2			1			2	4	7	4
1	5	6		5	1		5		1

Medium (636)

7		4	5	3	7				3
	6	3	1			4		6	
2		4	2		2		7		4
	1				7		6		1
6		6			4	3			
5			1		1			5	6
4				3		4			
3	6	2				6			
			3		4		4		
	5	2		1		2			4

Solution on Page (201)

Medium (637)

2		3				3			1
3	1			6		1	4		
		5		3			7		1
						3			
5	4	5		7		6	1		6
	7				4		3		
1	3					1		4	
				7		5		2	
5		6	3					1	3
2	3			6		7	2		

Medium (638)

	5				3	5	2		
4				6	7			4	2
7		5	3		4			6	
6							7	3	7
		5		1		4	6		5
1					2				
			1			6			
	6	7	3	6			1		
4			2	1	4			5	
1	7	3	6						4

Medium (639)

			1			2		1	6
1			5		7				4
3				6		2		2	
2		2				4			3
							7		4
3							2		
5		3	1			3			
		4		5		1			3
	5		7		2			6	
7		2		3		1	7	3	2

Medium (640)

		1				6	4	5	2
5			3		2				1
1		4			6		6	5	
7			5		1		1		7
		7				4		2	
			6	4	5	6			1
3	4						2		4
			6						
7		2		5			4		
4		1		6	4			3	1

Medium (641)

	2		4				2	1	
5		3				4			2
			4		6		5		7
1		5		2					4
	4	2	4		7			2	
2			5		3				
	5			6	4	1		7	
1			4				2		4
3					2	6		1	
7	6		3				2		5

Medium (642)

2			6		4	7		3	1
	7		3			6			5
2		5		6			4	7	
1		7		7				2	3
	4			5			1		4
3		5			7				1
		3	6	4		5	4	3	
1		7			6			1	6
	2		3		4		4		

Solution on Pages (201-202)

Medium (643)

	3		6	5	1		5		4
4		2							
		6	1				5		6
	3			7			4		
		2				6		5	6
3					5				4
1			6	1		2		2	5
	7		4		7		3		
3	5			3					4
		3	2		5	2		1	

Medium (644)

			7		6		4		
3		5				5		7	2
	6	3	6	7					
1	2				5	1		6	3
		1		4				4	
4	2	7	2			7			5
			6		3	6		2	1
				4					
				5	1				5
6	2				6		4		4

Medium (645)

4		2		7		1	2		6
	6				2	4			
4		3			6		3		
1					1				2
	2			4					
3			7			6		5	
4				5	2			2	
2	7		6				6		3
	3		3	2			4	2	
1				5		5		1	

Medium (646)

			6	2		7	6		
5			3				1		
	7			4				2	
6		2					4		
				2		7		2	1
4		4		1			3		7
	2				3			4	
7							7		6
5			5		3			4	
	7	4		2	4		3	1	3

Medium (647)

1		5						4	2
				7	4	6			6
2				6			1	5	3
	4	3				5	4	2	
3			7		1				1
	6	1		6		3			
2	5						6	3	6
	4			5	4		1		
						2		7	5
1	6	2	6		4				2

Medium (648)

		2		4		6		4	5
	4	3		1	2		7		1
2	6	2		6				6	
			3		1		5		
1		1						4	2
				4				3	
4		3	7		2		2		
			4			6			7
6		7		6				3	2
3	1		4		5		4		1

Solution on Page (202)

Medium (649)

	2			4				4	
1		7	3		2		2		
5				6	7			4	
	3		3		2				
2	1			6		1		7	
6		3					2		4
					3	1			
3			2			5			
2		5			4				
4		2			7	1	5		4

Medium (650)

6	5		5	1	2		2		1
7		3	2			3	4	5	
		6		6				7	
2	7				4				
5	6			6					3
1			5		3		4		6
	4	2		2					4
	1						2		7
	2		2		6	3		4	
3	5		7			2		2	5

Medium (651)

5	6		3			3	6		2
4			4		7				
	5	6	3			5			4
1	2			1		1			
	7	5					2		2
3	4		6						1
6									
	7		1			2			
2	3				4		1		6
4		2	5	7		2		5	3

Medium (652)

	5		3	7	1		6		5
1						5		1	
		4						4	2
7	2				4				
	5	7			5	1		7	
1			5		7		2	3	
4		6						5	
3			2	6					3
7		4		7		5		4	
5	2		1		3		1	2	1

Medium (653)

3		4		3		2			1
1	6	1			4		3		
7				2	3	2			4
	3					1		7	3
4					3	4			4
3		1		7			2	6	
	4		3						2
6					2		7	4	
7	2			6					6
1		7		5	2		3		4

Medium (654)

6	4	5				7	6		4
				1			4	3	
		6	4		4	2			
	5		1		5		1		6
	1	7		3				3	
4	6		5				6		4
3			6					1	2
	2	4			3	2	7		
3		5		6				4	3
		3		3	5	3			2

Solution on Page (202)

Medium (655)

1		4			4	5			1
		7		6		7		3	4
	6					1			
2			5		7			6	3
4			2			5			1
	6	7				4			
5		2			6			5	
7			5					3	6
				4	6	3			
	5						4		5

Medium (656)

1	4		3	5			5	1	4
3		1	2			4			6
2				7		1			
			2				5		4
	7		3						5
6	4			5	1		6		
	5	6	1		2		1		5
	2	4		7					4
			6		5				
1		3			2				6

Medium (657)

1				7		5		2	1
2		5			1		1		6
	7			2		3			7
									5
5		4	2			3			
1		1		4				1	
2				5					4
3	5						7		
		3		1		4	2		3
3	6		4	7	3	6			4

Medium (658)

2			6			2		1	
1		4			7	4			3
					2		7	4	
	4	1		6		3			
2			2		5		7		6
		6				4		3	
	4			5		7			6
		2	7		6		5		
6	7		6			2			4
3		1			5				3

Medium (659)

2		7	5		1		4		4
5	3				2	6		1	
7		1		7	1		3	4	
1			5					6	
	3	4		6	7				5
5								4	
				4					7
2	6			6			5		3
3		1	5					2	
1	4		3	7	5		3		5

Medium (660)

2		6		3		1	5		1
	5		4		5				
1				2		7			
		2		4			6		
1								1	
4	7		1			4			7
		2					6	1	2
3			3		6		2		6
2	4	7	5						
		3	1		1		4		2

Solution on Page (202)

Medium (661)

3	2		4			5			
	7	3	1				6		4
1	6				5	7			
5				4			6		2
	1		6						5
2		4		7		1		7	1
			3				2	6	
4				5	6				2
5	1	6					5		5
3		2	3	6		2			1

Medium (662)

3		1			4	2	7		4
		5		7					
2		6	1			7		4	2
		4		5		2			5
4									3
6			3	1				6	4
2	3		6					3	
7							2	1	2
	4		4	6				4	
3		2	5		3	1	2		

Medium (663)

3			7		5	1			1
6	4		2				3		
						6		7	1
5			3	2					
	6						4		5
2			2	5					7
	4						5	1	
		6				2	7		2
3								6	
			6			2	1		

Medium (664)

3	5	6			7		6	3	1
	4		4	1	3	4			
				2		2	6		5
7		5	3				4		4
	2		7			3			6
1	5		4		6		7	2	
		1			1	4			
6			5	4				7	
		1		2	5		5	4	1
3	2	6					6		2

Medium (665)

6	2	5			7		7	2	
5				1		3			
3		3		5		2			7
		2	6						4
1					4		2	6	
7		6		3				3	
	4				5	2			
			7	2			5		5
		4		4	7			6	
5				6		5		3	2

Medium (666)

3		5		4			2		5
1							5	7	
		2	4						6
							2	4	
3			5					3	2
4	5			3				4	
	2		6		4		6		1
1			3		2	1			6
		4		7	3			2	
4	5					1		1	3

Solution on Page (203)

Medium (667)

3	1	4	1		6		3	5	1
				2		4	2		
4			5				3		6
	6		7			2		7	
1			6		1				
		5					6	1	2
2						3		5	
	6		5		1		7		1
		1			6				6
3	4		6			7		1	4

Hard (668)

		1	4	5	4				5
						6		6	3
	4							7	
6		1	3						6
5				7		4		4	
					6		6		1
	2	5	7		4		7		2
							5		5
		3		3		4		2	
	7		2	7	5		1		

Hard (669)

2			5		5		4	6	1
4		7	3	7	3		3		
		1						7	3
6	2		6		2		5		
	7					1			6
4					4			1	4
		1		5					2
	4								
	2			7	5				4
	6	1		4		6	5		6

Hard (670)

6			3		4	5		5	6
				7				4	
4			2						
							6		4
		3		4			7	1	6
				7					5
							1		
4	2				7	4		2	7
	5				1				
1		6				3		1	

Hard (671)

		4		6	3				6
	1				5			1	2
6		5	6			7			
		1			6		3		4
2	4			4		2		6	
									7
1	7	1	3	5				5	
	2							3	1
4		6		3					
3	1		2				5		5

Hard (672)

6	5		5		2				1
7			2			3	4	5	
		6		6				7	
2	7				4				
5	6			6					3
			5		3		4		6
	4	2		2					4
	1						2		7
	2		2		6	3		4	
3	5		7			2		2	5

Solution on Page (203)

Hard (673)

4		3		4		2			3
5	1	2	6		3		5	4	
					4		2		6
3	7	3				5			
	2		4						1
6	4	5			3	1			2
		1	7	1		2		6	
2			6			6			4
		2	4				5		
	1	7		3		2			

Hard (674)

	4		5		5				
		1					5		4
		2			2				
		7	3	4					
	4			5			3		
	3		4		2				
		7		5				2	5
6	5				2				6
2		4				4			
7	1	7	3		5	2		7	4

Hard (675)

1			2		5		1	3	6
							2		
2				5			7	1	
1			7					5	
	5				6			4	
4	6			5					
	2		1		1		1		
5		4		5		2		7	
1								3	1
	7	4		1	7	6	5	4	

Hard (676)

2					3				5
6	3	4		5				1	
			6						3
							4		
2		6		4				1	6
			2				7		
2				4		3		3	
	1		6						1
					6		7	5	
2		1	2	5			2		4

Hard (677)

4		3	6						1
	1		5						
2	4	6			3		2		5
						5		1	
5				1					5
				3		2		6	
				1					4
4		6		5				5	
6									
	4	5	2	3		5			3

Hard (678)

2		3				3			1
				6		1	4		
		5		3			7		1
						3			
5	4	5		7		6	1		6
	7				4		3		
1	3					1		4	
				7		5		2	
5		6	3					1	3
2	3			6		7	2		

Solution on Page (203)

Hard (679)

2		1	3	5			4		3
	6				2		2		4
3			6			4			
		1			1		6		1
7			4						
				6	7		3		7
5		5		4				2	3
4		3		6		5			1
	6		5			6		4	
4	2			2	5			3	

Hard (680)

7			1	6		5			
									1
5		7	4				3		
6			2			2	7		6
	2	3			3		5	1	
6			4			7	2		6
7		5							2
		1	4			1		5	
2					6	4	6		1
4		3		3		1		7	2

Hard (681)

4		7	2	6			5		1
					5	7		7	4
							1		
					5		4		
2	3	7	5	7			3		2
							4		
4	5			6		5			
					1	6		3	
3				2				5	1
4			6		5	2			3

Hard (682)

5		3		4	2		4		1
						6	5		3
				2					
	6								5
4					5			7	3
7				4			5	1	5
	5	7	1		2		3		
6			6		7				2
	3						5		
2		5		6		3			1

Hard (683)

		1		5	3	6		2	1
4	5			6			5		
2	6			5	1		2		
	4								4
3		3	2		6		3		
6									
2		4			7				
						3			
6				1			5		
4	5	4						3	6

Hard (684)

7	6		5	2			2		3
5		4				4			
		2			5	1	5		4
6		3			4				3
	7		6			3			4
	6		3		5		1	2	1
	3	1		7				7	
			6	5			3		2
4		2					1		
		5		1			3	5	1

Solution on Page (203-204)

Hard (685)

2			6		4	7		3	1
	7		3			6			5
2		5		6			4	7	
1		7		7				2	3
	4			5			1		
3		5			7				
		3	6	4		5	4	3	
1		7				6		1	6
	2		3		4		4		

Hard (686)

5		1	5		3		4	3	1
				4		2			6
2	6		1					4	
				2		7	6	3	
3		3		7	1		1		4
	5		5			2			
	6	3							5
			4		4				
	3		2			6	3		1
	4	5		4	1				4

Hard (687)

			1			2		1	6
1			5		7				4
3				6		2		2	
2		2				4			3
							7		4
							2		
5		3	1			3			
		4		5		1			3
	5		7		2			6	
7		2		3			7	3	2

Hard (688)

	2					4			4
					5				
6									
5		4	2		3	6	5		
	7			5		2			4
2									3
				2				2	
4	3	4	6	1	5		7	1	4
		1				2			
	4			7		6			4

Hard (689)

4	5			1				6	3
1					4	7			
7			1						
1				4	7		4	5	
	2					1	7		6
6		5		6					
	1	6	2		2		5	7	3
4				1		6		4	
									2
5		1		7	4		3		

Hard (690)

4		7		2	4				
5				6		3		2	
	1		1		1	5		6	
6		7							4
			5	2			1		
	4	2			6		3	5	
3		6	1						1
			4		4		7	4	
	2	3	6	3				5	
4		1					2		3

Solution on Page (204)

Hard (691)

2		5			3	2	1		6
	3		7	4				4	
2			2	3			2		5
1	6		7			5	4	1	
				6		6	2		
6			2		1			4	1
7		4		3					
1					5	6		3	7
				4				4	
6			1				2		5

Hard (692)

	6		3		4	1	4		2
2			2	7	5	3		1	
	3								3
2		7		5		6	5		
5				2	4	7	1	6	
	3								7
	5				5			1	
		3							
	6	1	6		7	6		2	
3	5		2		3	4			3

Hard (693)

		4	2	1		5			7
	2				6				2
			5		4		6		
		4				5			5
3	6		7	2			1		7
4		4			1				
					3			2	
6		7		1		7			3
		2						2	6
2	3			5		3	4		1

Hard (694)

6						7		5	
	3			1			3		
			4		3				4
	2	5			5				7
			6			6	1	6	
3	5	1		5					5
			7		6			3	4
		6							
	3		7			2		5	
7	1		4		1				

Hard (695)

	3			3			1	4	
			5	4					3
3		1					7	6	
		5		6			1		4
2			1					5	
	4		2		6	2		1	
			6			3	7		6
		2			7				2
			5	4			5		4
2	5					1		3	

Hard (696)

	2	1		4		2		1	3
7	5		6	5		7			5
				2	3		4		
4		3		5					2
6			1			2			4
	2								2
	1			3		6		6	
						4			7
	6					5		5	3
2		4	2		4				

Solution on Page (204)

Hard (697)

5	2					5	1	3	
4	7			2	4	6			5
2		6							
									1
	6							2	3
	7					3			
			5	4		1			2
			7			7	6	4	
	2	6	4		4				
					7	1		2	3

Hard (698)

	3	6	7		3	4		7	2
				2	6				
		1				2		5	
		7		5					1
4			1		4				4
	1		4	3			2		2
4		5						3	5
		1	3				2		
			5				4		
6	3			7	3		5	2	6

Hard (699)

1	3		4		2			2	
7		6	3	5					6
			2				3		5
	1		5		5	4			
5	2				6				
				1		7	1	3	
	4		2						
		3		4					
					3		5	3	1
		2		6				4	

Hard (700)

1		4						4	5
			1			4		7	
6			7				1		6
7				1			7		2
		2							
3			6		5				2
			3						
		2			2				1
			1	4		6			6
	5	2			7		3		2

Hard (701)

5			2	5		2		1	6
	6					6			4
3			1				2	7	
	2		6	2		6			3
								4	
5		7				2			5
	3		3		5		5	1	7
6		4	6		2				6
				5				3	
3	1		2	6		4		6	5

Hard (702)

	2			4					
1		7	3		2				
5				6	7			4	
	3								
2	1			6		1		7	
6		3					2		4
						1			
3			2						
2		5			4				
4					7	1	5		4

Solution on Pages (204-205)

Hard (703)

1				1	7	5		1	4
			4		2	4	6		3
4	7								
							7		4
5				2					
			4				3		5
		2		6					3
3			1			2	7		
1				7			4		2
	3			4			2	5	

Hard (704)

	2	6	2	5				2	
1		1		4			5		7
3	6					3			1
	5	7		5			6		
2			2						
			5	6	3				
5								2	7
	4						4	6	
	5	3		4					5
1				5	7		2	7	

Hard (705)

4		4			4		1		2
	7					7			1
3				1		1		5	
					3		3		3
	3		3	1		7		7	2
5	1					5	4		3
4		7							
			1	2		5	7		5
	6							6	
1		2		6		2	7	1	

Hard (706)

	4		3	6		3	1		2
2			7		5		2	6	
				6					3
				5	3			2	
1						7			5
2						6			
	3	6					2		3
			1			4			4
				6		1	7		
3	4	2		5		6			1

Hard (707)

	5		3	7	1		6		5
1						5		1	
		4							2
7	2				4				
	5	7			5			7	
1								3	
4		6						5	
3			2	6					
7		4		7		5		4	
5	2		1		3		1	2	1

Hard (708)

		1				6	4	5	
5			3		2				1
1		4			6		6	5	
7			5		1				7
		7				4		2	
			6	4	5	6			1
3	4						2		4
7		2							
4		1		6				3	1

Solution on Page (205)

Hard (709)

5	2				6	2		3	4
		6	5				5		
6	1					1			7
7		5				3			
					4				4
5		4		3		6			5
		5			2			1	6
	3			3				4	
	6		1					5	1
2		5	4	7	5		4	6	

Hard (710)

		2		4		6		4	5
	4	3		1	2		7		
2	6			6				6	
					1		5		
1		1						4	2
				4				3	
		3	7		2				
			4			6			7
6		7		6				3	2
3	1		4		5		4		1

Hard (711)

	5				3	5	2		
4				6	7			4	2
7		5	3		4			6	
6							7	3	7
		5		1			6		5
1					2				
			1			6			
	6	7	3	6			1		
4			2	1	4			5	
1	7	3							4

Hard (712)

		3				4			5
4			4		2	5			
		6		7			3		6
3			5				2		1
	5	6					1	4	
			1	2	5				7
4			3		7		5	6	
1		6							4
	3					4	6		1
5	7		4		1	7	2		

Hard (713)

	4		5			3	4		6
2					1			1	
	7				4				
2			3		6		2	1	
1		1		2			6	4	
7			6						6
4					3	4		4	
		5		7					
		2		6			2	5	
	6	7	3		7		6	4	1

Hard (714)

	4		6	2			1	4	2
			7		1	2	5	7	
	3	2							
1		4		2			3	2	
	6								4
4		3						2	
	2			7		2			6
1		4				1	6		5
	6				4		4		
1						7	3		2

Solution on Page (205)

Hard (715)

2	5				4			5	
		6							
	1		5					2	
		6					4		1
1				2					
2			4		3	5			6
3					6	7			4
				7				7	
3							2	3	
				2	3		5	1	2

Hard (716)

									1
3	6						4	6	
			7	6			3		
	5	1		3				6	3
1									
7									5
		3	6			5		4	
	7		5		3		2		
3					7				
6		2		5		4			4

Hard (717)

	4	1	5		5		6		
3					2			5	3
	1		1		4		6		
				7	3				
			4			1			
		6	5						
				2		5		7	
				6	7		1		2
	1							5	4
4	6	2		1	4		3		6

Hard (718)

	1			6		3		5	
			3				2	6	
2				5	7		4		4
			6			1		3	
		1							2
	2								4
6			6				6		
			7	4		3			7
4	2	6		2					4
5		7		4	6				

Hard (719)

			7		6		4		
3		5				5		7	2
	6	3	6	7					
1	2				5	1		6	3
		1		4				4	
4		7	2			7			
			6			6		2	1
				4					
				5					5
6	2				6		4		

Hard (720)

5			2		7				6
1			5						
	6	3			5			4	
				2			7		
3				6				6	
	7				3				
1						6			
	2		5				4		7
6				7		2		5	
5		3	6			5		4	1

Solution on Page (205)

Hard (721)

3		4		3		2			1
1	6	1			4		3		
7				2	3				4
	3					1		7	3
					3	4			4
3		1		7			2	6	
			3						2
6					2		7	4	
7	2			6					6
		7		5	2		3		4

Hard (722)

5		1	3	6			5	2	
2		5				7			
6					2				5
	4	5		7		1	7		3
						3		6	
	2			3					4
4		7				5	4	5	
	3		2		7				
5	6				5			7	1
3		4					3		3

Hard (723)

	2	5			7		7	2	
5				1		3			
3		3		5		2			7
		2	6						4
1					4		2	6	
7		6		3				3	
	4				5	2			
			7	2			5		5
		4		4				6	
5				6		5		3	2

Hard (724)

3	5		2	3		3		2	5
	7						7	1	6
2		1		4				5	
		6	3						1
5		1				5			
	4	6			1				
5						2	3		3
1		2						5	
4				3	5			3	
		7	4	1					6

Hard (725)

1		5		3		5			6
3			4	6	7			2	4
6				3				3	
			4		2			7	1
	4				5		3		
		5							5
				3		5			2
1		6			6		2	4	5
			3					3	
2		4			5	3	7		6

Hard (726)

			5			7	6	5	1
6			7		6	2	1		
4					4				3
							5		
3		6		5	7				
5		2							
	7	5							5
	4			3			2		
									6
	3	7		3	2	6		3	2

Solution on Page (206)

Hard (727)

2	1			3			6	2	
	3								4
1			5			4			
7					2				
5						3		3	
			6					4	
1	5			4					5
							1		
4	3								7
2		6		6		2	6		2

Hard (728)

2		6		3			5		1
	5		4		5				
1				2		7			
				4			6		
								1	
4	7								7
		2					6	1	2
3			3		6				6
2	4	7	5						
		3			1		4		2

Hard (729)

	3				7		5		
		1	6			3	2		
		5	2		2		4	5	
3		6				1			
6				1				6	
	5		7			4		5	4
		2	3	4		1			
				2					4
4		5						3	
			3	7		7	6	1	4

Hard (730)

		2		1	4				3
	6		4				5	6	2
1		2		2		2		3	
3	7	4			1		7		
		2						3	7
1			7		6		4		2
			5						
7	6				3				3
1		7			6		2	4	
	2		2	1		3			7

Hard (731)

1		4				2		6	
3	5						3		7
				2		7	1		4
6			3						
5									3
6			1	5		4	6	5	1
			6						
5		3		4				4	
		6				7			
3			1	2	4			2	

Hard (732)

	6	5		6		5			5
4		3		2		4		3	1
	7		6					2	
2					5				4
1			7	3				5	
	5						1		1
		3		1		3			5
4						2			3
			6	3	4			4	
2		4		1		5		1	7

Solution on Page (206)

Hard (733)

1	6				7	3		6	
				5		6			
7				4		7	5		
					3				
3		6							
2	7		5	2		7	3		6
			4			1		2	
	3			5			3		
		6					7	5	
	1	4		1			1	3	

Hard (734)

		4		7		4	3		
3		5		6	5				
1							5	3	
		7		1			2		2
7	5	2	3			1		1	
2			5				5		7
5		7		4					
	3	1						5	4
6		5	3			6	4	2	
1	2			1		3			

Hard (735)

		2				1			
		4					6		1
							5		
3			1				4		
1				4		2			
	2		7	1			7		
	7			6		2		4	
2								6	1
			6	7	2				7
	3			4		7	3	4	

Hard (736)

	7		4		3	5	7		
3	6		5					4	1
				7				5	
5		7		5		4			
1		1		6	1	3			
	4								
3			4			6	2		
				3			1		1
	4	7	6		4				4
2		1		2			6		3

Hard (737)

2									
	4		2		2	4		5	1
	5		1		7		2		
	3		7	2					
2					7		4		1
					1			7	
							2	6	
3									4
		7	1	2			6		
2					5	3		1	5

Hard (738)

4	7			5	1			2	4
1			3		4		7	5	
		6		2		2			1
		5		3			4		
6						7			
3		4		3					3
				5					7
5		1	6				3		2
			3						
3		2				5			3

Solution on Page (206)

Hard (739)

3	1		1	2			3	5	
		3		5	4				2
5	7								
	2		1		1	5	6		4
	5	3	4	6					
					1				
	5		7				3		6
7		4					1	7	2
2	3		6				3		
1		7				2		6	4

Hard (740)

	2	1				7	3		2
3	6		7					1	
		3		6	4		2	4	
	4		4						6
5		5				6		5	
	1		6	4			2		1
4					5		6		
	5	3	1		4				
2	7	4						5	6
3			6		4	3	6		2

Hard (741)

	6		1	4			2		7
					3	6	5		
1			2			4		6	5
4	7			6					3
		2	3			7		4	
6		1							
2							5		
	1	5		6			3	7	1
5		6							
	2		2	1		1	6		3

Hard (742)

1						5	4		
				6			3	7	6
	7	2						4	
5									
4	3		2		7	1			2
		1						4	
7	3				7		2		1
			1	5		4		5	2
5	4		3			3	7	6	
6				7					3

Hard (743)

	5		1		1		7	6	
			4	3		5			1
5							3		2
7					2				4
	5			5	3		3		
1		4				6			
2			3				2		4
4				4		3	5		3
	1	6			6			7	
		5	4						5

Hard (744)

			5	4	3	2		1	2
3							6	5	6
	6	1			5	2			
								7	
1						6	5		4
6	4		1	5		7		7	
2		5			3			6	4
				5					
5			4	3		6			2
1		2			1		5	6	1

Solution on Pages (206-207)

Hard (745)

	2			5		4	1		1
3				3				5	
					5				6
				4		3	1		5
	5					5			6
2			2		3		1	2	
	7			1			4		4
3	2	3						7	
	4			6				2	
6		5			1		1	3	

Hard (746)

	4		4	2				4	2
5			1		1	7		5	
3	7		5	3					1
		4		2					
1			3	1		3			1
			5		7			7	6
5	2						3		2
	3		1						
6		2		2					4
		7				3			

Hard (747)

3	2		4			5			
	7	3	1						4
1	6				5	7			
				4			6		2
	1		6						5
2		4		7		1		7	
			3				2	6	
4				5	6				2
5	1	6					5		
3		2	3	6		2			1

Hard (748)

7	6	3		1	6	5	3		2
	1		5	2				1	3
3	2		6				4		
5									
6			1			3			3
4		7				6			2
2			1		2		5		6
						1			5
	3		7	2					
5		6		5		4		3	1

Hard (749)

	5	4		2	7	3		1	4
1		1				5			
	5		7				6		
			5		5	4			
	4	6			2		2		4
		2							
					6	2			1
	3				4		3	6	
2	5			6					
	6	1			4	5	2		2

Hard (750)

3		2		7		6	1		3
	4		1				4		
	5						1		5
	1		4		1		3		3
6			6		7	6		5	
2	1					1	4	2	4
	7		3		5				7
		4				2		5	
5					3				1
	3		5		7		7		5

Solution on Page (207)

Hard (751)

3		1			4	2	7		4
		5		7					
2		6				7			2
		4		5		2			5
4									3
6			3	1				6	4
2								3	
7								1	2
	4		4	6				4	
3			5		3	1	2		

Hard (752)

4			2			3		4	1
6					6	7			2
	5	6	7				5		
	7		2		2				
2		4		6		5		4	
	5		3		7			2	
	7						5		
5		3			7				1
		1		4		3			
	6		6		5		1		2

Hard (753)

7		2		6	3		1		5
4									6
	2			7	5			7	
6			3				2		
3					3			5	
			4					4	2
	2			7			5		
1			3		4				1
	6							4	7
3			7		3		1		2

Hard (754)

	2					3	4	5	1
1		3				5		6	
3	7			6	7				3
					1	2	4		
5									2
1	4			7	3				
			4	2		1			5
	5		5	3			5		6
3			1				1	2	
4		5	3				5		4

Hard (755)

2		6	3						2
7	4				6			3	
5						7		5	1
		6	1				1		2
		2		5		4		4	
	4				1				
	6				6		7		2
5	3			4	1		6		
			7	6				3	
2				3	4		1		

Hard (756)

2	5		7		5		7	6	
				6		2		5	1
6	4	7			1			2	
7						7			1
	2	5		1					5
					2		5		
3				6		4			2
2			3		3		1		
3		6		5		7		3	
	1				1		6		2

Solution on Page (207)

Hard (757)

2				7				4	1
		2	6		4	3		6	
							7		1
		4		3		5		3	
	6			2	1		6		2
2		5				2			1
7		2		1			7		
		7	3			5			
	1		1					2	
5		7	6	7		5		6	1

Hard (758)

5	3				6		1		3
2		2				3			
	7		5	2				4	
					3		6		7
		4					2		1
		5			4			3	
			3	5					
1		4			7	3			
					6	5		2	4
6	4	2		3			4		1

Hard (759)

2		2		3		5	4		5
	1	4		7		3			
6		2		1			2		
1		6	7						
3		3		6					6
	4			3			2	4	2
7						4			
4	5	4						5	1
				2	3	6			
5			5		7		1		

Hard (760)

4	2			6	7		5		1
				2		3	6		3
				4					
				5		5			
	2	4	3			2		7	
7							5	2	5
4			7			2	1		6
		2	3			4			
6									
			6		5		6	1	

Hard (761)

2		1	7		2	4		2	1
	4	6				6			6
3			4		3			1	2
	5				7	6	4		
2								3	
	6	5		4			7		
3	4			3	6			2	
6	5		1		4	1			1
	2			3					4
3	5	7		4		6	3	5	

Hard (762)

	5		2	6		4	5		
7					7			3	2
6		3		5			2		6
			2		2				
			6				7	4	1
		5	2	7		4			5
4			3						
3	2	6		2			5		
		4	5					6	2
1				3		6			

Solution on Pages (207-208)

Hard (763)

3		1		3			1	3	7
					7			4	
4			4	3		1			3
		2							
1		5	6		5				
			4					3	
						2		7	1
2		5		7	4	6			
1			3				3		
7			5		4		1	4	5

Hard (764)

3	1		1			2			
7					6		4	6	
3			3						1
1		2	7	1		2			2
					3		1	3	
2			6			4			7
7	1		7					6	
5		3				3	7		
						1			7
4	6		5		3		4	3	

Hard (765)

1	4			6		1		5	4
		3			3		4		
	4	7						2	6
5				4	7		1	7	
					6				
		1				4		7	
6	2				2		2		6
			5				5		
	5	6				3			
7			3	5	2			2	1

Hard (766)

6		2	3	2		5	7	1	7
4	5	1		1	3				3
1		6				1	3		
4		7	4				6		2
	6			1		5			6
		4						2	
				5		4			4
3	6			3		6		1	
		7	1						5
1				4	6	1	7		4

Hard (767)

	7		3			1			6
4			6						
					6	3		4	2
5		2	1				2		
6			5		5		6		
4			4						
	7	6		5		3			2
					1		6		5
	6	4			4				
2				5		1	6	3	4

Hard (768)

1	5		3				5	4	
			7		3		3	6	
							4	7	
2				3			6	1	4
			7		2			3	
2			1						7
1				2		4		1	6
		6	4		3				4
3			3			6			6
1						1	4	3	

Solution on Page (208)

Hard (769)

4		7	5					2	5
	1				6		5		3
6		4		7		4	6		
5		6						2	6
3			5			2		5	
					6		3		4
5				5			4		
		7		4	7		6		3
1	6		3		5	2		4	

Hard (770)

3		5		4			3		1
	4	2	6			6			
5				3	4		4	5	
2	7	1							
				2	1				5
6		3							
		6		5			6		
			2			5			1
4	5								5
6		7				1		4	6

Hard (771)

1		7		3	2	6		3	1
	3						7		2
1			2	6			4		
	7					2	6	3	
5					6	4			5
		3	4					1	
	2					7	6		
5	3			3				3	7
4			4				2		
1		5		3		6	5		3

Hard (772)

5	6		3			3	6		2
4			4		7				
	5	6	3			5			4
1	2					1			
	7	5					2		
3	4		6						1
	7		1						
2	3				4		1		6
4		2	5	7				5	

Hard (773)

4		2		7		1	2		6
	6				2	4			
		3			6		3		
1					1				2
	2								
3			7					5	
4				5				2	
2	7		6				6		3
	3		3	2			4		
1				5		5		1	

Hard (774)

4			4		3		1	5	3
		3		2	6				
4	5	1				1	7	2	6
	2		5			4			5
3					7		5	4	
									2
2		1	7				7		
				2				6	
			1						4
6	3	5				2	4		1

Solution on Page (208)

Hard (775)

1		2	3		5	1		2	
			5				3	5	
3		6		2		4			
			1				6		4
	2	6							5
6	4				4	1		7	
		5							4
			1	4		2		6	2
2									
			3	6	1		3		7

Hard (776)

4		7	5		1				
					4				4
5			6	5				7	5
6	2			7		7			
	4	3	4						
3									
5		2	3	6		1		3	
	4	5					4		7
2	3				6	1	3		1
	7			5			4	2	5

Hard (777)

3	4	6	1	6			3		1
	1				4	1			
2		6							1
5			1	3			7		4
		3	5					6	
	4			6					2
3	2	3		7	5		2		
7	4		1		2		7	4	
	2				3				
	6		4			7		6	3

Hard (778)

	2				4		1		2
3						3		7	6
7	6		4		7	4	6		
				3				2	7
3			1		6				3
2	5		7			4		1	
	1	4			6				6
	3		7	3					4
5									7
1				4	7	6			2

Hard (779)

2	4		3		5	6		2	1
	5					7	1		3
4						4			
3	2				2				
		7		6	3	4	2		6
7				5		7			
							4		7
	4	1		3		1			
3	2			1	4				5
	4			2		2			4

Hard (780)

5	2	6	4		2		6		3
	1					1			
3					2	6		7	4
		5							
3		2	1	3		6	2		5
				5		7			1
7	5					2			2
3	2					7	6		
	6	1					2	7	3
2	7		6		1	6	1		4

Solution on Page (208)

Hard (781)

7	3		1			4			1
2	6	2						4	
7		3					3		6
	5	4	5		1			7	
1				6		5			
	3			1				1	
							6		3
		6				3		7	
		2					2		5
	4		1	7	1		4		1

Hard (782)

4				1		4	6	1	5
2	6	2			5				7
		4	5		3			2	
4	7			2		1		7	
		2					3		
5								1	
6						5			3
					7	2			1
1			6		6		6	2	
	4			5				5	1

Hard (783)

4						2		5	6
	1	7			5		1		3
6	2		1					5	2
		5		4			7		
	6								
5		5				5		2	
	3				6		6		6
		6		5			2		1
5		3		2		4			
	2		7		5		3	5	

Hard (784)

1			7	5					2
5		3				3	4		
4		4	2		7				6
	7		7			2			1
2	6					7		2	
4		1	4		6		5	7	
		7	2			3		3	4
1					4				
	2	4							
3				1		2			4

Hard (785)

	4		5	1			7	2	3
		2			4				
5			6	5					
					1			5	
			7						2
1			5		3			1	
	7								5
3			1			5	3		
5		7	5	4	2		4		
			3			6			1

Hard (786)

		6		4	1		3		4
3	4				6		5		2
					3				
	6			2	5			7	6
2		4							
				6				5	3
1		4				3	6		
	3		2	1				4	
	4	6			3		1		7
1			4					2	

Solution on Page (209)

Hard (787)

4		5		5	1	4			

	4			5			5	1	4
3			2			4			6
2				7		1			
							5		4
	7		3						5
6	4			5	1		6		
	5	6	1		2				5
	2	4		7					4
			6		5				
1		3			2				6

Hard (788)

			6		1			2	
1		5	4	5		4			5
			3				3	4	
6					6			6	1
		6		4		5			5
4			3						
							4		
			5					7	1
4		7		3		5	4		
2		3	5		7	2		5	1

Hard (789)

4						5	3		
7	2							6	
	6		3						5
									3
3			1	6		7	3		4
	1	2							2
				3			5		
	5			5		4	1		6
3	7		4	3				5	
			6				4	2	

Hard (790)

	2		5	4	3		1	4	
		2						6	
				3	1				
	6		2		7				4
		1		4					5
	2				3				6
4			3		4				
		2		6			3		4
6			4	5					2

Hard (791)

5					3			2	5
3	2	7		4	2		7		1
								3	
	5		5			1			1
				4				2	7
							3		1
	7			3					
5				7		2			
3		3					4		5
			1	6	7	2		6	

Hard (792)

	1				3		4	3	2
		5	7	4				7	
			1			1			4
5		6	3	4		2			
	7								6
4			2				2		
	1					4		4	
				2					
3	4		1			4	6		
5		2		3	6				5

Solution on Page (209)

Hard (793)

1		4		1		5			6
	6		7	6		4			
5			4	3			2		4
							4		5
	3	6	7					3	
7	1			6	4				
							4		3
5	7	2		5		6		5	
	6						3		4
3	5			7		5		2	

Hard (794)

3			7		5	1			1
6	4						3		
						6		7	1
5			3						
	6						4		5
2			2	5					7
	4						5	1	
		6					7		2
								6	
			6				1		

Hard (795)

2		7	5		1		4		
5	3				2	6		1	
7		1		7	1		3	4	
			5						
	3	4		6	7				5
5								4	
				4					7
2	6			6			5		3
3			5					2	
	4		3	7	5		3		5

Hard (796)

5	3			6		5			
			1		7		2	7	
2		4	3						2
5				7		5	4		5
			6			2			
7					6				4
	6		6	2				7	
4		7				5			3
	5		3	4	6		6		
1		1			3		1		5

Hard (797)

	2	5				1	5		
5	6				2				6
7		2			3			4	
6								5	3
			2		2	1	4		7
2	7								2
6					6	7			
		3					1		5
	2						2	3	
3	6		4						4

Hard (798)

5	7	1		3	4	6			4
	3						1	5	
				6			7		2
	5							4	1
		7			6		3	5	3
				4			4		2
		5			6				
5			1			4			
	1			5			3		1
	6	4		4		7		2	5

Solution on Page (209)

Hard (799)

2			6					1	
1		4			7	4			3
					2		7	4	
	4	1		6					
2			2		5		7		6
		6				4		3	
	4			5		7			
		2	7		6		5		
6	7		6			2			4
3		1			5				3

Hard (800)

5	3		2			3			1
4				1	2		5		
3	2	3				3	7		
		1					1		2
6		6		2					
	4	5		5				5	7
5								4	
	1			6				2	
6					4	2			
3		5		6	1		6	5	

Hard (801)

4	5	6				2			1
1					1				5
	5				3	6		1	
4						7			
	3					5			5
			6	5		4		7	
1							2		4
	5			7		6			3
	7				3			2	
				4			4	7	

Hard (802)

4		6		6		2			
3			7	4			4		
	5								1
4						7			4
					6			5	
7							4		3
6	3	6							
			4				3		2
5	6	2				2		7	
1		5	1		6		4	6	1

Hard (803)

4			2					4	1
		3							3
3		6			5		2	6	
	7				4				7
4	6					7		3	2
	1		4	6				4	
		7			7	6		1	3
		6	2						4
	3				6			5	
	4	5				2		4	6

Hard (804)

			6	2		7	6		
5			3				1		
	7			4				2	
6		2					4		
				2		7			1
		4		1			3		7
	2				3			4	
7							7		6
5			5		3			4	
	7	4		2	4		3	1	3

Solution on Pages (209-210)

Hard (805)

		2	5		4	2	4		3
3	1	7				6	5		
					1			1	
	5	2	4	6		2			4
1			5		4			5	
									3
			2	3		4			1
	2	4			5		5		4
5		5			4	2			
4	1		2		3			7	

Hard (806)

4		3			4	7			1
		7					2		
	5			6	5				
		6					1	7	1
	4						6		5
		3					2		
	5			4				3	2
6					6	2			4
		3		1			3	6	
4			2		5		1		5

Hard (807)

	3				3		3	1	
		5			4		5	6	
3				3			3		3
	7								4
		4		1		6	7	2	
3			6					3	
	4				6	4		2	
5				3			7		5
				7	5			3	
	1	7	2		1				5

Hard (808)

3		4		4		6		5	7
	6	7							4
3			3	5			3		3
		6				6			
1			1	6		4		5	
	6	5					1		
			1	4		2		4	
2		5		7					
	7		4					4	6
2		6		3			5		

Hard (809)

		3			6				6
6	7		5			4			
	5		7				1	2	3
1					6		4		
	7			1		3		1	
6			5		5		7		5
3	4	3		4	3			3	
					7		6		2
		3							
		7	5	4	2		3		5

Hard (810)

2	3	6			5		2		3
	1				1		6		
3		4	2			2			2
1			5	7			5	6	
		3				1			2
6			6			7		1	
	1	2		2					
6				7					
	5	2	3		4	2			4
1	3		1		5		6		2

Solution on Page (210)

Hard (811)

	2			6	1				
5		5							4
1					5				5
2		3		7			6		
3	1		6		4		2		
		7			3			6	
				2		5	4		
1		3			1			2	
	4						6		
1		3	5	2			5		

Hard (812)

	5			2		4		5	7
3						1	6		
	7			2					
					6	4			4
3								7	1
	1				5				4
		5		4	7	2		6	
5	4		6						5
	2	3		1		5		4	
3					6				3

Hard (813)

6	5		1	4			2		3
				3				5	7
			4			6			2
							3		
1		6			4	5	7		1
5			5						4
	7		4					5	2
6		2		5	6	3			
							5		
4		5			1	4			

Hard (814)

3	4				3	4	2	3	6
	5		6	2	5				4
6		7		4		7		7	
4									5
3	1			5			1		
		7	1		7				
	3			2			1	4	2
	6		7	1					6
3		1	6		7		6		
4				4		1		2	1

Hard (815)

4		1			2		2		1
		6			3		7	3	4
5					2				5
6									
			5				2		2
	7		6	7				5	
5			4					2	
2		3			1		5		1
5			4						
2	3	1			6				

Hard (816)

4		7	3	2		1			
		4			7	3			
1		3	7		6			1	
	2		1				5		
6			6						
3	7	4			5		6		5
			6					3	
	5					2			
		4		5			1		6
6		3		7	3	4		5	

Solution on Page (210)

Hard (817)

4	7		1	3		2	3		
		2		7		6			2
		6			3	4			4
	2	5				6			
		1			4				1
7					5	7	6	2	4
3			4						
	5				1	7			2
4	1						1	5	
3		5	7		3	2		4	

Hard (818)

3	6			3		4		7	2
			5					5	
2	5			3		5			
						2			4
				2					
1					4				3
				1		1		7	
5	4		5		7		4		
				3					6
7	6				4		3		7

Hard (819)

4	1	5	2	5		2			5
		6		6		5	4		2
5	7					6			
2									
	4			1	7	6	7	6	7
1								2	5
3			5		5	2	7		3
2		7	4						4
	6			2		1	6		
5	2		4				5		5

Hard (820)

	6	2			5	3	5		3
	5			4				7	
	4		5		2				
				6				3	4
7							2	5	
					2				
6			7	5			7		2
				2		1	3		4
1					5		5		2
3			6	3				1	7

Hard (821)

		7		7		2	4		3
	6		4		5			6	4
		3	5		4		5	1	
	5		6						3
						1			
	4		1		5	4		1	
		6	7	6		7		3	
4		2					5		5
				7			2	4	
3		6	2		5		3		2

Hard (822)

5	2	1		3				2	
7					4			7	6
6			7				4		4
	1			5				3	
7			6		4		5		
		2		2		6			
			7		4			2	7
				5			6		
2						2	4		4
1	5	6			1		5		1

Solution on Pages (210-211)

Hard (823)

3			3				1	4	2
	7	4							
1			2						
	5						5		
			6	3				7	
4					1		2		6
		7				3			4
7		2					1		
	5		4	5			4	2	
2		1		3		7		3	7

Hard (824)

6		4	2	6		1		5	
	2				3		4		
3								1	
			2	3		3	2		
1		5			1			4	6
	6				3	4			
5				4				2	1
1		2				3	6	5	
	5	3				1			
7		6			3				4

Hard (825)

		2		5	1	7	4		1
	1	7	6		2			2	6
2				5		7			
	4		1		2		3		1
6	1	2				1	5		7
	5		5		6		3		1
									5
	3					6	7		2
				5				1	
	2	3	6		1				3

Hard (826)

3			2		5		3		
				4				4	1
4		6			3	2		2	7
				6			3	4	
7		7		2			6		6
4				7		4			3
1		6		3			5		
	2	7							1
4				5	6				
6							1		4

Hard (827)

1			7		6	5	2		1
5	6			4					
	1					3			
	2			4					6
	4				6	7		5	
5		5	6		3				
			4			4			3
			3					6	
6			4		6				1
3	4	1		2		1	7	4	3

Hard (828)

2	1	3		6	2	3			2
	4	2	4	1				5	
			5						7
	6	7			3				
	3		1	2					4
6									
		5					6		3
	7			6		2		5	
5						7		7	
3			2	3			1	4	6

Solution on Page (211)

Hard (829)

5			3			6		4	2
1				6	4	7			
				1		6			3
4				5	4				
	1				1	3	6		1
	7								7
4			5				1		3
						7		2	
5		6		7	3				3
	2				1		4		2

Hard (830)

3	1	4			6		3	5	1
				2		4	2		
4			5				3		6
	6		7			2		7	
1			6		1				
		5					6	1	2
2						3		5	
	6		5		1		7		
		1			6				6
3	4		6			7		1	4

Hard (831)

5			4		7	1		6	1
1				2					
	6	7		5			7		
1			2		2	4		5	
2		7							2
6	4				7		7	6	
				3		5			
7	4			7					
	1		1					5	6
2		5		6	5		7		1

Hard (832)

3			5		3		3		
	6	7			7	4			
	2								2
						6		4	
5				4	1		3		
		4				2		2	1
6	3		2				5	6	
					5		2	7	
6		4	6		7				
3			2				3		

Hard (833)

			5		2	4			3
2	1							6	
				6					
		5			5				2
7	2				4			3	
	4			5					4
1			7			3		6	
	6						4		
4					4				1
	3	6		5		1		5	7

Hard (834)

5		3	5	3		2		1	2
			1				3		3
		5						7	
			7		5		4		
2		3				1		2	5
4			5						
6	2	3	7			5		6	
	5			4			1		
7			7		2				4
3		2	5	6			3		

Solution on Page (211)

Hard (835)

5		2	3		3		6	2	
				4			3		3
	6		7						6
1		3	1				1		
	7				4		5		7
5		6				3		3	6
				6				7	
			5				6	2	
1				1		1		1	5
4			2		4		5		

Hard (836)

		3		6	5		2		
6	2			4				7	6
3	5		5		1			2	1
2		6	7				6	4	
								2	
					7	4			
3		2			6				
		5						2	
			4					5	
	2		6		4		7		4

Hard (837)

	7		6		6		5		4
5		3			7	2		1	
			2			6			5
			5						1
	2	7		3			4		
4			1				1		
				5	6	4		6	
	3	1							5
5				5					1
2	6		1				6	2	

Hard (838)

5	2		4				5		3
6		6	1			4	6		
7	3			3	1			4	
			7				3		7
				2					3
4	6			1		7	6		
	3		4						7
5	2								6
			1	7	6	2	7	5	

Hard (839)

	7		2		3		5	4	1
4	1		5					2	
		6				3	1		3
5					6		2		4
		4				3			5
7					5				3
3	2		1		1		4		4
	6					5			
		5					3		
1	4				6	4	7	4	5

Hard (840)

1		1			3		6		4
	6	7						7	
3				1			4		1
	5			2					
		2	3			6	3		
	1				7	1			5
6		5	2		6				
5	1			1	2	7		3	5
			3		6				
3		2	7		5		2		1

Solution on Page (211)

Hard (841)

	3	6	3		2	7		1	4
2				1				3	
4	5	2	4			5			
3								2	
5				7					
2	7		4	3	4				
			1						4
2				7			6		
4		5			5		4		5
	2		1	3	2			7	1

Hard (842)

6	4	5				7	6		4
				1			4	3	
		6	4			2			
	5				5		1		6
	1	7		3				3	
4	6		5				6		
								1	2
	2	4				2	7		
3		5		6				4	3
		3			5	3			2

Hard (843)

	4		7			4		4	
6									
4		7		6				3	
					1				
5				5			4		4
	7				2		2		
5				7			1		5
		3				4			1
3	7		5	3		3	6	7	
1	4	1		2					4

Hard (844)

1									6
		4	3						5
5	7		6		4	6			6
				3				2	
	6		7			1		4	3
			6		6		5	1	
2			2	1				2	4
	5					3			
1	2		5				6		5
	4	3			1	5		4	

Hard (845)

			5						2
	7							5	
				2					
5	6	5	1					5	3
3			7		7		3		
			2			5			
5									
				3		3			
1	2		2		7		6	2	1
		5			3		4		

Hard (846)

7	6	5					4	2	
3	2				6				
	5	6		2		5		3	
			7				6		1
		1	6			7		5	
				7			2		7
	4						5		
1						7			2
			4						
6	4				6	2	3		5

Solution on Page (212)

Hard (847)

1		5	7		4				
6	4			6	1			3	
				2			6	5	
1	2		6			7			4
	5							2	
7		3					4		1
						3			2
							5		1
	5			6			7		
3		3	4		1	4			3

Hard (848)

2		3		1		5	3		
	7				6			4	
5				5					2
		2	6			4	5		
	6						3		
4		1				7		5	4
	5		2	3					6
			5					5	
1			4			6	2	7	1
6	4			1	4				2

Hard (849)

	3	5		5				3	
		4			6			5	
			6						
3						3		2	
	7		7	1		7	4		1
	3	6			2			7	
	2		5						4
4		1							
	6		5		1		6	3	
3		2		2		3	5		4

Hard (850)

	4	3		2		1			4
							5		2
	2			1	6				3
3				7			4	5	6
2		5				7	3		
4		6		4					
	3				7	6			5
7		6							
			7				5	4	1
4	3		5	4		4		2	7

Hard (851)

	2	3		6		6			3
	4		1		3			7	
3	6		4	7					
5					6			3	
	4		5						
	2					3			1
			3				2	7	
		5							6
		3		7	5		6	3	
3	7	5		2	1			5	

Hard (852)

7	4	6		3		2			1
			4	6		4	7	2	6
5					7		6		
	6			1				3	
2				6				2	
1		6	1				3	4	7
3	7	2							
	1			3			6		5
3		5		1					3
2					3	7		2	4

Solution on Page (212)

Hard (853)

2			6	4	3		2		3
	5					1		6	
6			2				5		4
	1						6		7
									5
4			1					4	
					7				2
2	1	7		3		2			5
	4	5		5		1			
1		3			3		2	1	2

Hard (854)

7	6	5					4	3	
	2		4		5				
				7			2	6	
	7								5
3							1		4
	1	7		5	3		5		
		2				2		2	
				7					
2		4		5					5
6	5		6		6	2		6	4

Hard (855)

1		3	5	3		3		6	1
		2	7						3
3					4	1	5	4	
				2					1
3		7						7	
6			6		4				5
	4								
2			5				5		2
		3				4			
2	5		1	7			5	7	6

Hard (856)

	4			3	1		4		
6						5	3		2
	2	6		4					
								5	2
		3		1					
3						2		6	4
				7		1			
1	7		3		5		6		
6		4	6			2	7	2	
		5					1		3

Hard (857)

	7		5	6		3	4	5	4
	1	3							
		7		2		7	1		
5	4				5		5		7
	7		6				1		3
2							7		2
					2				6
7				4			4		
		7			6				
6	1	3	1	4		7	3		1

Hard (858)

	3	4				4		7	
					6		1		5
			3						4
1		7							6
6				6				4	
7							5		
4		7				4			
	3		1			6	3		
	5			2			7	5	
4			1						2

Solution on Page (212)

Hard (859)

2			2		4	7	1		5
5		3		7				3	
6	4					5	6		5
3					4	7			
		7				2			
6			4		6		1		6
4		7			5				4
1		2				7			
	5		6			3			
	2	4		3	2		7		4

Hard (860)

3		2					5		3
4			4						4
7					5		2		
		5	4			6	3		
	3			1				2	
1				5	3		4		3
5	7	3	7			1			7
1							4	1	5
4	6		5		1		7		
				2		5			2

Hard (861)

	1	6							6
						4	6	1	5
	5		6					3	
4		3		7					2
				2					
		4	6				2	6	
		5		1	7				5
3				5	4				
6	7						5		6
	4		5				7	2	

Hard (862)

2	7					6	4		5
						1			
6									3
								6	
	5			4					
3		6			5	7	1		
								6	
5		1		4			7		5
3		6			6	1			
		7		2			3	6	1

Hard (863)

2	6	1			3		5		1
	4	3		2				4	
		2	4			7			
1	7						6		1
5			1	4				3	
	7	2			1				4
				4					6
5									1
6				1		1			
	1		5			6			4

Hard (864)

1		5						4	2
				7	4	6			6
2				6			1	5	3
	4	3				5	4	2	
			7						1
	6			6		3			
2	5						6	3	6
				5					
						2		7	5
1	6	2	6		4				2

Solution on Pages (212-213)

Hard (865)

		6				4	3		1
3	2			5				5	4
	7	1	3		6		2		7
1				5				3	
5							7		4
6		6			3			6	1
		7	1		6		4		
		5		3			1		1
4			4			5		3	
2		7		1	4	7	6		2

Hard (866)

2				5		4	2		1
	4		3	6		5			2
7				4			1	4	
	3	2	6						
5				1					
	2			7		4		5	1
6	1	3							4
3						6		2	6
	7	1		4		3		5	
2		4				6	4		3

Hard (867)

1	5		2			4	5	2	3
3		7			1	6			7
			4						
1		2							7
			3		4		5		2
2	4	5				6		3	
	7	3							
	5		1		7	2			
					6				
	1		1	5			3		

Hard (868)

2		6							
	3					7	4		5
1			2		1			1	
2					5		7		
	4	3							
	6		2		5				5
3							4		
5	1		3	4				5	
		4				6		6	3
2	5				3				

Hard (869)

4	7	2		2			4		
			6		6			5	
	6		1			4	1		1
4				4		5	2		3
3			5		2				
2		4					7	3	1
5		7		5			5		
	6				3			6	
	3	5	7		1	4			

Hard (870)

7	2		3	2					3
	3	5		5		4	7		
6			2				5		
2	4				7				
	5	6						1	
1		1						2	
	2						5		6
6		5		2	6			2	
	3						5		1
2	5	6			5		7		4

Solution on Page (213)

Hard (871)

5		2	5			6		4	1
3	6								3
2				6		4			
	1			4	3		1	7	
7		2	3			7	2		
	1								4
6		5	3		4				
	2					3	4		5
6		3				5		1	
		4				7			7

Hard (872)

7			3		5				5
	4		7	4					
3	6				6			2	1
				7			1		5
4			4			6		3	6
						5			
				2		3	7		1
2		6			1			6	
	7			2			4		3
6		5	1		6	2	1		2

Hard (873)

4	7		5	1				3	5
			6						1
3		3					3		
			4		6	2		7	2
4		5							1
		6	1						
3				2					
2		5			6	4		2	
	6			7		5	3		5
					1			4	1

Hard (874)

1				7		5		2	
2		5			1		1		6
	7			2					7
									5
5		4	2			3			
		1		4				1	
2				5					4
3	5						7		
		3		1		4	2		3
	6		4	7		6			4

Hard (875)

		2	5				5		4
3	7								
		2		6			3		3
4									
			4					5	
2	7					1	4		3
					6				6
5	6						7		5
	2				3	6			
				4		2	4		2

Hard (876)

1					7	6			5
6	2	7				2	3		1
								5	
6		5		1		4	7		7
1			4		6				6
6								2	
	1			5					
7	6						5		1
3			4	7		4			
4	1			6		3	2	7	2

Solution on Page (213)

Hard (877)

	2		4		3		5	4	
5		6				4			
1			3			3		6	
	3	6		2	6				
			3			4			
							5		
		6		6	1	6			
			2				5		3
1	2	5	3					4	
	4		7		4		5	1	2

Hard (878)

3		2	6			3		1	2
2		3			4		6		4
					5			2	
5			6						5
	2						3		
					1	7			1
1			1		5		2	5	
5		4		2					
	3			4		1			2
1					2			5	

Hard (879)

	6	1		2					4
			3	4					
	1		5					4	
6				2				3	5
	7			1		7			
	4	1			2			7	3
5		2				1		6	
	3			5				4	
		4		6	7				3
2		7	2			5		6	2

Hard (880)

5		1		2	7		3		3
						6	2		
	6		5						4
5		2	3		7		5		2
1					4				
		4	5			3			6
				1					7
				5		7			
6			3						
	5	4		6		7		5	

Hard (881)

1			7			6	4		5
		6				5			
	2				4		3		1
6		3						6	
					6				1
								5	
	5			5			1		3
					3			6	
		1				7		1	4
2	3		6		4		6		3

Hard (882)

7		4	1	5		7	4		1
			6	4					6
7				1		2			
6						3			5
	4		6		1		7		3
1				4				1	
3							5		4
	6			2	5				3
5			4			2			2
	2		6	5		3	4		

Solution on Pages (213-214)

Hard (883)

3			5		3		5		6
4	2		4			1			2
					6	5	6	3	
3	7					3		4	
		4	1			7			
2					5		3		1
	4	3				2	4		
1	5							6	5
			6		7	3			
1		3			4			5	4

Hard (884)

		5	1			6	2	5	1
6	1	2		3					
4		7					6		2
7						3	4		7
5			4		7	6			
	6				3			7	
	5						2		4
4		1	2		2			1	
	5	4	6				5		

Hard (885)

5	6		7	2	1	7		1	5
3		2	3			5	3		6
1					3				
3									
		5		5			5		3
					1				1
	6		7						4
	2	5		6	2				6
7				7	3	4			5
5	3			1					2

Hard (886)

	5	6		1					
							3	6	
3	7	1		3		6	1		7
				7					4
4			6			1			6
1	3		5		4		2	3	
4				6					
5	2			2				6	4
			6		5		4	1	
			4				2		3

Hard (887)

4		2		5		2			1
	7						5		6
		2						4	
5				4		3			5
		3							2
2			2				7		3
4				1		4		2	6
			5	3					
					7	2		3	5
	3				4				7

Hard (888)

4		6		1	6	2		4	
6	3		3	7			3		6
5		7		1					2
2		4			6				
	7	5				5			1
	2	3					7	2	
			5						7
5				7	5		1		4
		6				2			
	2		5			1	6		2

Solution on Page (214)

Hard (889)

	3		6	5			5		4
		2							
		6	1						6
	3			7			4		
						6			6
3					5				4
1			6			2		2	5
	7		4		7		3		
3	5			3					4
		3	2		5	2		1	

Hard (890)

4		4		2		5			2
3	2	7					1		
				1				6	7
				6				5	
3	4		4				7	6	1
	1	6							
2	5	4					5		
	6					2			
	1					5	7	1	
4		2	5	4	3		6		2

Hard (891)

			5	1		5			
						7	4		3
	4	3					6		4
3				6				5	
	2		5			7		2	6
					5				5
7			5	1	2			1	
	6		6		5				6
2		4	1		3				3
3		2			2	6		5	

Hard (892)

5	2								7
	3		4		3				6
1	6						2		
		1		1		5			1
5	3				6		3	4	
					4		6		3
	1			2			4		2
3		7							
	5			4		4		6	
2		1		5	3			7	4

Hard (893)

3			5		2	6	7		2
					3				5
7		1	6	5		2			
6			2		6		5		
5	3			4				3	
					6				
3	1	4		7		7		2	
					5		6		5
2	7				2			7	4
6			2	3		3		2	6

Hard (894)

3	1			6	5			4	3
5					7		7	2	
2			2						6
	4							1	
			4	5	6				7
	7		7						4
4		5				1			3
5									
		3	2		4	1	4		
2		4			2			6	2

Solution on Page (214)

Hard (895)

			7			6		6	2
2		6						4	
3		5	4		6				
	4				4		2		
5	3					7		3	
	6		7		6				
2				2		5		6	
	4	7			6	4			4
2		3							5
6		4				7		4	1

Hard (896)

7	2				3	2		1	6
					5		5		3
6		4		4	3	6			6
5			7					7	
7						2			
	2				1	5			1
6			7		6			6	
		3				2			3
3		2				5			
1	7			3	4		1	6	3

Hard (897)

4		2	6		5			6	
			1	3	4		7	4	
6			6	5					
7	3				4				5
	4	7						7	
1		2				2			6
		1			5		6		3
5			3		3			4	5
		2		5	6				3
4			7	1					

Hard (898)

	2	4		6			1		
	5							5	
2				7		2	6		4
3		6	3		4			7	
2						6			2
6	3	6			3		7		3
5				7		4		5	
		2				6	3		2
4				4			2	5	3
6	2		5	3		4	6		1

Hard (899)

7	3				4		7	6	
2			4	6			3		5
6								4	
1		6			4		2		6
								1	3
3					1			6	
	4			3		5		1	7
3									
	5	1		2	4		2		5
6	3				1	7	5		6

Hard (900)

		5	1						
3					5		3		
	4			4		6			
							4	5	
5						6			6
	4						5		3
			4	5					
		2					6		2
7		4	7		1				3
1	5		3	5		2			

Solution on Page (214)

Hard (901)

		1		3		2		6	
5	7				5	6	5		3
						7		4	
2			6				2		
					6	3			2
							7		
		5		2					3
2	3	4						5	6
4		1		2					
3		6	5		6	4		4	5

Hard (902)

1				5	3	4			2
3	2		1				6		
1		6			3				
	3		5	1			2		6
					7		6		
		5						2	4
	2		6			7	3		1
4	3	7						7	
	6		2		5				3
1	2	4						2	

Hard (903)

5			3			5		5	
	2			1		2	4	6	
3	6			3		7			
4					2		5		3
						3		2	
	5				5				3
4		1		6			6		6
						7			4
3			5				5		
5					7		6		3

Hard (904)

2		1				3		4	
6		4	5		5		1	7	2
			6		2				3
7		5		4					
5					3		6	4	
4		4		5					
						7	5		
5	6						3		1
		2							6
	7	5		1				5	

Hard (905)

6	7		4	7	1			4	
1		6				7			
3					4		1		5
				6		3			2
	2					2	7		
		3	1						5
6	7		7				1		4
2								2	
			6		5		4	6	
6		2		2					3

Hard (906)

3	1			1					2
2		6					3		
	3			4	7	4		6	
4		5	7						
6	1		6			5			
5				4	3			3	1
2								4	
		7		4	1	7		6	3
1				6			2		
	5	4			7		1		4

Solution on Page (215)

Hard (907)

1	6	2				5	2		4
		3	6	3	4				
5			2				6		
	3					3		1	2
4		6					4		
6			4			7			2
	3	1		2	1				3
	4						4	5	
		2			1				
5		6	3			4	7		2

Hard (908)

								1	
5		3				4			2
					6		5		7
1		5							4
	4	2	4					2	
2			5		3				
	5			6	4	1		7	
1			4				2		4
3					2	6		1	
7	6		3				2		5

Hard (909)

							7		6
5	3		3				2		
		2							
6				4			5		4
5		6							6
	2				4	7			
7									7
	6								
3			2						
7	1	5		7	1	6		4	3

Hard (910)

1			4			3	4		5
	2			6			5		
			4			7		2	
	6				1				4
7	3				6				
		2		3	7				
5									2
6		2						4	
3		1		5			2		7
2	4		3		6				

Hard (911)

3		1		2	4		3		1
			5					5	
	5			7					6
							5		4
6		4				2		1	
	1					7			7
2		2	7						5
	6						1		2
		3					5		
5					4		2	1	

Hard (912)

5	1		2		4	5		4	
				6					1
7		3			5			7	3
	1								6
5		6	7					5	
7	4			1			3		4
	6		4						
2						6			7
		5			4			6	
		6	4				3		3

Solution on Page (215)

Hard (913)

6								5	
	5							7	6
					5				
				1				7	5
	4		6		4				3
6	7					3		5	2
		4	1			4		6	
3				5			5		1
			3	1					3
	5			2	7		1		

Hard (914)

5			1		6		6	5	7
	2	3		5				1	
			1	7		4			
1	3			2					3
	7								
				6		1			
1	3		5				5	3	
					7			2	7
4			4		4				1
			3			3	4	6	

Hard (915)

1	4	7		6		7	3		
	5		1		2	5		6	
6	2		7					5	
3								6	
		5		6	4		2	5	1
									3
	5	6			4		2		
3		2		1					5
		4	5		4	6	3	6	
			1				1		

Hard (916)

3		7	2		6		3		5
	6	5			5			4	2
5				7			7	5	
	7				3		2	4	
1									3
	2			4					1
6		5			3	6	7	3	
4	2				2				2
		4	3			5	6		
3					3		4		5

Hard (917)

1			2				2		5
		3		7					
2	6	5	6					5	
3				4			2		
	5		7			7			6
6		3	2				3		
				6			2		2
			1		5			3	
6	4		6	7		3			5
1					4		2	6	

Hard (918)

3		4		4	3	1			1
					6		3		6
1		6	1				7		
2			5						4
									3
	5		6	3		3			
7					4			7	
2			1		7				3
4				6		4		7	2
5		1		2		1			4

Solution on Page (215)

Hard (919)

1		2		6	1	2	1		
		3	4			5		4	
7			7				7	3	
5	6				2				4
4	2						3		
3		1					1		5
5			3		6		6		3
		7	2						
				5			6		1
	4					3		2	

Hard (920)

		2		5		2		4	
7	4		4		1	5		6	1
2		3			3		2	3	
	5		1		5				
		3				7			6
5					3		4		5
			4					7	
	7					6			
		1					2		1
4	2		4	3			7	4	

Hard (921)

4	2			4	5		7		1
					3			2	
	6	5	2	6		1	6		4
5									3
	3	2							5
6		6					2		
		4		4		5			
6	2				6			1	5
	7							7	
	4			4		3	6		4

Hard (922)

5		7	1			2		1	5
	4				7		5		
2		5					6		3
	7				3			7	
	6		4				5		
3	1		6			6		7	2
2	6		4		4			1	
						6	5		4
					2				
		5		5				4	2

Hard (923)

	5		5	2		5			1
4		6	3						
7		2	7			6		2	
1				1	2		4		6
	3		2		6			3	
1				3				7	
	2								
				6	4			6	2
	3		4					7	1
4		5		1	7	4		5	

Hard (924)

3	2		3			7			
6					3			3	4
		5					4	1	2
	7			1				7	
		6	2				2	5	
6		4							
						4	7		
		5	6			6			3
					5		4		6
3					2	3			

Solution on Pages (215-216)

Hard (925)

2		3		1		5	3		
	7				6			4	
5				5					2
		2	6			4	5		
	6						3		
4		1				7		5	4
	5		2	3					6
			5					5	
1			4			6	2	7	1
6	4			1	4				2

Hard (926)

7			1	6		5			
									1
5		7	4				3		
6			2			2	7		6
	2	3			3		5	1	
6			4			7	2		6
7		5							2
		1	4			1		5	
2					6	4	6		1
4		3		3		1		7	2

Hard (927)

5	2								7
	3		4		3				6
1	6						2		
		1		1		5			1
5	3				6		3	4	
					4		6		3
	1			2			4		2
3		7							
	5			4		4		6	
2		1		5	3			7	4

Hard (928)

5		1	3	6			5	2	
2		5				7			
6					2				5
	4	5		7		1	7		3
						3		6	
	2			3					4
4		7				5	4	5	
	3		2		7				
5	6				5			7	1
3		4					3		3

Hard (929)

1	6	2				5	2		4
		3	6	3	4				
5			2				6		
	3					3		1	2
4		6					4		
6			4			7			2
	3	1		2	1				3
	4						4	5	
		2			1				
5		6	3			4	7		2

Hard (930)

2			6		4	7		3	1
	7		3			6			5
2		5		6			4	7	
1		7		7				2	3
	4			5			1		
3		5			7				
		3	6	4		5	4	3	
1		7				6		1	6
	2		3		4		4		

Solution on Page (216)

Hard (931)

	1			6		3		5	
			3				2	6	
2				5	7		4		4
			6			1		3	
		1							2
	2								4
6			6				6		
			7	4		3			7
4	2	6		2					4
5		7		4	6				

Hard (932)

6						7		5	
	3			1			3		
			4		3				4
	2	5			5				7
			6			6	1	6	
3	5	1		5					5
			7		6			3	4
		6							
	3		7			2		5	
7	1		4		1				

Hard (933)

3		1			4	2	7		4
		5		7					
2		6				7			2
		4		5		2			5
4									3
6			3	1				6	4
2								3	
7								1	2
	4		4	6				4	
3			5		3	1	2		

Hard (934)

4		2		7		1	2		6
	6				2	4			
		3			6		3		
1					1				2
	2								
3			7					5	
4								2	
2	7		6				6		3
	3		3	2			4		
1				5		5		1	

Hard (935)

5		1	5		3		4	3	1
				4		2			6
2	6		1					4	
				2		7	6	3	
3		3		7	1		1		4
	5		5			2			
	6	3							5
			4		4				
	3		2			6	3		1
	4	5		4	1				4

Hard (936)

	4		3		3		2	1	2
		7		2		5		3	6
1			5		7				
	4	3		6	3		4		
2		5					3		6
5		3		7					1
			4	5	2				5
		3		3		6			
	7			2	1			4	
6		5	6		5	3			6

Solution on Page (216)

Hard (937)

1		4						4	5
			1			4		7	
6			7				1		6
7				1			7		2
		2							
3			6		5				2
			3						
		2			2				1
			1	4		6			6
	5	2			7		3		2

Hard (938)

	3				7		5		
		1	6			3	2		
		5	2		2		4	5	
3		6				1			
6				1				6	
	5		7			4		5	4
		2	3	4		1			
				2					4
4		5						3	
			3	7		7	6	1	4

Hard (939)

		2				1			
		4					6		1
							5		
3			1				4		
1				4		2			
	2		7	1			7		
	7			6		2		4	
2								6	1
			6	7	2				7
	3			4		7	3	4	

Hard (940)

		1				6	4	5	
5			3		2				1
1		4			6		6	5	
7			5		1				7
		7				4		2	
			6	4	5	6			1
3	4						2		4
7		2							
4		1		6				3	1

Hard (941)

2				7				4	1
		2	6		4	3		6	
							7		1
		4		3		5		3	
	6			2	1		6		2
2		5				2			1
7		2		1			7		
		7	3			5			
	1		1					2	
5		7	6	7		5		6	1

Hard (942)

4		3	6						1
	1		5						
2	4	6			3		2		5
						5		1	
5				1					5
				3		2		6	
				1					4
4		6		5				5	
6									
	4	5	2	3		5			3

Solution on Pages (216-217)

Hard (943)

	2	1		4		2		1	3
7	5		6	5		7			5
				2	3		4		
4		3		5					2
6			1			2			4
	2								2
	1			3		6		6	
						4			7
	6					5		5	3
2		4	2		4				

Hard (944)

2		5			3	2	1		6
	3		7	4				4	
2			2	3			2		5
1	6		7			5	4	1	
				6		6	2		
6			2		1			4	1
7		4		3					
1					5	6		3	7
				4				4	
6			1				2		5

Hard (945)

	5		1		1		7	6	
			4	3		5			1
5							3		2
7					2				4
	5			5	3		3		
1		4				6			
2			3				2		4
4				4		3	5		3
	1	6			6			7	
		5	4						5

Hard (946)

	5		3	7	1		6		5
1						5		1	
		4							2
7	2				4				
	5	7			5			7	
1								3	
4		6						5	
3			2	6					
7		4		7		5		4	
5	2		1		3		1	2	1

Hard (947)

4						5	3		
7	2							6	
	6		3						5
									3
3			1	6		7	3		4
	1	2							2
				3			5		
	5			5		4	1		6
3	7		4	3				5	
			6				4	2	

Hard (948)

6	5		5		2				1
7			2			3	4	5	
		6		6				7	
2	7				4				
5	6			6					3
			5		3		4		6
	4	2		2					4
	1						2		7
	2		2		6	3		4	
3	5		7			2		2	5

Solution on Page (217)

Hard (949)

		2		4		6		4	5
	4	3		1	2		7		
2	6			6				6	
					1		5		
1		1						4	2
				4				3	
		3	7		2				
			4			6			7
6		7		6				3	2
3	1		4		5		4		1

Hard (950)

1		4		1		5			6
	6		7	6		4			
5			4	3			2		4
							4		5
	3	6	7					3	
7	1			6	4				
							4		3
5	7	2		5		6		5	
	6						3		4
3	5			7		5		2	

Hard (951)

6			3		4	5		5	6
				7				4	
4			2						
							6		4
		3		4			7	1	6
				7					5
							1		
4	2				7	4		2	7
	5				1				
1		6				3		1	

Hard (952)

2			5		5		4	6	1
4		7	3	7	3		3		
		1						7	3
6	2		6		2		5		
	7					1			6
4					4			1	4
		1		5					2
	4								
	2			7	5				4
	6	1		4		6	5		6

Hard (953)

		1	4	5	4				5
						6		6	3
	4							7	
6		1	3						6
5				7		4		4	
					6		6		1
	2	5	7		4		7		2
							5		5
		3		3		4		2	
	7		2	7	5		1		

Hard (954)

	4	1	5		5		6		
3					2			5	3
	1		1		4		6		
				7	3				
			4			1			
		6	5						
				2		5		7	
				6	7		1		2
	1							5	4
4	6	2		1	4		3		6

Solution on Page (217)

Hard (955)

2	5				4			5	
		6							
	1		5					2	
		6					4		1
1				2					
2			4		3	5			6
3					6	7			4
				7				7	
3							2	3	
				2	3		5	1	2

Hard (956)

3	1		1			2			
7					6		4	6	
3			3						1
1		2	7	1		2			2
					3		1	3	
2			6			4			7
7	1		7					6	
5		3				3	7		
						1			7
4	6		5		3		4	3	

Hard (957)

4		7		2	4				
5				6		3		2	
	1		1		1	5		6	
6		7							4
			5	2			1		
	4	2			6		3	5	
3		6	1						1
			4		4		7	4	
	2	3	6	3				5	
4		1					2		3

Hard (958)

	3	6	7		3	4		7	2
				2	6				
		1				2		5	
		7		5					1
4			1		4				4
	1		4	3			2		2
4		5						3	5
		1	3				2		
			5				4		
6	3			7	3		5	2	6

Hard (959)

4				1		4	6	1	5
2	6	2			5				7
		4	5		3			2	
4	7			2		1		7	
		2					3		
5								1	
6						5			3
					7	2			1
1			6		6		6	2	
	4			5				5	1

Hard (960)

		6	2		6		1	7	2
2		7	4		7	5	4		4
	5						7		6
3						5			
	4	3			4		1		
7		5		7					
5		4	2		3			7	3
3				5		6	5	6	
1		6				3	1		5

Solution on Page (217)

Hard (961)

1			7	5					2
5		3				3	4		
4		4	2		7				6
	7		7			2			1
2	6					7		2	
4		1	4		6		5	7	
		7	2			3		3	4
1					4				
	2	4							
3				1		2			4

Hard (962)

4		4		2		5			2
3	2	7					1		
				1				6	7
				6				5	
3	4		4				7	6	1
	1	6							
2	5	4					5		
	6					2			
	1					5	7	1	
4		2	5	4	3		6		2

Hard (963)

1	5		2			4	5	2	3
3		7			1	6			7
			4						
1		2							7
			3		4		5		2
2	4	5				6		3	
	7	3							
	5		1		7	2			
					6				
	1		1	5			3		

Hard (964)

5	3			6		5			
			1		7		2	7	
2		4	3						2
5				7		5	4		5
			6			2			
7					6				4
	6		6	2				7	
4		7				5			3
	5		3	4	6		6		
1		1			3		1		5

Hard (965)

	3			3			1	4	
			5	4					3
3		1					7	6	
		5		6			1		4
2			1					5	
	4		2		6	2		1	
			6			3	7		6
		2			7				2
			5	4			5		4
2	5					1		3	

Hard (966)

	6				2		1		5
2				5		7			4
	4		2		3				6
	1		3		4				
2					5		5		4
6			3		1	7			
4						5	6		
			5		7				
									4
	2		1	4			6		2

Solution on Page (218)

Hard (967)

	5				3	5	2		
4				6	7			4	2
7		5	3		4			6	
6							7	3	7
		5		1			6		5
1					2				
			1			6			
	6	7	3	6			1		
4			2	1	4			5	
1	7	3							4

Hard (968)

	4		6		1	4		5	4
		7			6		2		
		5				7			
6					6		1		2
5			4	2		3		7	5
4			5		1				4
					5		6		
6		3						5	4
				3			4		3
	3	5	4			6			

Hard (969)

7	6	3		1	6	5	3		2
	1		5	2				1	3
3	2		6				4		
5									
6			1			3			3
4		7				6			2
2			1		2		5		6
						1			5
	3		7	2					
5		6		5		4		3	1

Hard (970)

1						5	4		
				6			3	7	6
	7	2						4	
5									
4	3		2		7	1			2
		1						4	
7	3				7		2		1
			1	5		4		5	2
5	4		3			3	7	6	
6				7					3

Hard (971)

4		6		6		2			
3			7	4			4		
	5								1
4						7			4
					6			5	
7							4		3
6	3	6							
			4				3		2
5	6	2				2		7	
1		5	1		6		4	6	1

Hard (972)

1			2		5		1	3	6
							2		
2				5			7	1	
1			7					5	
	5				6			4	
4	6			5					
	2		1		1		1		
5		4		5		2		7	
1								3	1
	7	4		1	7	6	5	4	

Solution on Page (218)

Hard (973)

4	5			1				6	3
1					4	7			
7			1						
1				4	7		4	5	
	2					1	7		6
6		5		6					
	1	6	2		2		5	7	3
4				1		6		4	
									2
5		1		7	4		3		

Hard (974)

2		6	3						2
7	4				6			3	
5						7		5	1
		6	1				1		2
		2		5		4		4	
	4				1				
	6				6		7		2
5	3			4	1		6		
			7	6				3	
2				3	4		1		

Hard (975)

		3		6	5		2		
6	2			4				7	6
3	5		5		1			2	1
2		6	7				6	4	
								2	
					7	4			
3		2			6				
		5						2	
			4					5	
	2		6		4		7		4

Hard (976)

									1
3	6						4	6	
			7	6			3		
	5	1		3				6	3
1									
7									5
		3	6			5		4	
	7		5		3		2		
3					7				
6		2		5		4			4

Hard (977)

		6		4	1		3		4
3	4				6		5		2
					3				
	6			2	5			7	6
2		4							
				6				5	3
1		4				3	6		
	3		2	1				4	
	4	6			3		1		7
1			4					2	

Hard (978)

	4		3	6		3	1		2
2			7		5		2	6	
				6					3
				5	3			2	
1						7			5
2						6			
	3	6					2		3
			1			4			4
				6		1	7		
3	4	2		5		6			1

Solution on Page (218)

Hard (979)

2	6	1			3		5		1
	4	3		2				4	
		2	4			7			
1	7						6		1
5			1	4				3	
	7	2			1				4
				4					6
5									1
6				1		1			
	1		5			6			4

Hard (980)

	6	2			5	3	5		3
	5			4				7	
	4		5		2				
				6				3	4
7							2	5	
					2				
6			7	5			7		2
				2		1	3		4
1					5		5		2
3			6	3				1	7

Hard (981)

3	1		1	2			3	5	
		3		5	4				2
5	7								
	2		1		1	5	6		4
	5	3	4	6					
					1				
	5		7				3		6
7		4					1	7	2
2	3		6				3		
1		7				2		6	4

Hard (982)

	2					4			4
					5				
6									
5		4	2		3	6	5		
	7			5		2			4
2									3
				2				2	
4	3	4	6	1	5		7	1	4
		1				2			
	4			7		6			4

Hard (983)

5	2	6	4		2		6		3
	1					1			
3					2	6		7	4
		5							
3		2	1	3		6	2		5
				5		7			1
7	5					2			2
3	2					7	6		
	6	1					2	7	3
2	7		6		1	6	1		4

Hard (984)

4		3				3	5		1
					7				
3	6					4		3	
				3			5		6
	2		2		4				
		3	6	7	1				
2					2			7	
	3		1			6		5	1
2	7				4			4	
1		3	5	7		5			

Solution on Pages (218-219)

Hard (985)

	2				4		1		2
3						3		7	6
7	6		4		7	4	6		
				3				2	7
3			1		6				3
2	5		7			4		1	
	1	4			6				6
	3		7	3					4
5									7
1				4	7	6			2

Hard (986)

2	1			3			6	2	
	3								4
1			5			4			
7					2				
5						3		3	
			6					4	
1	5			4					5
							1		
4	3								7
2		6		6		2	6		2

Hard (987)

3		2		7		6	1		3
	4		1				4		
	5						1		5
	1		4		1		3		3
6			6		7	6		5	
2	1					1	4	2	4
	7		3		5				7
		4				2		5	
5					3				1
	3		5		7		7		5

Hard (988)

1		5		3		5			6
3			4	6	7			2	4
6				3				3	
			4		2			7	1
	4				5		3		
		5							5
				3		5			2
1		6			6		2	4	5
			3					3	
2		4			5	3	7		6

Hard (989)

7		4	3	7	4	1		7	1
			6				6	5	
5				1	6	3			
4		6		2					2
			1		5		3		3
4						4		6	
3	5					6			
		4					1		
	6		3			7			2
			2		1	5		7	3

Hard (990)

2		3				3			1
				6		1	4		
		5		3			7		1
						3			
5	4	5		7		6	1		6
	7				4		3		
1	3					1		4	
				7		5		2	
5		6	3					1	3
2	3			6		7	2		

Solution on Page (219)

Hard (991)

2			6					1	
1		4			7	4			3
					2		7	4	
	4	1		6					
2			2		5		7		6
		6				4		3	
	4			5		7			
		2	7		6		5		
6	7		6			2			4
3		1			5				3

Hard (992)

1				5	3	4			2
3	2		1				6		
1		6			3				
	3		5	1			2		6
					7		6		
		5						2	4
	2		6			7	3		1
4	3	7						7	
	6		2		5				3
1	2	4						2	

Hard (993)

1				1	7	5		1	4
			4		2	4	6		3
4	7								
							7		4
5				2					
			4				3		5
		2		6					3
3			1			2	7		
1				7			4		2
	3			4			2	5	

Hard (994)

	4			5			5	1	4
3			2			4			6
2				7		1			
							5		4
	7		3						5
6	4			5	1		6		
	5	6	1		2				5
	2	4		7					4
			6		5				
1		3			2				6

Hard (995)

5		3		4	2		4		1
						6	5		3
				2					
	6								5
4					5			7	3
7				4			5	1	5
	5	7	1		2		3		
6			6		7				2
	3						5		
2		5		6		3			1

Hard (996)

	2	5				1	5		
5	6				2				6
7		2			3			4	
6								5	3
			2		2	1	4		7
2	7								2
6					6	7			
		3					1		5
	2						2	3	
3	6		4						4

Solution on Page (219)

Hard (997)

5			4		7	1		6	1
1				2					
	6	7		5			7		
1			2		2	4		5	
2		7							2
6	4				7		7	6	
				3		5			
7	4			7					
	1		1					5	6
2		5		6	5		7		1

Hard (998)

1		2	3		5	1		2	
			5				3	5	
3		6		2		4			
			1				6		4
	2	6							5
6	4				4	1		7	
		5							4
			1	4		2		6	2
2									
			3	6	1		3		7

Hard (999)

7		4					7	1	
	5					3	5		
	4	2	4				4		
2						1			6
	5		4						
	4					6			
1	2	1	7	5		3		3	
			3					7	5
								1	
5			6	5	6		3		6

Hard (1000)

			1			2		1	6
1			5		7				4
3				6		2		2	
2		2				4			3
							7		4
							2		
5		3	1			3			
		4		5		1			3
	5		7		2			6	
7		2		3			7	3	2

Solution on Page (219)

::::: *Puzzle (1)* :::::

4	5	3	6	4	1	3	1	3	1
3	1	2	5	2	5	4	6	4	2
2	4	6	3	1	3	1	2	3	5
6	1	2	7	5	2	5	6	1	2
5	3	4	6	1	7	4	7	4	5
7	1	5	2	3	5	2	3	6	2
3	2	3	4	1	6	1	7	1	4
4	1	6	2	5	3	4	3	5	2
6	2	3	1	7	1	2	1	4	1
1	4	5	2	3	4	5	3	2	3

::::: *Puzzle (2)* :::::

4	2	1	4	5	4	1	2	1	5
1	3	5	3	2	3	6	4	6	3
2	4	2	6	1	4	5	2	7	2
6	7	1	3	5	3	1	3	5	6
5	2	5	4	7	2	4	2	4	3
4	3	1	2	1	6	1	6	5	1
1	2	5	7	3	4	3	7	4	2
3	4	6	2	5	1	6	5	1	5
6	1	3	1	3	2	4	3	2	6
3	7	4	2	7	5	6	1	4	1

::::: *Puzzle (3)* :::::

1	2	5	2	1	3	2	3	2	1
3	6	1	4	5	4	1	4	6	7
1	2	3	7	6	2	5	3	1	2
4	5	1	4	3	1	4	2	6	3
1	2	6	2	5	2	5	1	4	1
7	4	5	1	4	3	4	6	2	5
5	2	3	6	2	1	5	3	4	3
6	7	1	5	4	3	6	2	1	5
3	5	4	3	2	7	1	5	3	2
6	1	2	1	5	3	4	2	1	4

::::: *Puzzle (4)* :::::

4	2	1	7	4	3	2	4	1	3
7	5	3	6	5	1	7	5	2	5
1	6	4	1	2	3	6	4	1	4
4	5	3	6	5	4	1	5	3	2
6	7	4	1	2	3	2	6	1	4
5	2	3	5	7	5	1	3	5	2
3	1	6	1	3	2	6	2	6	3
2	5	4	7	5	1	4	1	4	7
3	6	3	6	3	2	5	2	5	3
2	1	4	2	1	4	6	3	1	2

::::: *Puzzle (5)* :::::

4	3	1	4	1	7	4	6	1	5
2	6	2	3	2	5	2	3	4	7
1	5	4	5	4	3	4	6	2	3
4	7	1	3	2	6	1	5	7	5
2	6	2	6	1	4	2	3	4	2
5	3	1	3	5	6	1	6	1	6
6	2	5	4	1	3	5	3	2	3
3	4	1	2	5	7	2	4	5	1
1	2	3	6	4	6	1	6	2	4
3	4	1	2	5	3	4	3	5	1

::::: *Puzzle (6)* :::::

7	3	4	1	6	2	5	1	3	2
4	1	2	5	3	1	4	2	4	1
5	3	7	4	6	5	6	3	5	2
6	1	5	2	1	4	2	7	4	6
3	2	3	6	7	3	1	5	1	3
6	4	1	4	5	2	7	2	4	6
7	3	5	3	1	3	5	3	1	2
5	6	1	4	5	2	1	2	5	3
2	7	2	6	7	6	4	6	4	1
4	1	3	4	3	2	1	3	7	2

::::: *Puzzle (7)* :::::

1	6	5	2	1	5	4	1	3	6
5	4	3	4	3	6	3	2	5	2
2	6	2	1	5	4	1	7	1	4
1	3	4	7	2	3	2	3	5	2
7	5	1	3	1	6	5	7	4	1
4	6	7	4	5	7	2	3	6	3
3	2	5	1	3	1	4	1	2	1
5	6	4	6	5	6	2	5	7	6
1	3	2	3	2	3	4	1	3	1
2	7	4	6	1	7	6	5	4	2

::::: *Puzzle (8)* :::::

3	1	5	1	2	1	2	3	5	1
4	2	3	6	5	4	6	1	4	2
5	7	4	7	3	7	2	7	3	1
4	2	6	1	2	1	5	6	2	4
3	5	3	4	6	7	3	4	3	6
2	1	2	5	3	1	5	2	5	1
4	5	3	7	4	2	6	3	4	6
7	6	4	1	3	5	4	1	7	2
2	3	2	6	2	1	7	3	5	3
1	5	7	1	3	5	2	1	6	4

::::: *Puzzle (9)* :::::

4	1	2	5	2	6	1	2	5	2
2	3	4	3	1	3	7	6	4	1
1	5	2	5	2	4	2	5	3	5
3	4	6	1	3	1	3	4	2	1
1	5	3	2	4	5	2	1	3	4
4	2	1	7	1	3	6	7	2	1
5	7	6	4	6	5	2	1	4	3
2	1	3	5	1	4	6	3	6	1
4	5	2	6	7	2	5	2	5	7
1	3	1	3	4	1	7	3	4	2

::::: *Puzzle (10)* :::::

5	6	1	5	1	3	5	4	3	1
7	4	2	6	4	6	2	1	2	6
2	6	3	1	7	3	4	5	4	1
4	5	4	5	2	5	7	6	3	2
3	2	3	6	7	1	3	1	5	4
1	5	1	5	4	6	2	6	2	3
2	6	3	6	2	3	5	3	4	5
5	1	7	4	1	4	1	2	6	3
2	3	6	2	5	2	6	3	5	1
1	4	5	3	4	1	4	1	2	4

::::: *Puzzle (11)* :::::

3	1	2	4	6	4	3	7	5	1
5	4	5	3	1	2	1	2	6	2
2	7	2	4	5	7	3	4	1	4
1	4	3	6	3	6	1	6	3	5
3	5	1	2	1	2	5	4	7	2
1	2	4	5	3	4	3	2	1	4
6	5	3	6	1	2	1	6	3	2
3	1	4	7	4	5	3	5	1	7
4	2	6	3	2	7	1	2	3	4
5	1	7	1	4	6	3	5	1	2

::::: *Puzzle (12)* :::::

1	7	1	4	1	3	5	7	6	2
3	6	3	5	6	2	4	2	4	1
2	1	2	1	7	1	6	3	5	2
5	4	7	3	5	2	4	7	4	3
1	3	1	4	6	1	3	5	2	1
2	4	5	2	3	5	4	1	3	4
3	6	7	4	6	1	6	2	5	2
2	5	1	5	3	2	7	1	6	1
3	4	7	6	1	4	5	3	5	4
2	5	1	4	2	3	1	6	2	3

::::: *Puzzle (13)* :::::

6	1	2	3	1	4	5	1	5	6
2	5	6	5	7	3	6	7	4	2
4	1	3	2	1	4	2	3	1	3
3	2	4	5	3	5	1	6	2	4
1	5	3	1	4	2	3	7	1	6
2	6	2	5	7	1	4	5	2	5
5	1	3	4	2	5	2	1	4	3
4	2	6	1	3	7	4	3	2	7
3	5	4	7	4	1	5	6	5	4
1	2	6	1	3	2	3	2	1	3

::::: *Puzzle (14)* :::::

2	3	1	2	1	6	3	5	4	5
1	7	4	7	3	2	1	2	1	6
2	5	1	2	5	4	3	5	4	3
6	4	3	4	1	2	1	6	1	2
3	1	6	7	5	6	3	4	5	3
5	2	5	3	2	1	2	6	2	1
4	6	1	6	7	6	7	1	5	4
2	3	2	4	3	5	4	3	2	3
4	1	5	1	6	1	7	5	7	1
3	2	4	3	2	5	3	6	2	4

::::: *Puzzle (15)* :::::

1	2	4	3	5	1	2	3	4	5
3	5	6	1	2	3	4	5	7	2
6	1	2	7	6	5	6	1	3	6
7	4	3	4	1	2	3	7	4	2
2	1	2	5	3	4	1	5	1	5
3	6	4	6	2	5	3	6	3	2
1	5	1	3	4	1	4	2	5	4
3	4	2	5	7	2	3	1	3	1
1	6	3	1	4	5	6	5	4	6
4	5	2	5	2	7	4	3	1	2

::::: *Puzzle (16)* :::::

2	5	6	5	4	5	1	4	6	1
4	3	7	3	7	3	7	3	5	2
1	5	1	2	1	6	1	2	7	3
6	2	4	6	4	2	4	5	4	1
1	7	3	1	3	6	1	6	2	6
4	2	5	4	2	4	3	5	1	4
1	3	1	3	5	1	2	6	7	2
5	4	6	4	2	3	7	3	5	1
1	2	3	5	7	5	2	1	2	4
3	6	1	2	4	1	6	5	3	6

::::: *Puzzle (17)* :::::

4	7	6	2	5	1	3	1	2	4
1	2	4	3	7	4	6	7	5	3
5	3	6	1	2	5	2	1	2	1
2	4	5	4	3	6	3	4	3	4
6	1	6	1	2	1	7	6	5	1
3	5	4	7	3	6	5	4	2	3
1	2	3	2	5	2	1	6	1	7
5	4	1	6	1	6	7	3	4	2
2	7	5	3	7	4	1	2	1	5
3	4	2	6	1	2	5	3	4	3

::::: *Puzzle (18)* :::::

4	1	3	5	4	3	2	7	1	2
3	5	4	2	7	6	1	6	5	6
2	6	1	6	3	5	2	4	1	3
5	4	3	2	1	4	1	3	7	5
1	2	5	4	3	2	6	5	6	4
6	4	3	1	5	1	7	2	7	1
2	7	5	4	7	3	4	5	6	4
3	1	3	2	5	2	1	2	7	3
5	4	6	4	3	7	6	3	4	2
1	3	2	5	6	1	2	5	6	1

::::: *Puzzle (19)* :::::

1	7	3	2	6	5	4	2	5	1
6	2	1	7	4	2	3	1	7	6
3	5	4	5	3	1	4	5	2	1
2	1	6	7	2	6	3	6	4	7
3	4	3	4	3	1	2	1	2	3
1	5	6	5	2	7	4	5	6	1
3	4	2	1	4	6	3	1	3	5
1	7	5	3	2	1	4	6	2	1
5	3	1	4	5	3	2	3	5	3
1	2	5	6	2	4	1	7	2	4

::::: *Puzzle (20)* :::::

1	4	1	3	6	7	3	1	3	2
2	3	5	7	2	5	4	2	6	1
1	6	1	4	6	1	7	1	5	3
3	2	3	2	5	3	2	6	2	4
1	5	7	4	6	4	7	4	1	5
2	4	2	1	2	5	6	3	6	2
5	3	6	3	4	3	1	2	7	3
6	4	2	1	5	2	4	5	1	4
5	1	3	7	6	3	1	7	3	2
3	4	2	1	5	4	6	2	4	1

::::: Puzzle (21) :::::

4	3	1	3	2	1	5	3	4	1
7	2	4	6	4	3	2	1	6	7
1	6	1	3	1	5	4	3	2	5
4	2	5	2	4	2	1	5	1	3
3	6	4	1	6	5	7	3	6	4
5	1	2	5	2	1	4	1	7	2
2	4	3	4	3	6	2	5	4	5
1	5	1	6	5	7	4	1	3	6
3	7	2	4	3	6	2	7	5	1
5	6	1	6	2	1	3	4	2	3

::::: Puzzle (22) :::::

4	2	5	1	5	6	4	1	3	1
3	1	4	2	3	2	3	2	5	4
6	5	3	1	6	5	6	4	3	6
4	1	2	5	4	2	3	1	2	5
3	5	4	1	6	1	5	6	3	6
2	6	3	2	5	3	2	1	2	1
4	7	1	4	1	4	5	4	5	4
3	2	3	2	7	2	6	3	7	6
5	4	6	4	6	3	5	4	2	5
6	1	5	1	2	1	2	1	3	1

::::: Puzzle (23) :::::

6	5	1	5	1	2	1	2	6	1
7	4	3	2	3	4	3	4	5	2
3	1	6	1	6	1	2	1	7	4
2	7	4	5	7	4	3	5	2	5
5	6	1	3	6	5	1	6	1	3
1	3	7	5	4	3	2	4	5	6
2	4	2	1	2	1	5	1	3	4
3	1	5	6	3	4	7	2	6	7
6	2	4	2	1	6	3	1	4	3
3	5	1	7	3	4	2	6	2	5

::::: Puzzle (24) :::::

1	7	1	6	2	3	7	6	2	1
5	4	2	3	5	1	4	1	4	3
2	7	5	6	4	3	6	3	2	1
6	3	2	1	5	1	5	4	5	3
2	1	5	3	2	4	7	6	2	1
4	3	4	6	1	5	2	3	5	7
5	2	1	2	4	3	4	6	4	2
7	4	6	3	1	5	1	7	1	6
5	3	2	5	6	3	2	5	4	2
6	7	4	1	2	4	1	3	1	3

::::: Puzzle (25) :::::

3	2	1	6	2	4	2	7	3	4
4	7	5	4	7	1	5	1	6	1
2	3	6	1	3	6	7	3	4	2
5	7	4	2	5	1	2	5	1	5
4	2	5	6	4	6	4	3	2	3
6	1	7	3	1	3	5	1	6	4
2	3	5	6	5	4	6	4	3	5
7	1	2	1	3	1	5	2	1	2
5	4	3	4	6	2	4	3	4	5
3	1	2	5	7	3	1	2	1	2

::::: Puzzle (26) :::::

4	1	2	3	7	3	1	2	1	6
3	6	5	1	5	2	4	7	5	3
4	2	3	2	4	6	5	3	1	6
1	5	4	5	3	1	4	6	4	2
6	2	1	2	4	2	5	2	1	6
3	5	4	7	1	3	6	3	5	4
4	6	1	3	5	2	4	1	2	1
2	7	2	6	1	3	5	6	7	3
4	3	5	3	2	7	2	4	2	4
1	2	1	4	5	1	5	3	1	3

::::: Puzzle (27) :::::

7	2	4	5	3	7	6	5	1	3
1	6	3	1	6	1	4	2	6	2
2	5	4	2	3	2	5	7	3	4
3	1	7	5	6	7	1	6	5	1
6	2	6	4	3	4	3	4	2	3
5	3	7	1	2	1	2	1	5	6
4	1	4	5	3	7	4	3	4	1
3	6	2	7	1	5	6	2	5	2
1	7	4	3	2	4	1	4	1	3
6	5	2	5	1	3	2	3	2	4

::::: Puzzle (28) :::::

3	1	4	1	5	4	2	3	5	1
7	6	2	6	2	6	5	4	6	2
3	5	4	3	5	3	1	3	7	1
1	6	2	7	1	4	2	6	5	2
4	5	4	5	2	3	7	1	3	1
2	6	2	6	4	6	4	5	4	7
7	1	4	7	5	1	2	1	6	1
5	6	3	1	3	4	3	7	2	5
3	1	2	7	2	5	1	6	1	7
4	6	3	5	1	3	2	4	3	2

::::: Puzzle (29) :::::

1	6	4	7	5	2	1	5	3	2
5	2	3	6	1	4	3	4	1	5
4	1	4	2	3	7	1	7	3	6
3	7	5	7	1	5	2	6	5	1
2	6	2	6	2	3	7	3	2	4
4	5	1	4	1	6	1	5	7	6
3	2	7	2	5	2	3	4	3	4
1	5	3	1	6	4	6	1	2	1
4	2	4	5	3	5	3	5	6	3
3	5	1	6	1	4	2	1	2	4

::::: Puzzle (30) :::::

6	4	1	5	1	5	1	6	2	4
3	2	7	2	6	2	3	4	5	3
4	1	6	1	5	4	1	6	2	1
3	5	2	3	7	3	2	4	3	5
1	4	1	4	2	4	1	5	1	4
2	7	6	5	6	3	6	3	2	3
3	1	2	3	2	1	5	4	7	1
2	5	4	1	6	7	3	1	3	2
3	1	7	5	2	5	2	4	5	4
4	6	2	3	1	4	6	3	7	6

::::: Puzzle (31) :::::

3	6	5	4	6	3	5	2	4	5
4	1	3	1	2	1	4	7	3	1
5	7	4	6	3	7	6	1	2	6
2	3	5	1	2	5	3	4	3	4
1	4	2	7	3	4	7	2	5	2
2	5	1	5	6	2	5	1	3	1
1	6	3	2	1	4	3	6	4	5
4	2	1	4	7	5	2	5	2	3
3	5	3	6	3	4	1	3	4	6
2	1	4	2	1	6	5	2	1	7

::::: Puzzle (32) :::::

2	1	7	1	6	2	4	2	4	3
4	5	3	4	3	1	3	1	6	1
1	2	7	2	6	2	5	7	3	2
6	3	5	1	5	4	3	4	5	6
5	1	4	2	3	1	6	2	1	2
3	2	3	1	4	7	5	4	5	3
4	1	4	2	5	3	2	6	7	1
6	3	7	6	7	6	1	4	3	5
5	1	5	2	3	4	3	5	6	2
4	2	3	1	7	2	1	2	4	1

::::: Puzzle (33) :::::

2	1	2	3	1	4	2	4	1	3
4	6	7	4	7	3	1	5	6	2
1	5	2	3	2	5	2	4	3	5
3	7	4	1	6	1	6	7	1	6
2	5	2	5	3	5	2	5	3	7
1	6	3	7	1	6	1	4	6	2
3	5	1	5	4	2	5	2	5	4
7	6	4	2	1	3	4	3	6	3
1	3	7	3	4	6	1	2	4	1
4	2	4	2	1	5	3	6	5	7

::::: Puzzle (34) :::::

2	1	5	1	4	3	1	2	3	5
6	3	4	7	5	2	6	4	1	2
4	1	5	6	4	1	3	5	6	3
6	3	4	1	5	7	2	4	2	4
2	7	6	3	4	3	1	3	1	6
1	3	5	2	5	2	5	7	5	2
2	7	4	1	4	1	3	6	3	4
3	1	2	6	2	7	5	1	2	1
5	4	5	3	1	6	3	7	5	3
2	3	1	2	5	4	1	2	6	4

::::: Puzzle (35) :::::

5	3	4	2	6	1	5	3	1	2
1	6	5	1	4	7	6	2	7	3
2	3	4	3	6	2	1	3	1	2
5	1	7	2	7	4	5	4	6	5
2	4	5	6	5	1	2	3	1	3
7	1	2	4	3	6	4	6	2	4
3	6	3	6	2	1	2	3	7	1
4	2	7	1	5	7	5	1	5	3
6	5	4	3	4	6	4	6	4	2
1	7	1	2	1	3	2	1	3	5

::::: Puzzle (36) :::::

3	2	4	6	3	5	2	4	5	1
1	6	1	5	1	4	1	3	6	2
7	2	7	6	2	3	2	4	5	4
5	3	1	5	1	5	1	6	7	3
4	2	4	2	4	3	4	3	5	4
3	5	1	6	7	2	7	2	6	3
1	4	2	3	5	1	6	1	5	2
6	3	5	1	4	2	5	7	4	7
7	2	4	3	6	3	6	2	1	6
1	5	7	1	5	2	1	3	7	4

::::: Puzzle (37) :::::

4	2	1	3	6	7	4	5	2	1
3	5	6	5	2	1	3	6	4	3
2	4	3	1	4	7	2	1	2	5
3	1	6	2	5	1	5	4	3	4
5	2	4	3	4	3	2	1	7	1
7	3	1	6	5	1	6	5	2	5
4	5	4	7	2	3	2	1	4	6
2	1	2	3	6	5	4	3	5	3
6	3	5	4	1	3	7	2	4	2
1	2	1	6	2	5	1	6	1	3

::::: Puzzle (38) :::::

2	5	2	1	5	1	6	7	6	4
1	3	6	4	3	2	5	4	5	1
5	2	1	7	6	4	1	3	7	2
7	3	4	2	1	2	6	2	1	4
6	5	7	3	5	3	1	3	6	5
1	3	4	2	1	7	6	5	1	2
2	6	1	3	5	2	4	2	6	4
4	3	4	2	4	1	3	5	1	3
2	1	6	3	5	6	2	4	7	6
3	7	5	4	2	3	1	3	1	5

::::: Puzzle (39) :::::

6	5	2	7	4	3	6	2	4	5
1	4	3	5	1	2	1	7	3	1
2	6	2	4	6	3	6	2	6	4
5	3	5	3	2	1	4	5	1	5
1	4	1	7	5	6	3	7	4	2
3	2	5	2	4	7	5	1	3	1
4	6	3	7	1	2	4	2	6	5
3	1	2	4	5	3	6	5	1	7
6	5	7	1	6	4	1	2	3	2
3	1	2	4	2	5	3	4	6	1

::::: Puzzle (40) :::::

3	5	6	5	6	7	2	6	3	1
7	4	1	4	1	3	4	1	4	2
2	6	2	7	2	5	2	6	3	5
7	1	5	3	1	4	7	4	1	4
4	2	6	7	2	5	3	5	3	6
1	5	3	4	3	6	2	7	2	5
3	2	1	2	7	1	4	1	3	1
6	4	6	5	4	3	7	2	7	5
1	5	1	3	2	5	1	5	4	1
3	2	6	4	1	6	3	6	3	2

::::: Puzzle (41) :::::

2	3	1	6	1	3	2	5	1	4
1	5	4	5	4	7	4	3	2	3
3	2	3	2	3	2	1	7	4	5
6	4	1	5	6	7	3	2	1	2
2	3	7	2	4	5	1	7	5	6
1	5	6	3	1	3	4	6	3	1
3	4	1	4	5	2	7	1	2	6
1	5	2	7	1	6	4	5	7	1
6	7	4	6	4	3	2	6	2	4
3	2	1	3	2	5	1	5	1	3

::::: Puzzle (42) :::::

1	4	2	3	1	3	5	4	1	5
2	3	1	4	6	2	6	3	7	6
1	7	2	3	5	3	5	1	4	2
5	6	5	1	4	2	4	3	5	1
4	3	4	2	3	7	1	2	6	2
6	5	1	6	1	5	4	5	4	3
7	3	2	4	2	7	3	2	6	1
2	6	5	1	5	1	4	1	5	2
5	4	7	3	4	2	3	7	6	7
6	3	1	2	7	1	6	2	4	3

::::: Puzzle (43) :::::

4	5	2	5	1	5	2	4	6	3
1	6	3	6	2	4	7	3	1	4
7	2	5	1	3	6	2	6	2	3
1	4	3	2	4	7	3	4	5	1
3	2	1	7	1	5	1	7	2	6
6	4	5	4	6	4	6	4	1	5
5	1	6	2	3	2	7	5	7	3
4	3	7	5	1	5	6	2	4	1
7	2	4	2	6	3	1	5	6	2
5	3	1	3	7	4	2	3	1	3

::::: Puzzle (44) :::::

1	2	4	6	2	3	2	5	6	3
3	5	3	1	4	1	4	3	2	7
1	2	6	5	2	3	7	1	5	4
6	4	1	3	4	1	5	6	7	1
5	7	2	6	2	3	7	2	4	3
6	3	4	1	5	1	4	6	5	1
4	2	7	6	3	2	3	2	3	2
5	1	3	2	4	1	5	1	4	1
2	4	6	5	3	6	7	3	5	3
3	1	2	1	2	4	5	1	2	4

::::: Puzzle (45) :::::

1	6	2	5	2	1	5	2	3	4
4	7	3	6	3	4	7	1	5	7
5	1	4	2	1	6	5	6	4	3
2	3	7	5	3	4	3	2	1	2
4	5	6	1	7	5	1	4	5	3
6	7	2	4	3	4	7	6	1	2
2	3	1	6	2	1	5	3	7	3
1	4	5	3	4	3	6	4	5	1
2	3	2	1	2	1	5	2	6	4
5	1	6	3	4	7	4	7	1	2

::::: Puzzle (46) :::::

5	2	4	1	3	4	2	1	4	2
3	1	5	2	5	1	3	5	7	6
7	6	3	4	6	7	4	6	4	3
4	2	5	2	3	1	2	1	2	7
3	1	4	1	4	6	5	3	5	3
2	5	3	7	3	1	4	7	1	4
6	1	4	1	2	6	2	3	2	6
4	3	2	7	3	1	5	1	5	4
5	6	4	1	5	2	4	2	3	7
1	3	2	3	4	7	6	5	1	2

::::: Puzzle (47) :::::

1	5	6	4	2	3	5	2	1	5
4	3	2	1	6	7	1	3	4	2
7	1	5	3	2	4	2	5	6	1
6	2	6	4	6	5	1	7	3	7
5	4	5	7	1	3	4	6	4	5
1	7	2	3	5	2	5	3	1	3
2	3	4	1	7	3	6	4	6	4
5	6	7	3	6	5	2	1	2	1
4	2	4	2	1	4	3	6	5	3
1	7	3	6	5	6	1	2	1	4

::::: Puzzle (48) :::::

1	3	6	7	1	3	4	5	7	2
2	5	2	5	2	6	7	3	1	6
1	4	1	4	7	4	2	6	5	3
7	3	7	3	5	1	3	1	2	1
4	6	2	1	2	4	7	4	3	4
5	1	3	4	3	1	6	2	1	2
4	2	5	2	6	5	4	5	3	5
1	3	1	3	7	2	6	2	1	6
4	5	4	5	1	4	7	4	3	5
6	3	1	2	7	3	1	5	2	6

::::: Puzzle (49) :::::

6	2	5	3	6	7	1	7	2	5
5	4	6	2	1	4	3	5	4	1
3	1	3	4	5	6	2	7	3	7
2	4	2	6	7	3	1	4	1	4
1	5	1	5	1	4	5	2	6	2
7	2	6	4	3	6	3	1	3	5
1	4	3	5	1	5	2	4	2	1
6	2	6	7	2	3	1	5	3	5
1	3	4	3	4	7	4	7	6	4
5	2	1	2	6	1	5	1	3	2

::::: Puzzle (50) :::::

3	2	5	4	3	4	1	5	4	5
5	6	3	1	6	2	6	2	1	6
7	1	2	4	5	3	1	7	4	2
6	5	7	3	1	4	6	2	5	3
3	4	1	2	6	2	1	4	1	7
2	7	3	4	1	5	3	6	3	2
6	5	1	5	3	6	7	2	7	4
1	4	3	2	1	2	4	1	6	5
5	2	1	5	3	5	3	2	3	1
3	6	7	4	2	4	1	4	5	4

::::: Puzzle (51) :::::

1	6	1	7	4	6	2	4	3	5
3	2	5	2	3	1	5	1	7	2
4	6	3	6	7	4	3	4	5	1
1	2	7	2	3	5	1	7	6	3
3	5	1	6	4	6	4	2	4	1
4	2	7	2	5	2	7	5	3	5
3	6	5	6	1	3	6	4	2	1
4	2	4	3	4	2	5	1	3	7
5	1	5	1	5	1	3	7	2	5
6	2	3	4	3	6	2	4	1	4

::::: Puzzle (52) :::::

2	4	3	5	1	5	3	6	2	1
3	1	6	4	6	2	1	4	3	4
4	2	5	2	3	4	5	7	2	1
1	3	6	4	5	2	3	4	3	4
5	4	5	1	7	1	6	1	2	6
6	7	2	6	2	4	7	3	5	3
1	3	1	5	1	3	1	6	4	1
4	2	4	2	7	4	5	3	2	5
5	7	6	3	1	3	1	6	1	3
2	3	1	2	6	5	7	2	4	2

::::: Puzzle (53) :::::

5	4	2	3	1	3	2	6	2	4
1	3	1	5	4	5	1	3	1	3
4	6	4	7	2	6	2	5	2	6
1	5	3	1	5	1	7	1	4	5
6	7	2	4	3	4	6	5	2	7
5	3	6	5	2	1	3	1	3	6
2	1	4	3	6	4	2	5	7	1
4	3	2	5	2	7	3	6	2	4
1	6	1	4	1	5	1	4	1	5
4	2	3	2	3	4	6	5	3	2

::::: Puzzle (54) :::::

5	3	1	3	6	5	2	5	2	1
2	7	5	4	1	3	7	4	3	4
6	3	1	2	6	2	6	2	1	5
1	4	5	4	7	4	1	7	4	3
3	6	1	6	2	5	3	5	6	2
1	2	4	5	3	6	1	2	3	4
4	5	7	6	1	2	5	4	5	1
2	3	1	2	3	7	1	3	2	6
5	6	5	6	4	5	4	6	7	1
3	1	4	2	1	2	1	3	4	3

::::: Puzzle (55) :::::

2	1	4	5	3	4	1	6	2	3
5	3	2	1	6	2	3	5	7	4
1	6	4	5	7	1	4	1	3	5
7	3	2	3	4	2	5	6	2	1
5	1	4	1	5	1	3	1	3	6
4	2	3	6	3	2	6	2	4	2
1	5	1	2	4	1	7	5	3	5
7	2	4	5	3	5	3	1	2	1
4	3	1	2	4	1	4	5	4	7
2	5	6	3	6	3	2	6	1	2

::::: Puzzle (56) :::::

3	4	6	1	6	3	5	3	4	1
7	1	5	3	2	4	1	2	5	2
2	4	6	7	5	6	5	4	3	1
5	1	2	1	3	2	3	7	2	4
2	6	3	5	4	1	5	1	6	5
1	4	7	1	6	2	4	3	4	2
3	2	3	5	7	5	1	2	6	1
7	4	6	1	4	2	6	7	4	3
3	2	5	3	5	3	1	5	1	5
4	6	1	4	2	4	7	2	6	3

::::: Puzzle (57) :::::

1	3	7	3	2	7	4	5	1	5
5	4	1	6	1	6	3	2	3	4
1	2	5	2	4	2	7	4	5	1
3	4	6	3	5	6	1	3	2	3
6	2	1	2	1	3	5	7	6	1
1	5	4	7	6	2	4	2	5	4
2	3	2	3	4	3	1	6	3	2
5	1	6	1	2	5	4	5	1	4
4	3	5	4	6	1	3	2	3	2
2	1	2	3	7	5	7	6	1	4

::::: Puzzle (58) :::::

6	4	2	4	2	3	5	1	4	2
5	1	6	1	7	1	7	3	5	3
3	7	2	5	3	4	5	6	2	1
6	5	4	6	2	7	2	4	5	4
1	2	7	3	1	6	3	1	2	1
4	6	1	5	4	7	5	4	7	6
5	2	4	3	2	6	1	3	5	2
7	3	6	1	4	5	2	6	1	3
6	4	2	5	2	1	4	5	2	4
1	3	7	1	3	5	3	1	3	1

::::: Puzzle (59) :::::

6	5	1	4	2	3	7	1	5	4
2	3	2	3	1	5	4	3	2	3
1	4	1	4	2	3	6	5	1	4
6	2	5	3	1	5	4	2	3	7
1	4	7	6	4	7	6	1	6	2
3	5	1	2	5	2	3	5	7	5
6	4	3	7	4	6	1	2	3	4
5	2	6	2	1	3	5	6	1	2
4	3	5	7	5	4	2	4	5	3
7	1	2	4	3	1	3	1	2	1

::::: Puzzle (60) :::::

2	4	1	7	1	3	6	4	5	2
5	3	2	3	4	2	5	2	3	1
1	6	4	1	7	6	3	6	5	4
7	3	2	5	4	1	2	1	3	7
4	5	7	3	2	3	4	5	2	5
1	2	1	6	4	5	6	3	6	1
3	4	3	2	3	1	7	2	5	4
2	5	1	6	4	2	3	1	3	2
7	6	2	3	5	1	5	4	5	4
4	5	1	4	6	4	2	1	3	1

::::: Puzzle (61) :::::

3	6	1	3	6	4	1	4	5	2
2	4	5	2	7	5	3	2	1	4
1	3	1	4	1	2	1	4	6	3
2	4	7	6	5	3	6	5	2	1
5	1	5	4	2	4	7	1	6	3
2	3	6	3	1	3	6	2	5	7
1	5	7	4	7	5	4	3	1	2
4	2	3	2	1	2	1	5	7	4
1	6	1	6	5	7	6	3	2	5
3	5	4	2	1	3	4	1	4	3

::::: Puzzle (62) :::::

7	3	1	5	3	2	1	3	2	7
1	4	2	6	1	4	6	5	1	4
2	7	5	4	2	5	3	4	2	7
5	1	3	6	3	1	2	5	6	1
4	2	4	2	7	4	6	3	7	3
1	3	5	3	5	3	5	4	2	1
5	2	1	6	4	2	1	6	5	4
1	3	5	2	3	6	5	4	3	1
4	2	6	4	1	2	1	2	5	2
5	3	1	2	7	4	6	3	1	3

::::: Puzzle (63) :::::

1	3	2	3	6	5	1	4	2	3
2	5	4	5	4	7	6	3	5	1
3	1	6	7	2	3	4	7	2	6
6	4	3	1	4	1	2	6	1	4
5	2	6	5	2	5	3	5	3	5
6	4	1	3	1	4	1	2	7	6
1	7	5	6	2	3	6	3	1	4
4	3	2	1	4	7	2	5	6	2
2	5	4	5	2	5	4	7	4	1
1	3	1	3	6	1	2	3	5	7

::::: Puzzle (64) :::::

3	2	3	1	2	6	2	3	1	6
1	5	4	5	3	7	5	4	5	4
3	6	3	1	6	1	2	7	2	7
2	1	2	5	4	5	4	3	1	3
4	5	6	1	3	2	1	7	6	4
3	1	4	2	4	6	4	2	5	2
5	6	3	1	7	2	3	6	1	4
4	1	4	2	5	6	1	7	5	3
6	5	3	7	4	2	5	4	6	1
7	1	2	5	3	6	1	7	3	2

::::: Puzzle (65) :::::

2	1	3	5	3	1	5	3	2	3
3	4	7	2	6	2	4	1	5	1
1	5	6	1	4	7	3	2	6	2
4	3	2	7	2	1	5	1	3	4
2	6	4	1	3	7	3	4	2	1
5	1	5	2	5	1	6	5	7	3
2	4	3	6	4	2	4	2	6	1
3	1	2	5	3	6	3	5	3	4
6	4	7	1	2	4	1	6	2	7
2	1	3	4	7	5	3	4	1	5

::::: Puzzle (66) :::::

2	3	7	6	5	1	4	5	1	4
4	1	2	4	3	2	3	2	3	2
2	5	6	1	6	4	1	5	1	6
1	3	4	3	7	3	2	4	3	2
4	5	2	5	1	4	6	7	5	6
3	6	1	4	2	5	1	3	1	4
1	4	5	6	1	3	2	5	2	5
2	7	2	4	2	7	4	3	1	3
3	5	1	6	3	6	1	5	6	4
1	4	3	2	1	5	2	4	1	3

::::: Puzzle (67) :::::

2	5	4	7	1	5	4	7	6	4
3	1	6	2	6	3	2	1	5	1
6	4	7	3	5	1	4	6	2	3
7	3	1	2	4	2	7	3	4	1
5	2	5	3	1	5	4	6	2	5
1	6	1	2	4	2	3	5	1	3
3	5	4	7	6	7	4	6	7	2
2	1	2	3	1	3	2	1	5	4
3	5	6	4	5	4	7	4	3	6
2	1	3	1	7	1	3	6	5	2

::::: Puzzle (68) :::::

2	4	3	1	3	1	6	4	1	3
6	1	5	2	5	2	5	3	5	2
3	2	6	3	4	6	1	2	4	1
1	4	1	2	5	2	4	3	5	2
2	5	3	4	1	7	6	1	7	1
3	4	6	5	6	5	2	4	6	4
5	2	1	2	7	3	1	3	2	3
1	7	5	3	1	5	4	6	5	1
6	3	4	6	4	3	2	7	2	4
4	1	5	3	2	1	4	1	5	3

::::: Puzzle (69) :::::

3	1	4	2	1	4	6	5	6	2
2	5	6	5	6	3	1	3	4	3
7	3	1	2	4	7	4	5	6	5
4	2	5	7	1	2	1	2	3	1
6	1	4	6	5	6	5	4	5	4
5	3	2	3	4	3	1	6	3	1
2	1	6	1	7	6	2	5	4	2
5	3	7	3	4	1	7	1	6	3
1	6	2	1	6	3	4	2	5	2
2	5	4	3	2	7	5	1	3	4

::::: Puzzle (70) :::::

5	2	1	6	2	5	2	3	4	7
7	3	5	4	1	3	4	5	1	6
1	6	2	3	5	2	6	2	4	3
2	4	1	7	1	4	5	1	6	1
5	3	6	5	3	6	7	3	4	2
4	2	4	1	7	4	1	6	5	3
7	1	5	3	2	3	2	4	1	2
3	4	7	1	6	1	5	3	5	7
6	5	6	3	4	2	4	1	6	1
2	3	1	2	5	3	6	2	7	4

::::: Puzzle (71) :::::

2	3	1	6	3	1	3	1	4	2
5	4	2	5	4	5	4	2	5	3
3	6	1	7	2	1	3	7	6	1
1	7	5	3	6	4	2	1	2	4
2	3	6	1	5	7	3	4	5	3
1	4	7	2	4	6	2	6	1	2
3	5	3	6	3	5	3	7	4	6
2	1	2	1	2	7	4	1	3	2
4	3	4	5	4	5	3	5	7	4
2	5	1	6	1	2	1	2	3	1

::::: Puzzle (72) :::::

3	5	1	2	3	5	3	4	2	5
4	7	4	6	1	6	2	7	1	6
2	5	1	2	4	5	4	6	5	3
7	3	6	3	1	2	1	2	4	1
5	2	1	5	4	3	5	3	5	2
6	4	6	7	6	1	4	1	4	1
5	3	5	4	2	7	2	3	2	3
1	7	2	1	6	1	4	1	5	4
4	6	3	5	3	5	3	2	3	2
3	2	7	4	1	2	4	1	7	6

::::: Puzzle (73) :::::

1	3	2	6	1	7	5	2	1	4
2	6	5	4	3	2	4	6	7	3
4	7	1	2	1	5	1	2	5	1
1	3	4	3	7	3	4	7	6	4
5	6	2	1	2	6	1	5	1	3
2	4	3	4	3	5	4	3	2	5
6	5	2	5	6	1	6	5	4	3
3	4	6	1	3	4	2	7	1	7
1	5	2	5	7	6	3	4	6	2
2	3	1	3	4	1	7	2	5	1

::::: Puzzle (74) :::::

4	3	7	2	6	2	1	5	3	1
6	2	4	1	4	5	7	2	7	4
5	3	5	2	3	1	3	1	6	2
6	1	4	1	4	5	2	4	5	3
2	3	7	5	7	3	1	3	6	2
1	6	1	2	1	2	6	4	5	3
4	5	3	4	6	7	5	1	6	1
2	1	2	1	5	1	6	2	3	4
3	6	5	3	2	3	4	7	5	1
4	1	4	6	1	5	2	6	4	3

::::: Puzzle (75) :::::

3	2	1	4	3	6	5	1	3	7
1	5	6	5	2	7	2	6	4	2
4	3	1	4	3	5	1	5	1	3
5	6	2	7	1	4	3	4	2	4
1	3	5	6	2	5	2	1	6	1
5	2	1	4	3	4	3	5	3	2
6	3	6	2	6	1	2	4	7	1
2	4	5	4	7	4	6	5	6	3
1	3	1	3	2	1	7	3	2	1
7	5	4	5	6	4	2	1	4	5

::::: Puzzle (76) :::::

3	6	4	1	2	5	4	1	3	2
4	2	5	6	4	7	3	7	4	1
1	6	1	3	1	5	2	6	3	2
3	2	5	6	7	3	4	1	5	1
5	7	3	2	4	1	2	3	6	2
1	2	4	1	3	5	4	5	4	5
4	6	3	5	4	1	7	2	1	2
3	1	2	1	2	6	3	4	6	7
2	5	3	6	3	7	1	2	3	5
4	1	4	5	1	2	3	4	6	1

::::: Puzzle (77) :::::

5	2	1	5	4	3	2	1	4	2
1	3	4	3	6	1	5	3	5	1
4	5	2	1	4	2	6	1	6	2
1	3	4	6	3	1	5	7	5	3
2	6	5	2	5	7	2	3	1	4
1	4	1	3	4	6	4	6	2	5
3	2	5	6	2	3	1	3	1	6
4	6	4	3	1	4	5	2	5	3
1	5	2	7	6	7	1	3	1	4
6	3	1	4	5	2	4	2	5	2

::::: Puzzle (78) :::::

5	2	6	4	6	2	3	6	5	3
4	1	7	5	1	7	1	4	2	1
3	6	4	2	3	2	6	5	7	4
5	1	5	6	7	1	3	4	1	2
3	4	2	1	3	4	6	2	3	5
2	6	3	7	5	1	7	5	7	1
7	5	4	1	4	3	2	1	3	2
3	2	3	5	7	5	7	6	4	6
1	6	1	2	4	3	4	2	7	3
2	7	4	6	5	1	6	1	5	4

::::: Puzzle (79) :::::

2	1	6	3	5	2	3	1	4	2
7	4	2	4	1	6	4	2	3	6
5	1	5	3	5	2	7	6	5	1
6	3	6	1	4	3	5	1	3	2
2	1	2	7	5	2	4	2	4	1
7	4	3	4	3	1	3	1	5	3
1	6	1	6	5	6	4	7	4	2
5	3	2	3	4	1	2	6	5	1
4	1	5	7	6	5	3	4	3	4
2	3	2	1	3	4	2	1	2	1

::::: Puzzle (80) :::::

5	2	3	2	4	2	3	4	7	1
3	6	1	5	1	5	6	5	2	3
1	4	2	3	2	4	3	4	1	4
3	6	1	5	7	6	1	6	2	5
4	2	7	3	1	5	2	4	7	3
7	1	6	2	4	7	1	5	1	5
3	5	7	1	3	2	6	3	7	6
6	1	4	6	4	7	4	1	4	2
5	3	2	1	5	1	2	5	6	3
2	1	5	3	6	4	3	1	2	1

::::: *Puzzle (81)* :::::

2	5	6	3	7	1	4	6	2	5
1	3	2	1	5	3	5	3	1	3
4	6	4	3	6	2	1	7	4	2
7	2	1	2	1	4	3	2	1	6
6	5	7	4	3	5	1	6	7	4
1	3	1	5	1	7	4	2	3	6
4	7	6	4	3	2	5	1	5	4
3	2	5	2	6	4	6	3	2	3
7	1	4	3	7	2	5	7	4	5
5	2	6	1	5	3	6	1	2	1

::::: *Puzzle (82)* :::::

2	1	3	5	1	2	5	3	2	1
6	7	4	6	4	6	4	1	4	5
5	1	3	1	5	7	3	2	3	2
2	4	2	6	3	1	4	5	7	1
7	6	3	4	2	5	6	3	2	3
4	2	1	5	1	4	7	1	5	4
3	5	4	2	3	6	3	2	3	6
2	7	1	5	7	1	7	1	5	4
1	3	2	4	2	5	6	2	7	1
6	4	6	3	1	4	3	5	6	2

::::: *Puzzle (83)* :::::

1	6	2	1	2	5	3	5	2	3
7	5	3	7	4	1	4	1	7	1
1	4	1	5	3	2	6	5	6	2
3	2	3	2	6	1	3	1	3	4
7	1	5	1	3	4	5	2	5	1
2	4	2	4	6	2	1	4	3	4
6	3	5	7	5	3	6	7	6	2
4	2	4	3	2	4	1	3	1	4
1	6	7	5	1	5	2	5	6	2
3	5	2	6	3	4	1	3	1	7

::::: *Puzzle (84)* :::::

7	6	3	4	1	6	5	3	6	2
4	1	7	5	2	4	2	7	1	3
3	2	3	6	3	1	3	4	5	4
5	1	5	2	4	5	6	1	6	1
6	3	4	1	6	2	3	2	5	3
4	5	7	2	3	5	6	1	4	2
2	1	6	1	4	2	4	5	7	6
5	4	2	3	6	7	1	3	1	5
1	3	5	7	2	3	6	2	4	2
5	2	6	4	5	1	4	7	3	1

::::: *Puzzle (85)* :::::

4	2	7	5	1	4	1	3	2	5
3	1	3	2	3	6	2	5	7	3
6	7	4	5	7	1	4	6	4	1
5	1	6	1	6	5	2	1	2	6
4	2	4	3	7	3	4	3	7	3
3	6	1	5	4	5	2	1	5	2
1	2	4	3	1	6	7	3	6	4
5	3	6	2	5	2	1	4	2	1
2	4	7	1	4	7	3	6	5	3
1	6	5	3	2	5	2	1	4	6

::::: *Puzzle (86)* :::::

5	2	1	4	1	4	7	3	5	2
3	6	5	7	5	2	1	6	1	3
5	2	3	2	6	4	5	2	4	2
1	4	1	4	1	7	3	1	3	6
5	6	5	7	3	2	6	4	5	4
7	1	3	6	4	1	3	2	7	1
4	2	4	5	7	5	7	6	3	2
6	5	3	1	6	4	3	1	4	1
2	7	4	2	5	2	5	2	5	6
3	1	3	6	1	4	3	6	3	2

::::: *Puzzle (87)* :::::

7	6	5	4	2	4	1	4	2	3
3	2	1	3	1	6	3	7	5	1
4	5	6	4	2	4	5	1	3	2
1	3	2	7	5	1	2	6	4	1
2	5	1	6	3	4	7	3	5	2
1	3	2	4	7	5	1	2	6	7
2	4	5	3	2	3	4	5	3	4
1	3	1	7	1	6	7	6	1	2
2	5	2	4	3	5	1	5	4	6
6	4	3	1	7	6	2	3	1	5

::::: *Puzzle (88)* :::::

1	6	3	5	3	6	3	4	6	1
7	4	2	7	2	5	2	7	2	3
3	6	5	6	1	4	1	5	4	5
2	1	2	4	2	6	3	6	2	1
3	4	7	1	3	1	5	4	7	3
6	1	5	6	5	4	2	3	2	5
3	4	2	3	1	3	1	6	1	4
2	5	1	5	2	6	2	5	3	2
1	4	3	4	3	1	4	1	4	1
2	5	6	1	7	2	3	5	7	6

::::: *Puzzle (89)* :::::

3	2	1	2	4	1	4	3	4	5
1	7	3	7	3	2	5	1	7	1
4	6	5	1	5	4	3	6	2	6
2	3	2	7	3	2	1	4	1	5
5	4	1	4	5	7	5	3	7	2
6	3	6	2	3	2	4	2	1	6
5	2	4	5	4	1	3	5	3	4
1	3	6	1	2	6	4	6	2	1
6	2	4	5	7	5	2	1	3	5
1	3	1	3	2	1	3	6	7	4

::::: *Puzzle (90)* :::::

3	1	2	6	1	5	3	4	1	2
2	5	3	5	7	4	7	6	5	4
4	1	2	1	2	5	3	1	2	6
5	6	3	6	4	1	4	6	4	5
3	2	7	1	5	3	2	3	7	3
4	5	4	3	2	1	7	4	6	1
1	3	6	1	4	5	6	2	5	2
5	2	4	5	2	3	7	3	1	3
4	3	1	6	4	5	1	2	4	2
1	2	5	3	1	2	4	3	5	1

::::: *Puzzle (91)* :::::

2	1	5	6	1	2	7	1	3	2
4	3	7	2	5	3	5	2	4	1
6	1	5	4	6	2	4	1	6	3
7	3	2	3	1	3	7	2	5	1
5	1	4	6	7	5	1	4	6	2
2	6	3	1	4	3	6	3	1	4
1	4	5	6	2	5	2	4	7	3
5	3	7	3	7	1	6	1	2	5
1	4	6	5	2	5	3	4	3	4
2	3	1	7	6	4	6	2	1	7

::::: *Puzzle (92)* :::::

4	5	7	2	1	2	3	5	4	1
6	3	1	5	3	6	7	6	3	2
1	5	6	7	1	5	4	5	7	6
4	7	3	2	4	2	3	1	2	1
2	1	4	7	6	1	5	6	4	3
6	5	2	3	2	7	4	3	2	1
1	7	4	1	4	1	2	5	6	4
5	2	3	5	3	7	6	7	3	1
1	4	1	2	4	2	3	5	4	5
2	6	3	6	7	5	4	1	3	2

::::: *Puzzle (93)* :::::

6	3	4	2	6	4	1	2	5	1
4	2	1	5	1	3	5	4	3	2
3	5	3	4	6	4	1	6	1	7
4	7	1	2	3	2	3	2	5	3
1	3	5	6	7	1	5	1	4	6
2	6	1	2	5	3	4	6	5	7
5	4	3	7	4	1	2	1	2	1
1	7	2	1	6	5	3	6	5	4
2	5	3	5	4	2	1	2	1	3
7	4	6	2	1	3	4	3	5	4

::::: *Puzzle (94)* :::::

3	2	1	2	4	1	3	1	4	2
1	6	7	3	5	2	5	2	3	1
5	4	1	4	6	7	3	1	4	2
7	3	2	3	1	2	5	2	5	3
2	1	5	4	6	3	1	4	7	6
6	4	3	7	1	2	5	2	3	4
1	5	1	5	6	3	1	4	1	2
3	4	6	2	1	2	5	3	5	3
2	1	5	3	5	4	6	4	2	1
4	3	2	1	2	7	1	5	3	4

::::: *Puzzle (95)* :::::

6	2	1	2	1	3	2	4	5	1
1	5	3	4	7	4	1	3	7	6
3	2	1	2	3	5	2	4	1	4
1	6	3	5	1	7	6	3	7	5
2	4	1	6	2	4	2	4	6	3
6	7	3	5	3	5	3	1	5	2
4	2	4	1	6	2	4	2	6	3
3	1	5	2	5	3	7	5	4	1
6	2	4	3	1	4	2	6	2	3
1	5	6	5	2	7	3	1	4	1

::::: *Puzzle (96)* :::::

4	5	7	5	2	1	3	1	3	1
2	3	2	1	3	4	6	2	6	4
5	4	7	6	5	2	1	3	7	5
6	2	5	1	7	4	7	4	2	3
1	4	3	4	6	1	3	5	1	5
3	7	6	1	2	5	4	2	4	2
5	1	2	3	6	3	1	6	3	1
6	4	5	4	5	2	5	4	2	7
2	3	1	2	1	6	1	3	6	1
1	7	4	3	5	3	7	4	2	5

::::: *Puzzle (97)* :::::

2	3	1	6	5	4	7	4	3	1
1	7	4	3	1	2	6	2	6	5
2	6	5	2	6	4	5	4	7	1
1	3	7	1	7	2	3	1	2	3
2	6	5	2	3	1	5	4	5	1
5	4	3	1	5	4	2	1	3	4
3	1	5	2	3	7	3	6	2	1
2	6	3	6	4	1	5	4	3	7
1	4	7	1	7	3	6	2	1	6
5	2	5	3	2	4	1	4	5	2

::::: *Puzzle (98)* :::::

1	2	5	1	3	2	5	4	1	6
3	4	6	4	6	7	1	6	2	4
6	1	2	5	3	5	3	4	3	5
2	7	3	4	1	2	7	1	7	1
3	4	1	2	7	5	6	3	6	2
1	2	5	6	1	2	1	2	4	5
3	4	3	2	3	4	5	6	3	2
1	2	6	4	5	6	7	2	4	5
5	7	1	3	2	4	1	6	3	7
2	3	4	5	1	5	3	7	1	6

::::: *Puzzle (99)* :::::

4	5	2	1	6	1	3	2	1	4
3	7	3	5	3	5	4	6	5	3
2	6	1	4	6	2	1	2	1	2
3	4	2	5	1	5	7	3	5	4
2	1	3	7	4	3	2	4	6	1
4	5	2	1	6	5	7	1	2	5
1	6	4	3	2	3	4	5	3	1
2	3	1	6	7	5	2	6	7	4
6	4	5	2	1	3	1	4	2	6
1	3	1	6	4	5	2	3	1	3

::::: *Puzzle (100)* :::::

5	2	1	2	3	5	1	4	2	3
7	3	5	4	1	4	3	5	7	6
6	4	2	7	2	6	2	4	2	4
5	1	3	1	5	1	3	1	3	1
7	6	7	6	3	4	2	5	6	2
1	4	2	4	2	5	6	7	1	3
3	5	3	7	3	4	3	4	2	7
4	1	4	6	5	1	5	6	1	6
2	3	2	1	3	7	2	4	7	4
1	5	6	4	5	1	3	5	2	1

::::: Puzzle (101) :::::

1	5	4	2	6	3	4	5	2	3
3	2	7	1	5	1	6	3	4	7
4	6	5	4	2	3	4	1	6	1
1	3	2	6	1	5	2	3	4	7
5	6	1	3	2	4	1	5	1	2
2	4	5	4	6	5	6	2	3	6
3	7	3	2	3	1	3	1	4	1
1	5	4	1	5	7	2	5	7	2
2	6	7	6	4	6	4	1	4	5
3	1	2	1	5	3	2	3	2	1

::::: Puzzle (102) :::::

6	3	6	3	4	2	7	5	1	4
2	1	7	5	1	6	3	2	3	2
4	5	2	4	3	2	5	1	4	1
3	7	3	6	5	1	3	7	2	3
5	1	5	1	7	2	5	4	1	4
2	7	6	4	3	4	1	6	2	5
6	4	5	1	5	2	3	5	3	4
2	1	3	2	7	4	1	6	2	6
4	6	5	4	6	5	3	4	3	5
1	2	3	1	3	2	1	2	7	1

::::: Puzzle (103) :::::

3	5	1	7	2	4	5	3	6	1
2	4	6	5	1	3	2	4	5	3
1	5	2	4	7	6	1	3	1	6
4	3	7	1	2	3	4	5	2	4
6	2	4	3	6	1	2	3	1	5
5	1	6	1	2	5	7	4	6	7
2	3	2	7	4	3	6	2	3	5
5	6	5	1	6	1	4	1	4	2
1	4	3	4	7	2	3	5	6	3
5	2	1	5	3	4	1	2	1	4

::::: Puzzle (104) :::::

2	3	5	2	1	3	5	2	6	2
1	4	1	4	6	7	4	3	5	4
2	3	2	3	1	2	1	7	6	1
4	1	5	7	5	3	5	4	5	4
3	6	4	2	6	1	6	1	6	2
1	2	3	5	3	2	7	3	7	3
5	7	6	4	1	5	1	2	1	4
2	3	1	2	3	4	3	6	3	2
5	4	5	4	5	1	2	5	4	1
1	6	1	2	6	4	3	1	2	3

::::: Puzzle (105) :::::

4	7	6	1	3	4	2	3	1	3
2	3	2	5	7	1	6	5	6	2
1	7	6	1	4	3	4	2	1	4
3	2	5	3	5	1	6	7	6	5
1	6	1	6	2	4	3	5	3	1
7	5	3	7	1	5	7	6	2	4
3	4	6	4	2	4	2	5	1	5
2	5	2	3	6	1	7	3	4	2
4	1	6	4	2	5	4	1	5	1
3	7	5	7	6	3	2	3	4	2

::::: Puzzle (106) :::::

1	4	6	3	7	3	2	6	4	1
7	3	5	2	1	4	5	3	2	3
2	4	1	6	5	2	1	6	4	5
3	7	5	2	4	3	4	5	2	1
4	2	3	1	6	5	2	1	4	3
6	1	5	2	4	1	7	3	2	5
5	2	4	3	5	3	4	1	6	4
7	6	5	6	1	6	5	2	3	1
2	3	7	4	2	3	1	6	4	2
1	4	2	5	1	6	7	3	1	5

::::: Puzzle (107) :::::

1	5	7	4	3	2	6	4	3	1
4	3	6	1	5	1	5	7	6	2
1	5	4	2	6	4	3	4	1	4
2	7	3	1	3	1	2	6	3	2
5	4	5	2	5	6	4	5	7	5
3	1	3	4	1	3	1	2	1	3
4	2	5	2	6	2	7	6	5	4
5	3	6	7	3	1	5	1	3	7
4	2	1	4	6	2	4	2	4	2
1	6	5	2	3	7	6	5	1	3

::::: Puzzle (108) :::::

1	6	2	5	1	2	3	5	1	4
3	7	3	4	3	4	1	4	2	5
5	1	2	1	6	2	5	3	1	3
4	6	5	7	5	4	1	4	2	4
1	3	2	4	2	3	2	3	5	1
2	7	1	5	1	5	1	4	7	3
4	3	2	6	3	6	2	3	2	6
5	6	1	4	5	4	1	7	1	5
3	2	3	2	1	3	6	5	3	4
1	4	1	5	4	7	2	4	1	2

::::: Puzzle (109) :::::

5	4	6	2	7	6	2	1	2	6
2	1	3	1	3	5	4	3	4	3
5	4	5	4	6	1	2	7	5	1
3	2	6	1	2	4	3	4	6	2
1	4	3	4	3	5	1	2	1	3
5	6	5	2	6	2	3	7	5	4
1	4	1	3	5	1	5	2	3	1
7	2	7	6	2	4	7	1	4	6
1	3	1	3	1	5	2	3	2	3
4	6	5	2	4	3	1	5	1	5

::::: Puzzle (110) :::::

5	2	1	3	2	6	2	1	3	4
3	4	6	5	1	3	4	5	6	5
6	1	3	2	4	7	1	2	1	7
7	4	5	1	3	2	3	4	3	2
6	1	3	2	5	4	5	2	1	4
5	2	4	1	3	1	6	4	3	5
6	1	5	2	7	2	3	2	1	6
5	3	4	6	3	4	5	6	4	3
1	6	2	1	2	1	2	1	5	1
2	3	5	4	7	5	3	4	6	2

::::: Puzzle (111) :::::

1	6	5	1	4	7	1	2	6	7
3	2	4	7	5	3	6	5	1	4
1	5	3	2	1	7	4	3	6	5
4	7	1	4	6	2	5	2	7	3
5	3	2	3	1	4	7	3	4	2
6	4	1	5	2	3	6	2	6	1
2	3	6	3	4	5	4	5	4	2
4	1	5	1	6	2	1	3	7	1
5	3	6	3	5	3	4	2	5	2
1	2	4	2	1	2	1	6	1	3

::::: Puzzle (112) :::::

5	4	5	1	3	7	6	3	2	4
1	3	6	7	2	5	2	4	5	3
6	2	4	3	4	6	1	6	1	6
1	3	5	2	1	2	5	3	7	5
5	2	1	6	4	3	7	1	4	1
7	4	5	2	7	5	6	3	5	2
3	6	7	3	1	2	4	1	4	3
2	1	4	5	6	5	7	3	2	5
4	3	2	3	4	1	4	6	4	7
2	1	6	1	5	2	3	2	1	6

::::: Puzzle (113) :::::

2	4	5	2	6	4	7	1	4	5
5	1	3	1	7	1	3	2	3	2
6	4	7	2	3	6	5	6	1	5
3	1	3	1	5	4	7	3	2	4
2	5	7	6	3	1	2	4	5	1
6	1	2	4	7	6	3	1	2	6
4	5	7	1	3	5	4	5	3	4
1	3	2	4	2	6	7	6	2	5
6	5	1	6	1	4	3	5	1	6
3	2	4	5	3	2	1	7	2	4

::::: Puzzle (114) :::::

3	1	4	1	4	6	1	3	5	1
2	5	2	6	2	5	4	2	7	3
4	3	1	5	1	6	1	3	4	6
5	6	4	7	2	5	2	5	7	2
1	2	3	6	4	1	3	4	3	4
3	4	5	1	3	2	7	6	1	2
2	1	3	2	4	6	3	2	5	7
5	6	4	5	7	1	5	7	4	1
1	2	1	2	3	6	4	3	5	6
3	4	3	6	1	5	7	2	1	4

::::: Puzzle (115) :::::

1	4	6	3	5	2	3	5	1	4
3	5	1	2	1	6	4	2	7	6
2	6	4	5	7	2	1	3	1	2
1	3	1	2	6	5	4	5	6	4
5	7	5	3	4	3	2	3	1	5
6	4	2	7	5	1	4	6	4	3
1	5	6	1	6	2	3	1	2	5
4	2	4	3	7	1	4	5	3	4
3	6	5	6	4	5	7	2	1	2
1	4	3	2	3	2	1	3	5	6

::::: Puzzle (116) :::::

3	1	2	5	2	3	1	3	5	2
4	6	7	1	4	7	4	2	1	6
3	2	3	2	3	1	5	3	5	2
1	6	7	1	7	2	6	1	4	6
5	3	2	6	4	1	4	3	5	3
2	1	4	1	7	5	2	1	2	1
6	3	5	2	6	3	7	5	6	4
4	2	1	3	4	5	1	2	7	3
6	5	4	6	1	7	4	5	1	4
3	2	1	2	3	2	1	3	2	3

::::: Puzzle (117) :::::

1	2	1	3	4	3	1	6	5	4
5	6	7	2	5	2	5	2	7	2
3	1	3	4	1	3	1	4	3	1
4	5	6	5	2	7	2	5	2	6
2	3	2	3	4	5	6	3	4	3
4	1	4	6	1	7	1	2	1	5
6	7	5	2	3	6	3	4	6	4
5	1	4	7	1	2	7	1	3	5
4	6	5	3	4	3	6	5	4	2
3	1	2	7	1	5	4	2	6	1

::::: Puzzle (118) :::::

3	1	2	1	2	4	3	5	7	6
2	4	3	5	3	6	2	1	2	1
6	5	7	4	1	4	3	6	4	5
3	4	1	6	7	5	2	1	7	3
1	5	2	3	2	4	3	5	4	1
4	3	1	5	1	5	1	7	2	7
5	2	4	2	3	2	3	6	5	3
4	7	5	1	6	1	7	4	1	4
6	2	3	2	4	2	5	2	6	2
3	1	6	1	5	7	3	1	4	3

::::: Puzzle (119) :::::

5	1	4	5	3	6	2	6	1	3
3	2	3	2	1	5	3	4	7	4
7	5	7	4	6	4	1	2	6	5
1	3	1	5	1	7	6	5	3	2
2	4	2	7	3	2	1	2	1	4
6	5	1	6	1	4	3	5	6	5
4	2	4	7	3	6	1	4	3	2
7	3	5	2	1	4	2	6	5	7
4	2	6	7	5	6	1	3	2	3
1	5	3	1	3	2	4	6	1	4

::::: Puzzle (120) :::::

6	7	2	4	7	1	2	1	4	6
1	4	6	3	5	3	7	5	2	1
3	7	2	1	2	4	6	1	3	5
5	1	4	5	6	5	3	4	6	2
3	2	6	2	3	4	2	7	3	7
5	4	3	1	5	1	5	4	6	5
6	7	5	7	3	4	2	1	3	4
2	4	1	4	2	1	3	5	2	1
3	5	3	6	3	5	2	4	6	7
6	1	2	1	2	1	3	1	2	3

::::: *Puzzle (121)* :::::

2	5	2	7	6	1	5	4	3	6
1	4	3	4	5	3	7	2	5	1
3	2	6	1	2	6	1	4	6	3
5	1	4	5	4	7	2	3	5	2
3	2	3	2	1	5	1	4	7	1
6	7	4	5	3	2	3	5	6	3
1	2	1	2	1	4	7	1	2	4
3	4	3	4	6	3	2	5	3	5
1	6	2	5	2	1	4	1	2	1
4	5	3	1	4	3	2	5	4	3

::::: *Puzzle (122)* :::::

3	6	1	5	1	2	6	7	4	2
1	2	3	2	7	3	4	5	1	5
7	4	1	6	5	1	2	3	4	3
6	2	5	2	3	6	7	5	7	1
5	3	4	7	4	1	3	4	3	2
4	7	5	1	3	6	2	5	1	6
3	1	4	2	7	4	7	4	2	3
5	6	3	5	6	5	1	6	1	5
2	7	4	1	4	2	4	5	7	4
6	1	5	2	3	6	3	1	2	6

::::: *Puzzle (123)* :::::

5	4	5	1	4	3	2	6	2	3
3	1	2	3	2	5	4	3	4	1
2	4	5	6	4	3	6	1	2	3
1	6	1	2	1	5	7	4	5	1
5	2	3	4	3	2	6	1	7	6
3	4	1	2	1	4	3	5	4	3
6	5	6	4	5	6	1	2	1	5
4	3	2	1	3	2	4	6	4	2
7	6	4	7	6	1	5	3	5	3
1	5	2	3	5	4	2	1	2	1

::::: *Puzzle (124)* :::::

4	1	6	3	6	3	2	1	2	1
3	7	2	7	4	1	5	4	3	4
1	5	1	5	3	2	3	2	5	1
4	2	3	2	1	5	7	1	3	4
3	5	1	4	3	6	2	6	5	6
7	4	2	7	5	1	3	4	2	3
6	3	6	1	2	7	2	1	5	1
2	4	7	4	5	3	5	3	4	2
5	6	2	3	2	1	2	1	7	5
1	3	5	1	4	6	7	4	6	1

::::: *Puzzle (125)* :::::

3	2	4	1	5	1	3	6	4	2
1	7	6	2	6	2	7	5	3	1
3	5	4	5	3	4	1	4	2	4
2	1	2	1	7	6	5	3	1	3
4	6	4	6	4	2	4	2	6	5
5	2	3	1	3	1	5	1	3	1
3	1	7	5	6	7	2	4	5	4
5	4	3	2	4	3	1	3	6	3
6	2	5	7	1	6	7	2	4	2
1	7	6	4	3	2	5	1	5	6

::::: *Puzzle (126)* :::::

6	7	2	3	2	4	5	7	1	7
4	5	1	5	1	3	2	4	6	3
1	3	6	2	6	4	1	3	5	4
4	5	7	4	5	3	2	6	1	2
1	6	2	3	1	6	5	7	3	6
3	5	4	7	2	3	2	1	2	1
2	1	2	1	5	7	4	3	5	4
3	6	5	4	3	1	6	2	1	3
2	4	7	1	5	2	4	3	6	5
1	3	2	3	4	6	1	7	2	4

::::: *Puzzle (127)* :::::

5	3	6	4	5	7	1	4	6	1
1	4	5	3	2	4	6	3	2	5
2	6	7	1	5	7	1	7	6	3
1	3	4	2	6	2	4	2	5	4
2	5	7	1	3	1	5	1	3	2
6	4	3	2	6	7	3	7	6	4
1	5	6	1	3	4	5	2	3	5
7	4	2	4	7	6	3	4	1	2
5	1	6	1	2	4	1	2	5	6
2	3	5	3	6	5	3	7	4	1

::::: *Puzzle (128)* :::::

2	4	5	2	1	3	2	1	7	6
1	3	1	7	4	5	4	3	4	3
2	4	5	2	3	6	1	2	6	5
1	6	3	7	5	4	5	4	1	3
3	2	5	4	6	2	6	2	7	5
6	1	3	2	7	1	5	3	4	1
7	5	4	1	3	2	4	1	5	6
1	2	3	2	6	5	6	2	3	7
3	5	4	5	4	1	3	1	4	1
6	1	2	1	3	2	4	2	6	5

::::: *Puzzle (129)* :::::

5	1	2	1	4	2	1	3	1	2
4	7	3	5	3	5	4	7	6	4
2	5	6	7	1	6	1	3	5	3
4	3	4	3	2	3	4	2	4	2
2	1	2	1	6	5	7	3	5	1
6	5	6	5	7	3	1	4	2	6
1	2	4	3	4	5	2	3	1	7
6	3	6	1	2	1	4	5	4	6
5	4	2	3	6	7	6	3	1	2
2	3	5	4	1	5	1	2	4	7

::::: *Puzzle (130)* :::::

5	7	1	6	3	4	6	2	3	4
1	3	2	4	2	1	5	1	5	6
2	4	1	5	6	3	6	7	3	2
1	5	3	4	1	2	5	2	4	1
2	4	7	2	3	6	1	3	5	3
3	6	3	1	4	2	5	4	1	2
4	2	5	2	5	6	3	6	7	4
5	7	4	1	3	7	4	1	2	6
3	1	3	2	5	6	2	3	4	1
5	6	4	1	4	1	7	6	2	5

::::: *Puzzle (131)* :::::

3	4	1	5	7	3	4	2	3	6
2	5	2	6	2	5	1	5	1	4
6	1	7	5	4	6	7	6	7	2
4	2	4	1	3	1	3	5	3	5
3	1	5	6	5	2	4	1	2	4
6	2	7	1	3	7	3	6	3	1
7	3	4	5	2	6	4	1	4	2
1	6	2	7	1	3	5	2	3	6
3	5	1	6	5	7	4	6	5	4
4	2	4	3	4	2	1	3	2	1

::::: *Puzzle (132)* :::::

2	7	1	3	1	7	3	5	4	1
6	3	4	5	4	5	6	1	7	2
4	2	1	6	7	2	4	2	4	3
7	6	5	2	4	6	1	5	1	2
5	3	1	3	1	3	2	6	4	3
4	2	4	7	5	6	1	3	7	1
1	3	1	2	1	3	7	5	6	2
5	6	4	3	5	2	1	3	4	1
2	1	2	6	4	3	5	2	7	6
4	7	5	3	1	2	4	3	5	1

::::: *Puzzle (133)* :::::

1	3	2	5	1	2	4	3	1	2
5	7	1	3	4	3	1	2	5	4
3	2	4	6	2	6	5	3	1	2
5	6	5	1	3	1	2	4	5	3
3	2	4	7	4	7	6	3	1	2
1	6	1	2	3	2	5	2	4	3
5	2	3	4	5	1	6	1	7	5
4	6	5	1	3	2	3	4	3	4
1	2	4	2	6	7	1	6	2	1
4	6	5	3	1	3	5	4	5	4

::::: *Puzzle (134)* :::::

2	6	4	3	1	6	1	6	2	4
5	1	5	2	5	4	3	4	5	1
3	7	3	6	3	7	5	2	6	3
6	1	4	1	2	1	6	3	1	7
2	3	2	3	6	3	7	5	4	3
1	4	7	5	2	5	1	2	1	2
2	5	3	4	1	4	3	4	6	4
4	1	6	2	7	2	7	2	1	5
2	3	4	5	6	5	1	3	4	3
1	5	2	3	1	4	7	6	2	5

::::: *Puzzle (135)* :::::

3	2	5	4	2	4	5	1	3	1
4	7	3	1	6	1	2	6	2	4
1	6	4	2	3	5	7	5	3	5
5	3	5	1	4	1	3	6	1	2
4	1	2	6	2	6	2	4	3	5
2	3	4	5	7	4	1	5	7	1
6	5	1	3	1	2	3	2	6	4
4	3	2	4	5	6	4	1	3	2
5	1	6	1	2	3	7	5	4	5
3	7	2	3	6	1	2	3	7	1

::::: *Puzzle (136)* :::::

3	6	2	4	3	6	4	1	7	2
4	1	7	5	2	1	2	3	5	3
2	5	4	1	3	6	5	4	2	1
3	6	3	5	4	1	2	1	3	4
5	4	2	1	2	6	3	4	6	5
1	6	3	5	7	4	5	2	1	3
3	2	1	6	1	3	1	3	7	6
5	4	3	5	2	7	2	4	1	4
1	2	1	4	3	1	6	5	2	6
7	6	5	2	5	4	2	3	1	7

::::: *Puzzle (137)* :::::

2	5	4	6	2	7	3	6	1	4
1	3	1	3	4	1	5	2	5	2
7	5	2	7	6	2	3	6	4	1
3	1	3	5	3	5	4	5	3	2
2	4	6	1	6	2	1	2	1	4
1	3	2	5	4	3	4	3	5	3
4	5	4	6	7	6	2	7	4	1
1	3	2	3	1	4	5	3	6	5
2	5	4	7	6	2	1	4	1	3
7	6	1	3	1	4	5	2	5	2

::::: *Puzzle (138)* :::::

2	1	2	7	2	4	1	5	7	5
4	6	3	6	1	5	3	6	1	4
2	5	4	7	3	6	4	2	3	2
1	7	3	1	4	1	5	1	7	1
2	5	2	6	3	2	6	3	5	4
1	6	3	4	7	4	1	4	2	3
5	7	1	2	5	3	5	3	5	7
2	4	3	6	1	2	6	1	2	6
6	5	2	4	5	3	4	5	3	1
2	1	3	1	7	2	6	1	4	2

::::: *Puzzle (139)* :::::

1	2	3	7	1	6	5	2	3	1
5	6	5	2	4	7	4	6	4	6
4	1	3	1	3	2	3	5	1	2
3	2	5	2	4	5	1	2	4	6
7	4	1	3	1	6	7	3	5	1
5	3	5	6	2	3	1	2	4	2
4	2	7	4	5	6	4	5	1	3
1	5	1	3	2	1	2	3	6	5
6	7	2	4	5	6	4	5	2	1
3	4	1	6	2	3	1	7	4	3

::::: *Puzzle (140)* :::::

3	1	4	2	7	5	2	3	5	6
5	2	5	1	4	1	7	6	4	1
4	3	6	3	5	3	2	1	2	7
1	5	1	4	6	7	4	3	4	3
7	6	7	5	2	1	5	6	5	6
4	2	3	1	7	6	4	2	1	3
1	5	6	2	3	1	3	5	7	2
3	2	7	1	4	2	7	2	3	1
4	1	5	2	5	6	3	4	6	2
6	2	3	1	4	1	2	1	3	4

::::: Puzzle (141) :::::

5	2	6	1	6	7	5	1	3	1
4	7	3	4	2	4	6	4	2	5
2	5	6	1	3	1	5	3	6	4
3	1	3	4	2	7	2	1	5	1
2	6	2	1	5	1	4	7	2	3
3	7	3	7	3	2	3	5	6	5
2	4	2	5	4	6	1	2	1	2
1	3	1	7	2	3	7	6	4	3
5	2	6	4	1	4	2	3	5	1
1	3	1	2	3	7	1	4	2	3

::::: Puzzle (142) :::::

1	4	7	2	6	1	7	3	1	5
3	5	3	1	5	2	5	4	6	2
6	2	4	7	6	4	3	2	5	7
3	1	3	1	3	1	6	1	6	2
4	2	5	4	6	4	3	2	5	1
1	7	1	2	1	5	1	7	4	3
2	5	6	4	3	4	3	2	1	2
3	1	2	7	1	2	5	4	7	5
2	5	4	5	6	4	6	3	6	3
3	1	3	1	2	3	2	1	4	1

::::: Puzzle (143) :::::

2	3	6	1	2	1	3	2	4	6
1	5	4	7	3	5	4	5	3	2
4	3	2	5	2	1	3	2	1	5
1	5	4	1	6	5	6	7	3	2
3	6	3	2	4	2	3	4	1	5
1	2	5	1	5	7	1	7	3	6
4	3	7	6	3	4	2	4	2	1
2	1	2	4	2	1	5	6	7	4
4	5	3	1	3	6	4	3	1	6
6	1	2	4	5	1	2	6	5	3

::::: Puzzle (144) :::::

1	5	6	4	1	3	1	2	1	2
2	4	3	5	6	2	4	3	6	5
3	7	1	4	3	1	6	1	2	7
5	2	3	5	7	2	5	7	3	4
4	7	4	6	1	3	1	4	5	6
1	3	2	5	2	4	7	2	3	2
4	6	7	1	6	5	3	4	1	5
5	2	3	4	2	1	2	5	6	4
1	6	1	6	3	5	3	4	1	7
2	3	2	4	1	7	1	2	5	3

::::: Puzzle (145) :::::

1	2	1	4	3	4	2	4	6	5
5	7	3	2	1	5	6	5	1	3
3	6	1	4	3	2	7	3	4	7
2	4	5	6	1	4	1	2	6	3
1	3	1	3	2	6	3	5	1	2
2	4	2	6	5	7	1	7	6	4
5	1	5	1	2	4	2	4	1	3
2	3	4	3	6	1	5	3	5	6
4	5	1	7	2	3	2	1	2	1
3	7	6	5	1	6	4	7	4	5

::::: Puzzle (146) :::::

5	2	7	1	4	1	2	3	1	5
3	4	6	3	6	7	4	5	4	6
2	1	5	4	2	5	1	6	2	3
3	7	2	3	1	3	2	4	7	6
4	6	5	4	2	4	1	5	3	5
3	1	2	6	1	3	6	2	7	2
2	6	5	4	5	4	1	3	1	6
1	3	1	7	1	3	6	5	7	4
2	4	2	3	4	2	7	1	3	1
3	1	5	1	5	3	5	2	4	2

::::: Puzzle (147) :::::

2	5	4	3	5	2	1	4	1	3
1	3	1	2	1	4	6	3	6	2
2	4	6	5	3	2	5	1	4	5
5	3	1	7	4	1	6	3	6	7
4	6	4	2	5	3	5	2	4	1
5	3	1	3	1	6	4	1	3	5
2	4	6	7	2	5	2	5	2	1
1	7	2	4	1	7	6	4	3	7
5	4	5	3	6	5	3	1	5	1
6	3	2	4	2	7	2	4	6	3

::::: Puzzle (148) :::::

1	7	1	6	4	6	1	5	2	4
5	2	3	5	1	7	2	3	1	6
3	1	4	2	3	5	6	4	2	5
4	5	6	5	4	2	3	1	3	1
3	2	7	2	3	5	7	4	2	4
4	1	6	1	4	1	2	1	5	3
6	7	4	3	5	6	4	3	6	4
1	3	1	6	2	1	5	1	2	5
5	4	2	4	5	3	2	3	4	1
2	6	3	1	2	1	5	6	2	3

::::: Puzzle (149) :::::

6	7	4	3	2	1	3	2	1	5
5	2	6	5	6	7	5	4	3	4
4	1	4	2	3	1	3	1	2	1
5	3	7	5	7	2	6	5	6	4
6	2	6	4	1	5	4	1	2	3
7	4	1	5	3	6	7	3	4	5
3	2	3	2	1	5	2	1	2	1
4	1	5	4	6	4	3	5	3	6
5	2	3	7	3	5	1	6	1	2
1	6	1	6	2	4	7	2	4	3

::::: Puzzle (150) :::::

7	1	5	3	2	5	4	3	2	5
5	4	2	7	4	1	2	1	4	3
3	6	1	5	2	6	4	3	2	1
2	5	3	6	7	1	2	1	4	5
4	1	2	4	5	4	6	7	3	6
6	5	3	1	3	1	5	1	2	7
3	4	2	5	2	4	3	7	3	1
2	1	6	3	6	1	5	1	6	5
4	7	2	4	2	4	3	4	7	3
6	1	5	1	3	6	2	1	5	2

::::: Puzzle (151) :::::

1	5	1	2	6	2	3	1	2	3
2	3	4	3	4	1	4	6	5	1
4	1	5	1	7	3	2	1	4	7
3	2	7	4	2	1	7	6	5	3
4	5	6	1	5	6	4	2	1	2
2	3	7	3	4	2	1	3	4	3
1	4	2	1	5	6	4	2	1	5
3	6	5	6	7	1	3	6	4	3
5	1	4	1	2	4	2	1	7	5
3	2	5	3	5	3	7	4	6	2

::::: Puzzle (152) :::::

2	3	1	2	1	3	7	3	1	4
1	7	5	4	6	4	2	5	6	5
3	4	2	1	3	7	6	3	2	3
2	7	6	5	4	2	1	5	1	4
4	1	4	2	1	5	6	7	2	6
3	5	3	6	3	2	3	1	3	1
1	4	1	2	4	6	4	5	2	4
5	2	3	6	3	2	1	7	1	5
3	6	4	5	7	5	4	2	3	4
2	1	7	2	4	1	3	6	1	5

::::: Puzzle (153) :::::

3	5	4	2	1	4	5	7	6	7
1	2	3	7	3	6	1	4	3	2
3	5	6	5	2	4	2	6	1	4
2	1	4	1	6	1	5	4	3	5
3	6	3	7	2	3	2	1	6	7
4	5	4	6	5	1	4	7	3	5
1	2	1	3	2	3	2	5	2	4
6	5	7	5	1	5	7	4	1	3
1	4	2	4	7	2	1	6	2	6
2	3	1	3	5	4	3	4	5	1

::::: Puzzle (154) :::::

2	3	1	3	1	6	4	2	5	1
1	5	4	5	7	2	5	7	3	2
2	3	7	1	3	4	3	2	6	4
6	1	2	4	2	1	6	4	1	3
3	5	7	6	5	4	5	3	6	2
4	6	4	3	1	6	2	7	1	4
5	7	2	6	5	3	5	3	2	3
1	3	1	4	2	4	1	4	1	5
2	6	5	7	5	6	5	3	2	4
4	3	1	3	2	1	2	1	6	1

::::: Puzzle (155) :::::

2	3	5	3	5	1	6	1	2	5
5	1	7	2	6	2	5	7	4	3
4	3	6	1	4	1	4	1	6	2
1	2	4	3	2	5	2	3	4	1
6	3	7	6	1	3	4	1	2	3
2	1	5	4	5	2	5	3	5	7
6	4	3	2	3	4	1	4	1	3
3	5	1	4	7	6	5	2	5	2
2	4	2	3	1	2	4	3	4	6
1	6	1	5	6	3	1	2	7	1

::::: Puzzle (156) :::::

1	2	5	7	2	4	2	1	6	1
6	4	3	4	6	1	5	7	3	2
3	5	1	5	2	4	2	6	5	1
1	2	3	6	3	1	7	3	7	4
6	5	4	1	2	4	6	1	2	3
7	2	3	6	3	5	2	4	5	1
4	1	4	1	4	1	3	6	3	2
2	7	2	3	2	5	4	5	4	1
1	5	6	1	6	7	2	7	2	6
3	2	3	4	5	1	4	3	1	3

::::: Puzzle (157) :::::

1	2	6	5	4	1	2	3	7	4
3	4	1	7	2	6	4	5	1	2
2	5	2	5	1	3	7	6	3	5
1	6	1	3	2	5	4	1	7	6
2	3	4	5	7	3	2	3	4	1
4	6	1	2	6	1	4	1	5	3
1	5	4	5	3	7	3	6	7	2
2	3	7	2	1	2	5	2	4	1
5	4	6	5	6	3	4	1	5	7
1	3	2	4	1	5	6	3	2	4

::::: Puzzle (158) :::::

4	1	6	4	5	7	5	1	6	1
2	3	2	1	6	1	2	4	3	2
5	1	7	3	7	3	5	7	1	5
3	2	5	2	4	6	1	2	3	7
1	4	1	3	1	7	4	6	4	6
2	5	6	5	4	3	2	5	3	1
4	3	2	7	1	6	7	1	2	5
2	6	1	6	5	3	4	3	4	7
1	4	5	3	7	2	1	7	6	3
5	3	6	2	4	6	5	4	2	1

::::: Puzzle (159) :::::

6	4	1	6	2	5	3	1	4	2
1	7	5	7	3	1	2	5	7	6
6	3	2	1	5	4	7	6	4	3
1	5	4	3	2	3	5	3	2	1
3	6	2	1	4	1	2	4	5	4
4	5	3	5	2	5	3	1	2	1
3	2	7	1	7	4	2	4	3	6
1	5	4	5	3	5	1	6	7	5
2	6	2	1	6	4	2	4	1	3
1	3	4	3	2	1	7	3	5	2

::::: Puzzle (160) :::::

1	5	2	1	7	1	4	3	2	1
7	6	4	3	2	6	2	1	5	3
5	1	5	1	4	3	7	6	2	4
4	6	4	3	6	2	1	5	3	1
3	2	1	2	1	4	3	2	7	5
1	6	4	6	5	2	5	6	4	1
4	3	1	3	4	1	3	2	3	2
2	5	6	5	2	7	5	6	1	6
4	3	1	4	1	4	1	2	7	5
1	2	5	3	2	5	3	4	3	1

:::: Puzzle (161) ::::

2	3	1	6	4	3	5	2	4	3
1	5	4	3	1	2	1	7	6	1
6	2	6	2	4	5	4	5	2	4
4	1	3	5	1	2	1	6	3	7
3	5	2	6	4	3	4	5	1	5
4	7	3	1	2	6	2	3	4	3
3	5	6	5	4	7	1	5	6	2
2	1	7	1	3	6	2	3	4	5
6	4	5	2	5	4	1	5	6	3
1	2	3	4	1	3	6	2	1	2

:::: Puzzle (162) ::::

7	6	5	1	2	1	2	4	3	2
4	2	7	4	3	5	6	1	5	1
3	1	3	1	7	1	3	2	6	2
4	7	2	6	3	4	5	4	3	5
3	6	5	4	2	1	2	1	2	4
5	1	7	1	5	3	7	5	3	1
6	4	2	4	6	4	2	1	2	6
3	5	3	1	7	1	3	5	3	1
2	1	4	2	5	4	7	1	7	5
6	5	3	6	1	6	2	3	6	4

:::: Puzzle (163) ::::

5	1	2	5	4	1	6	2	4	1
3	6	3	1	7	3	5	3	6	3
2	5	2	5	6	1	4	2	4	5
4	1	4	1	4	3	5	1	7	2
7	6	2	3	7	6	7	2	6	1
5	1	4	1	2	5	1	4	3	4
6	3	5	3	6	4	6	5	1	2
4	2	1	2	1	2	3	4	6	5
6	5	3	6	3	4	5	2	1	3
1	2	4	1	2	1	7	3	5	7

:::: Puzzle (164) ::::

2	4	5	7	4	1	6	2	5	2
5	3	2	1	5	2	4	3	7	1
6	4	7	3	7	6	5	1	6	3
3	1	6	1	5	1	4	3	2	4
6	4	3	2	4	2	7	6	1	5
7	5	1	5	1	6	3	4	3	2
4	2	3	2	7	4	1	6	1	5
3	1	6	5	1	2	3	5	3	6
5	2	3	4	7	5	1	2	4	7
1	4	6	1	2	4	6	3	1	2

:::: Puzzle (165) ::::

1	6	3	1	3	7	3	2	6	1
4	2	4	2	5	1	6	1	4	5
7	3	5	1	4	2	7	5	2	1
5	1	2	3	5	3	1	4	6	4
3	4	6	4	1	4	6	2	1	2
2	7	1	5	2	3	7	3	5	6
5	4	2	4	7	6	1	4	2	1
1	3	1	3	5	3	2	3	6	4
2	5	6	2	6	4	5	7	5	2
3	1	4	5	1	2	6	1	3	1

:::: Puzzle (166) ::::

1	2	3	1	6	1	4	1	2	4
4	7	4	2	3	5	3	6	5	1
6	1	3	1	7	2	1	2	3	2
5	2	4	2	6	3	6	5	6	1
1	7	5	3	5	4	2	1	2	4
2	6	2	7	1	3	5	3	5	3
5	1	5	3	2	4	1	4	2	6
4	3	4	6	1	5	3	7	1	4
1	2	1	3	2	4	2	5	3	5
3	4	7	6	7	3	6	1	2	4

:::: Puzzle (167) ::::

2	7	4	5	6	1	3	4	5	4
5	1	3	1	3	5	2	6	2	1
2	6	7	4	2	4	7	1	3	5
5	4	2	1	3	5	3	5	2	7
1	7	3	6	4	2	4	1	6	3
2	4	1	2	7	6	3	7	4	2
5	3	5	3	1	2	1	6	5	6
7	1	4	2	4	5	3	4	3	1
4	2	7	6	3	6	2	5	2	5
6	1	3	1	4	5	7	3	4	1

:::: Puzzle (168) ::::

1	3	2	4	7	4	5	7	2	1
2	4	5	6	3	1	2	1	3	6
5	7	3	4	2	5	3	5	4	7
1	6	1	5	6	4	6	2	1	5
5	3	4	2	1	2	3	4	3	2
1	6	1	6	4	7	5	6	1	6
2	4	7	2	5	6	3	2	5	4
3	5	1	4	3	2	1	7	1	2
1	2	3	2	1	5	4	2	5	3
3	6	5	4	7	3	6	3	1	4

:::: Puzzle (169) ::::

4	2	1	3	5	2	4	2	6	1
1	3	6	7	1	3	5	7	3	4
5	2	1	3	4	2	4	2	1	5
6	3	4	2	1	5	1	5	3	4
4	2	1	5	3	4	3	2	6	2
1	7	3	6	7	1	6	1	5	1
5	4	1	4	2	5	2	3	2	3
2	6	3	5	3	1	4	5	4	1
5	4	7	4	2	5	3	2	3	5
2	3	1	6	1	6	1	4	1	2

:::: Puzzle (170) ::::

1	3	2	5	4	7	1	4	1	6
4	6	4	3	1	3	2	3	2	5
5	7	2	6	2	4	6	4	1	6
1	3	1	4	3	5	3	5	2	5
2	6	2	7	1	2	1	7	4	3
1	3	5	6	4	6	3	5	1	6
2	4	7	2	1	2	1	4	2	4
3	5	1	6	3	4	3	5	7	3
1	2	7	5	2	7	2	6	1	5
3	4	3	1	4	1	5	3	4	2

:::: Puzzle (171) ::::

1	3	1	4	5	3	6	3	2	1
4	5	2	3	6	2	7	5	4	3
2	6	7	1	5	1	4	2	7	2
1	4	5	6	4	3	5	1	5	4
3	2	3	2	7	6	4	3	2	1
6	5	7	6	4	1	5	6	4	3
2	1	4	1	3	7	4	2	5	1
3	5	3	2	5	6	3	1	6	2
6	2	1	6	1	2	4	5	4	1
4	5	4	2	3	5	1	2	3	6

:::: Puzzle (172) ::::

2	3	1	7	3	2	4	3	2	1
5	4	6	2	1	7	6	5	4	6
3	2	1	4	5	3	1	3	1	2
1	5	3	2	1	7	6	4	7	5
2	7	4	6	5	2	3	5	3	2
1	6	5	1	4	1	4	7	6	1
3	4	3	2	3	6	3	5	2	4
6	5	7	1	7	4	1	4	3	1
1	2	4	2	3	2	5	2	7	4
3	5	7	6	4	1	6	3	5	2

:::: Puzzle (173) ::::

4	1	7	1	2	4	2	5	3	1
5	3	5	3	6	7	3	1	2	5
7	1	6	1	2	1	5	4	6	3
6	2	7	4	6	3	2	3	5	4
1	5	3	5	2	7	4	1	7	6
2	4	2	4	3	6	2	3	5	4
3	7	6	1	2	5	1	6	2	1
4	1	5	4	7	4	2	7	4	3
5	2	3	6	3	6	3	1	5	1
4	7	1	5	1	2	5	2	4	3

:::: Puzzle (174) ::::

4	2	5	1	3	1	2	4	5	6
3	1	7	2	4	5	6	1	7	3
6	2	4	1	7	3	2	3	5	2
3	1	5	3	4	5	1	7	1	4
2	6	4	2	1	2	3	6	3	6
5	1	5	7	3	4	5	4	2	4
4	3	2	4	2	6	3	6	3	6
6	1	6	1	5	7	1	2	5	1
5	4	3	4	2	6	4	7	4	7
3	2	1	7	1	5	2	3	5	1

:::: Puzzle (175) ::::

2	4	6	3	1	5	6	3	2	1
3	5	1	5	4	2	7	1	5	3
4	7	4	6	3	1	4	6	4	6
3	2	3	1	5	2	7	1	5	2
1	5	7	2	6	3	4	2	4	6
7	6	1	4	5	2	7	1	3	1
3	5	3	2	1	6	5	4	5	7
6	4	1	4	3	2	1	3	2	3
3	2	6	5	1	4	5	6	1	5
5	4	1	7	2	6	2	3	2	4

:::: Puzzle (176) ::::

3	1	2	5	1	3	1	5	2	3
4	5	3	4	6	2	6	4	6	4
7	2	1	2	3	5	1	2	5	3
1	6	5	4	7	4	6	3	6	1
2	3	2	3	1	2	1	5	2	4
1	4	5	6	5	3	7	4	1	3
5	7	3	7	4	2	1	6	2	7
1	2	1	2	6	7	5	4	1	5
4	6	3	5	4	1	6	7	3	6
3	5	4	1	2	3	5	2	4	2

:::: Puzzle (177) ::::

2	4	1	3	1	5	3	2	6	3
3	5	2	4	6	7	1	7	4	2
1	4	6	1	2	3	4	6	1	5
5	7	5	4	5	1	2	3	2	3
1	3	2	6	2	4	6	4	1	6
2	7	1	3	1	5	2	5	2	5
1	5	4	5	2	3	6	3	4	1
6	3	6	1	6	4	2	1	5	2
4	1	4	5	2	7	5	4	6	3
2	5	3	1	3	4	2	3	1	7

:::: Puzzle (178) ::::

2	6	1	6	1	3	7	5	3	1
1	4	3	7	2	5	4	2	4	2
3	5	2	4	6	3	7	1	5	3
1	7	6	3	2	1	2	6	4	1
5	3	5	1	4	6	5	1	3	2
4	7	2	7	3	1	3	4	5	4
3	1	3	6	4	5	2	1	2	6
5	4	2	5	2	3	4	5	4	1
6	3	6	4	1	5	1	3	6	2
2	1	2	5	3	4	6	2	5	4

:::: Puzzle (179) ::::

4	5	6	3	2	3	2	1	4	1
1	3	2	1	7	1	4	5	3	5
6	5	4	6	4	3	6	2	1	2
4	2	1	2	5	2	7	3	6	3
5	3	5	3	4	6	5	1	4	5
4	2	1	6	5	7	4	6	7	2
1	3	4	2	1	3	5	2	1	4
2	5	1	3	7	4	6	4	5	3
6	7	2	5	2	3	5	1	2	1
2	3	1	3	4	1	6	4	7	3

:::: Puzzle (180) ::::

3	5	2	6	7	5	6	1	5	3
1	4	3	1	3	4	3	4	2	4
2	5	6	2	5	6	2	1	6	5
4	1	3	4	3	1	5	3	2	3
6	5	2	6	2	7	6	7	5	1
2	1	4	5	1	4	1	4	2	4
3	7	2	3	2	5	3	6	3	7
1	6	4	7	4	6	2	1	5	6
5	2	1	2	1	3	4	6	4	1
1	3	4	5	4	7	2	7	3	5

::::: Puzzle (181) :::::

1	2	5	4	2	3	5	1	4	2
3	4	3	1	7	4	6	3	7	6
2	1	6	4	6	1	2	1	5	3
6	4	3	1	3	7	5	4	2	4
3	5	2	7	5	1	6	1	5	1
1	6	1	4	6	7	3	4	7	2
2	5	3	2	3	1	2	6	3	6
3	4	7	4	5	4	5	1	2	1
2	5	1	3	1	7	2	4	7	5
1	6	2	6	5	4	3	1	3	2

::::: Puzzle (182) :::::

1	3	1	7	6	2	6	4	3	5
4	5	6	5	1	3	5	1	2	4
3	2	1	4	2	4	2	3	7	1
6	4	3	5	3	5	1	5	6	5
2	5	2	1	2	6	2	4	3	1
1	7	4	6	3	4	3	7	5	4
4	5	1	2	5	1	2	1	2	3
3	2	3	4	7	3	6	4	6	5
1	4	1	2	1	2	7	5	1	4
2	3	5	6	3	4	1	6	2	3

::::: Puzzle (183) :::::

4	2	4	2	5	4	3	1	5	2
1	7	1	3	6	2	7	6	4	1
3	6	2	4	1	5	1	2	5	6
2	5	1	5	2	3	6	3	4	3
6	3	4	3	1	4	7	1	7	2
5	1	2	6	2	3	5	4	5	3
4	3	7	3	4	1	2	3	1	6
2	1	4	1	2	6	5	7	4	5
3	6	3	5	4	3	4	3	6	2
1	5	2	1	6	5	2	7	1	4

::::: Puzzle (184) :::::

3	5	2	3	2	3	2	1	4	2
2	7	4	1	4	1	6	5	6	3
1	3	6	2	3	2	4	3	2	5
6	5	1	5	1	5	1	5	1	3
1	2	4	6	3	4	3	4	7	2
4	5	3	1	7	1	6	2	1	6
2	1	7	5	4	5	3	4	5	4
7	3	2	1	3	2	7	1	6	1
4	5	6	4	5	4	6	4	2	5
2	3	1	2	3	1	7	1	3	7

::::: Puzzle (185) :::::

2	5	1	3	2	4	3	2	5	2
6	4	6	4	1	5	1	6	1	3
3	1	3	5	2	4	2	3	2	5
6	4	6	4	1	3	1	4	6	1
1	5	3	7	2	4	2	3	5	3
2	4	2	4	1	3	5	1	2	6
3	1	5	3	5	6	7	4	5	4
2	4	7	1	7	4	3	1	7	6
3	1	2	5	6	1	6	2	3	4
2	5	3	1	2	3	4	5	1	2

::::: Puzzle (186) :::::

5	6	7	3	4	3	4	5	7	4
2	1	5	2	1	5	6	1	2	3
3	4	6	4	3	2	3	4	6	7
1	5	1	2	5	6	1	5	2	1
4	6	7	3	7	2	4	3	4	5
5	2	5	2	6	3	5	1	2	1
1	3	1	3	1	2	4	6	3	7
2	7	2	4	7	3	7	2	1	2
3	4	6	1	6	1	6	3	4	6
6	1	2	5	4	3	2	1	5	1

::::: Puzzle (187) :::::

5	1	3	2	1	3	6	3	2	5
3	2	7	6	4	2	4	7	4	1
4	6	3	2	1	5	6	2	3	7
1	5	4	5	6	3	1	4	5	1
4	7	1	3	4	2	5	6	2	7
5	2	6	2	1	6	1	3	4	1
6	7	1	4	3	5	4	5	2	3
5	4	2	5	7	1	2	6	1	4
3	1	3	4	3	5	3	4	3	5
2	7	2	1	6	7	2	1	6	1

::::: Puzzle (188) :::::

5	4	6	4	3	6	1	2	7	6
2	3	1	5	1	2	3	5	4	1
1	7	6	2	3	5	4	2	3	5
6	4	5	1	4	1	7	1	4	2
7	2	3	2	6	5	4	6	5	1
3	1	6	7	3	2	3	7	3	2
7	5	2	4	1	4	1	5	4	6
6	3	1	3	6	5	2	7	3	1
2	5	4	2	4	7	3	1	4	2
4	6	3	1	5	2	6	5	3	1

::::: Puzzle (189) :::::

7	6	1	5	2	3	6	2	4	3
5	3	4	7	1	7	4	3	1	2
4	1	2	6	2	5	1	5	6	4
6	5	3	4	1	4	2	7	1	3
3	7	2	6	2	7	3	6	5	4
5	6	5	3	1	5	4	1	2	1
4	3	1	2	7	3	2	6	7	6
1	5	4	6	5	1	4	3	5	2
4	3	2	3	2	7	6	1	6	4
2	1	5	6	1	4	2	3	5	1

::::: Puzzle (190) :::::

2	3	1	3	5	3	1	4	1	3
4	6	4	2	1	2	5	2	6	4
3	2	3	6	4	6	4	1	5	2
1	5	1	5	7	1	3	6	7	1
7	4	2	4	2	5	2	5	4	5
3	1	3	7	6	7	1	3	6	7
5	2	5	1	4	3	2	4	2	3
4	1	3	2	6	7	5	3	7	1
3	6	7	5	1	4	6	2	4	2
4	2	1	3	2	5	1	5	3	1

::::: Puzzle (191) :::::

7	2	4	1	5	6	7	4	2	1
3	6	5	6	4	3	5	3	5	6
7	2	1	2	1	7	2	4	2	4
6	5	3	4	5	4	3	5	6	5
2	4	1	6	7	1	6	7	2	3
1	5	3	2	4	3	4	3	1	5
3	2	1	7	1	6	1	5	2	4
7	6	3	6	2	5	7	6	7	3
5	4	1	4	1	4	2	1	5	2
3	2	3	6	5	7	3	4	6	1

::::: Puzzle (192) :::::

7	5	2	1	6	3	4	1	7	5
4	1	3	4	2	1	6	2	3	6
5	2	6	1	7	5	3	4	7	5
6	1	5	3	2	4	6	2	1	3
3	4	2	6	1	3	7	3	5	6
1	5	1	4	5	2	4	1	4	2
3	2	6	2	7	3	6	5	3	7
1	5	1	3	1	4	1	2	6	1
4	6	4	5	2	5	6	3	4	7
3	2	1	7	4	3	2	1	5	2

::::: Puzzle (193) :::::

1	2	4	5	1	3	5	2	4	6
7	6	1	7	6	2	4	3	5	3
5	2	3	4	3	1	6	2	1	4
6	4	1	2	5	2	5	4	6	5
5	3	6	7	1	7	3	1	3	2
7	1	4	3	6	4	2	5	7	1
2	3	6	1	2	1	3	4	2	3
5	7	2	4	5	4	6	1	5	1
2	6	1	3	1	2	7	3	6	4
3	5	4	2	7	4	5	1	2	3

::::: Puzzle (194) :::::

4	6	3	4	2	1	5	3	7	6
1	2	1	5	7	3	4	2	4	2
3	5	3	2	1	5	1	6	7	5
2	4	6	5	4	2	3	4	2	1
7	1	3	1	6	1	7	6	5	3
4	5	2	4	3	2	3	1	2	4
2	6	1	6	7	4	7	6	3	5
3	5	4	3	1	2	3	5	1	4
1	2	1	6	5	4	1	6	3	5
5	4	7	2	3	6	2	7	2	1

::::: Puzzle (195) :::::

4	7	5	1	2	3	5	4	1	2
5	1	2	3	5	4	6	3	6	3
3	4	6	1	6	3	1	4	1	5
6	1	3	2	4	2	7	5	6	2
2	5	6	1	6	5	3	2	4	1
3	4	2	4	7	2	6	5	6	2
7	1	6	3	5	1	3	4	7	4
5	4	2	1	2	4	7	5	3	6
1	6	3	4	5	3	1	2	4	1
3	5	1	2	6	7	4	5	3	2

::::: Puzzle (196) :::::

7	3	2	4	6	7	5	4	7	1
2	4	1	3	1	2	1	2	3	6
1	6	2	6	5	4	3	7	4	5
3	4	1	3	1	2	6	1	2	3
5	2	7	2	5	4	5	3	5	6
4	1	5	6	1	3	6	4	1	2
3	7	2	4	5	2	1	2	5	7
5	1	3	6	1	3	4	7	3	1
4	6	2	4	5	2	1	5	2	4
1	5	1	3	7	4	3	6	3	1

::::: Puzzle (197) :::::

1	6	3	4	1	5	2	3	4	2
2	4	2	5	7	6	1	5	1	7
6	5	6	1	3	2	3	4	3	4
3	1	4	2	4	5	1	2	1	6
2	5	3	1	6	2	4	7	5	2
1	7	6	2	4	5	3	1	3	1
4	3	4	5	3	2	7	5	4	5
6	2	1	2	1	6	1	2	6	3
1	3	6	7	3	2	3	4	1	4
5	4	2	5	1	6	1	7	3	2

::::: Puzzle (198) :::::

1	2	1	4	5	7	1	5	4	1
6	5	6	2	1	2	6	3	6	2
4	2	3	7	4	3	5	2	5	3
7	5	4	5	2	1	4	1	4	2
3	1	2	1	3	6	3	6	3	1
7	6	5	6	5	2	4	5	7	4
3	4	2	1	3	1	3	1	2	3
2	1	3	4	2	6	5	4	6	1
4	5	6	1	5	1	3	7	3	4
6	3	7	2	4	2	5	6	1	5

::::: Puzzle (199) :::::

7	1	4	2	3	5	6	5	2	7
4	2	6	7	6	2	1	3	4	3
7	5	1	4	5	7	4	5	1	6
1	3	2	3	1	2	3	2	3	4
4	6	5	4	6	4	5	1	6	2
5	2	3	2	1	3	7	3	7	1
3	4	1	5	4	2	5	1	5	3
1	2	6	3	1	7	6	4	7	6
5	4	7	5	2	4	2	5	3	4
3	1	2	6	1	3	1	7	2	1

::::: Puzzle (200) :::::

1	5	3	1	2	4	3	4	5	3
7	2	6	4	3	6	1	2	1	4
6	5	7	5	1	2	7	4	6	2
1	3	4	2	4	5	3	1	5	1
4	2	1	5	3	2	6	2	4	3
7	6	3	2	6	1	3	1	5	1
5	1	5	4	7	4	5	4	3	6
3	4	6	1	3	2	3	2	7	2
2	1	2	7	5	6	7	4	1	5
5	3	6	4	1	4	1	5	2	3

:::: Puzzle (201) ::::

1	4	3	4	1	2	3	4	2	5
5	2	1	2	6	5	1	5	1	6
4	3	5	4	7	3	7	6	2	3
2	6	1	3	2	1	2	4	5	4
7	3	4	5	4	6	3	6	3	1
2	1	2	1	3	7	1	2	5	6
5	3	5	7	4	2	3	7	3	2
6	4	2	6	1	6	1	5	4	1
3	5	1	4	5	2	3	2	3	7
2	4	6	3	1	6	1	4	1	2

:::: Puzzle (202) ::::

1	4	2	7	5	1	4	1	4	1
6	5	3	1	3	2	6	2	5	2
4	2	7	4	6	5	3	1	3	1
3	1	6	3	2	1	2	5	2	5
5	2	4	1	5	4	3	4	3	4
6	7	3	2	6	2	6	2	6	1
5	1	6	1	7	1	7	1	3	5
2	4	3	2	4	5	4	5	4	1
3	7	6	5	3	1	3	6	7	2
1	4	1	7	2	5	2	1	3	4

:::: Puzzle (203) ::::

6	2	4	3	6	1	5	2	3	1
5	7	5	1	4	2	3	1	6	4
1	4	6	2	3	5	7	2	3	5
2	5	3	1	7	1	3	6	1	2
3	1	4	6	2	4	5	2	3	4
4	2	7	3	7	3	6	1	6	2
5	6	5	1	2	4	5	4	5	1
1	7	3	6	5	1	7	3	2	4
2	4	2	1	4	3	4	6	1	3
1	6	3	5	2	1	2	5	4	2

:::: Puzzle (204) ::::

2	1	5	7	3	1	2	4	1	2
3	7	2	6	2	4	3	7	5	6
4	5	1	3	5	1	2	6	4	3
1	6	2	6	4	7	3	1	7	1
5	4	3	1	2	6	4	5	3	2
3	2	5	4	5	3	2	6	4	5
1	4	3	2	1	6	4	3	2	3
5	2	1	4	3	7	1	5	1	4
3	7	6	5	2	5	2	3	2	5
2	1	3	4	1	4	6	1	4	1

:::: Puzzle (205) ::::

3	6	5	7	4	2	1	3	5	1
1	4	2	6	1	5	6	2	7	2
5	6	3	5	3	4	3	4	5	4
2	7	1	4	7	5	2	1	2	3
3	4	2	5	2	1	7	3	6	5
6	1	3	7	4	6	4	2	1	3
5	2	6	1	5	3	7	6	4	2
1	3	7	2	4	2	5	1	3	1
4	5	1	3	6	3	4	2	7	5
6	3	7	4	1	2	1	5	4	6

:::: Puzzle (206) ::::

7	4	6	2	3	5	2	3	4	1
3	1	5	4	6	1	4	7	2	6
5	2	3	2	5	7	3	6	1	5
1	6	5	4	1	2	5	7	3	4
2	3	2	3	6	3	4	1	2	1
1	4	6	1	7	2	6	3	4	7
3	7	2	4	5	4	5	2	1	6
5	1	6	7	3	2	1	6	4	5
3	4	5	4	1	4	5	3	7	3
2	1	6	2	5	3	7	1	2	4

:::: Puzzle (207) ::::

4	6	7	3	2	5	1	4	3	2
5	2	4	5	1	7	3	2	6	4
1	6	3	7	3	6	1	4	1	3
5	2	4	1	2	7	3	5	2	4
6	1	5	6	3	4	2	4	3	1
3	7	4	1	2	5	3	6	2	5
1	2	3	6	7	1	4	1	3	1
7	5	1	2	4	3	2	5	2	5
1	2	4	6	5	6	7	1	4	6
6	5	3	1	7	3	4	2	5	1

:::: Puzzle (208) ::::

4	1	2	6	7	5	2	1	6	1
2	5	3	1	3	4	6	7	4	2
6	1	4	6	5	2	1	5	1	3
7	3	5	1	3	4	3	2	4	5
5	4	7	6	2	5	1	5	7	2
1	3	2	3	1	4	2	4	1	6
2	6	1	4	2	5	7	6	2	3
5	4	7	3	1	3	2	1	4	5
3	6	2	4	5	6	7	3	2	3
4	1	5	7	1	3	2	1	4	1

:::: Puzzle (209) ::::

1	3	2	4	1	2	3	1	2	3
7	4	6	3	5	6	4	5	4	6
2	5	7	2	1	3	1	3	1	5
3	1	4	5	4	5	4	7	2	3
5	2	6	3	7	6	2	6	4	1
1	3	1	4	1	3	7	1	3	2
6	4	7	2	5	6	5	2	5	1
1	2	3	6	4	2	7	1	4	2
3	5	1	5	1	3	4	5	3	1
1	4	2	3	6	5	2	6	4	2

:::: Puzzle (210) ::::

4	6	1	7	6	1	6	4	2	1
7	3	5	2	3	2	3	5	7	3
5	2	1	7	5	4	1	2	1	4
1	3	6	4	1	2	3	6	7	3
7	4	5	3	5	4	5	1	4	1
6	2	1	2	1	3	7	2	6	2
3	5	3	7	6	4	5	4	3	1
1	4	2	4	5	3	1	6	5	2
3	5	3	1	2	4	2	3	4	1
2	4	2	6	3	1	5	1	5	2

:::: Puzzle (211) ::::

1	3	2	1	2	1	4	7	3	2
5	6	4	5	4	3	5	6	1	6
2	3	1	2	7	6	2	4	2	4
1	6	7	3	1	4	3	7	6	7
5	3	4	2	5	6	1	2	3	5
4	6	5	1	3	2	5	4	7	1
7	2	4	2	5	1	6	1	3	4
1	6	5	1	4	2	4	5	2	5
3	4	3	2	7	5	3	6	3	4
2	1	5	1	3	6	1	5	2	7

:::: Puzzle (212) ::::

4	1	2	5	3	5	1	3	1	4
2	5	3	1	6	7	4	7	2	7
6	4	2	4	3	1	3	6	4	6
5	1	3	1	2	7	5	1	7	2
4	2	4	6	5	6	4	2	3	5
7	1	5	3	1	2	3	6	4	2
6	4	6	7	4	7	5	1	5	1
1	2	3	5	1	3	6	3	2	3
7	6	1	4	2	4	2	5	1	6
2	3	5	3	5	1	3	4	2	5

:::: Puzzle (213) ::::

4	2	1	2	3	2	1	6	3	4
3	5	3	4	5	4	5	4	1	2
4	6	1	6	7	3	1	6	3	4
2	5	4	2	5	2	4	2	5	2
1	3	1	3	4	7	6	1	3	1
5	6	2	6	2	1	2	5	6	5
1	3	5	1	5	6	3	1	2	4
6	7	6	2	3	1	2	4	5	3
4	2	4	1	7	4	3	7	1	2
5	1	3	5	6	2	1	5	4	3

:::: Puzzle (214) ::::

4	7	2	5	2	3	1	4	7	1
1	5	3	6	7	6	5	3	5	4
2	6	4	1	3	2	4	1	6	1
4	1	3	2	4	1	5	2	4	3
3	2	6	5	3	2	6	1	5	2
5	1	7	2	1	7	5	4	6	4
2	3	4	6	3	2	3	7	3	1
5	1	7	2	5	6	4	5	4	2
7	6	4	1	4	3	2	1	6	3
1	3	5	7	2	1	4	3	5	1

:::: Puzzle (215) ::::

2	5	6	4	3	1	4	3	6	1
3	4	3	1	5	2	5	2	5	4
1	6	7	2	6	3	1	7	1	2
5	4	5	4	1	2	4	3	5	3
2	6	1	3	5	3	5	1	2	4
4	7	4	6	7	1	2	7	6	3
3	2	5	2	4	3	5	3	1	5
1	7	1	3	1	6	2	6	4	6
2	4	2	7	4	5	4	7	2	7
3	6	5	1	2	1	3	6	5	1

:::: Puzzle (216) ::::

1	2	3	2	6	4	5	1	3	7
3	7	5	1	3	1	2	4	5	6
2	1	2	6	4	5	6	1	7	4
4	6	3	7	2	3	4	5	3	2
5	2	1	5	4	1	2	1	4	1
1	4	3	6	7	6	7	5	3	2
3	6	5	1	3	2	4	1	4	6
4	2	3	2	6	1	5	3	5	2
1	5	1	5	4	7	6	2	4	1
4	3	2	6	2	3	4	1	6	3

:::: Puzzle (217) ::::

4	6	4	1	3	2	3	1	2	5
2	1	3	7	5	1	7	5	7	4
5	4	6	2	6	3	2	3	2	6
3	1	5	3	1	4	1	4	1	5
2	4	2	4	2	5	2	5	3	4
6	3	1	3	6	1	7	1	2	1
4	5	4	2	4	2	5	6	4	3
1	3	1	5	3	7	3	1	2	1
7	5	4	6	2	5	2	5	3	4
1	2	3	1	4	3	1	6	1	2

:::: Puzzle (218) ::::

4	5	6	7	1	5	2	4	6	3
2	3	1	5	2	7	3	1	2	1
6	5	2	4	3	6	2	4	7	5
4	3	6	5	7	1	3	5	1	3
1	2	1	3	6	4	6	2	6	4
3	4	5	7	2	7	1	4	5	1
1	6	1	3	5	3	6	3	2	4
5	2	5	2	4	1	5	4	1	6
4	6	7	6	5	3	2	3	5	3
2	3	1	4	2	7	6	1	2	4

:::: Puzzle (219) ::::

3	2	1	7	3	5	1	2	4	1
6	4	5	2	1	2	4	3	6	3
3	1	6	4	5	3	6	5	7	1
5	4	2	3	2	1	2	3	2	4
1	6	5	1	4	6	5	4	1	5
2	7	3	2	5	2	7	2	3	7
3	4	5	1	3	1	3	5	1	6
6	1	6	4	5	4	2	7	3	2
3	4	2	1	3	1	3	4	6	4
1	5	3	6	2	4	2	1	2	1

:::: Puzzle (220) ::::

1	6	2	4	2	3	1	7	3	6
5	3	1	3	1	4	5	2	4	2
2	4	2	7	5	2	3	1	3	1
6	1	5	1	4	1	7	5	2	4
5	4	6	2	3	6	3	4	3	6
1	2	3	1	5	4	7	1	2	1
7	5	4	2	6	2	3	6	3	7
4	6	3	5	1	4	1	2	1	5
3	2	4	2	3	2	3	5	7	2
7	1	5	6	7	1	6	1	4	3

::::: Puzzle (221) :::::

1	2	5	3	1	7	5	6	3	5
4	3	4	2	5	2	4	2	4	1
1	2	6	3	6	3	6	1	6	3
4	3	4	5	7	1	7	4	7	5
2	7	6	1	2	4	3	2	1	2
5	1	2	3	5	7	1	6	4	5
6	7	5	1	2	3	4	2	7	6
3	1	2	4	5	1	5	6	5	4
4	5	3	6	3	6	2	3	1	3
2	1	4	7	1	5	4	7	6	2

::::: Puzzle (222) :::::

6	4	5	4	7	6	2	3	1	5
1	2	6	2	1	4	1	5	7	6
5	3	5	3	5	6	3	4	1	4
2	7	1	2	1	7	5	2	6	2
5	4	3	4	3	4	6	4	3	1
1	2	1	2	6	1	2	5	2	4
6	5	7	4	5	3	4	3	7	6
3	1	3	1	7	6	1	2	5	3
6	7	2	5	3	2	5	3	6	2
3	4	1	6	4	1	7	1	4	5

::::: Puzzle (223) :::::

3	4	2	3	5	1	7	4	3	1
5	1	7	6	4	2	5	1	2	6
2	3	2	3	5	3	7	4	5	4
7	4	6	1	7	2	6	3	2	1
6	1	2	4	3	4	1	5	6	7
2	5	3	5	2	6	2	3	2	1
1	4	1	4	7	4	1	5	4	5
2	3	5	3	1	2	6	7	3	2
1	7	1	7	5	3	4	2	1	6
3	2	3	6	4	1	5	6	4	3

::::: Puzzle (224) :::::

7	2	1	3	2	3	2	7	1	6
4	3	5	7	1	5	4	5	4	3
6	1	4	3	4	3	6	2	1	6
5	2	6	7	2	5	1	5	7	2
7	1	3	1	4	6	2	3	4	5
3	2	4	2	3	1	5	7	2	1
6	1	6	7	4	6	3	4	6	7
5	4	3	5	2	1	2	1	5	3
3	6	2	4	6	7	5	4	2	1
1	7	5	7	3	4	2	1	6	3

::::: Puzzle (225) :::::

7	1	2	1	5	3	1	3	4	5
4	6	4	3	4	7	2	5	2	6
5	3	1	2	6	1	3	4	1	3
1	2	4	3	5	2	6	2	5	7
3	5	1	2	1	4	3	4	1	6
2	4	3	4	6	5	2	5	3	4
1	5	7	5	1	3	6	4	2	1
6	3	6	2	4	7	2	5	3	5
2	4	1	3	6	5	1	4	1	2
1	3	5	7	1	2	6	2	7	3

::::: Puzzle (226) :::::

1	3	5	1	2	1	5	1	4	2
4	6	2	7	3	4	3	2	3	1
5	7	1	5	6	2	5	4	6	5
3	2	3	2	1	4	3	1	3	1
4	6	7	4	5	6	7	2	4	2
1	5	2	3	1	4	1	3	1	3
7	4	1	6	7	3	5	7	2	5
6	2	3	2	5	1	6	4	6	4
3	5	4	1	3	2	5	2	3	2
2	1	3	2	7	1	6	4	1	6

::::: Puzzle (227) :::::

5	4	6	5	4	2	1	3	4	2
3	1	2	3	1	3	7	2	6	5
6	5	7	4	2	4	6	3	4	3
1	4	3	1	5	3	2	1	7	1
2	7	6	2	6	1	5	3	2	6
4	1	3	4	5	4	7	4	5	1
2	5	2	7	3	2	5	3	2	6
3	1	3	6	1	4	1	7	4	1
5	4	5	4	3	6	2	6	5	3
1	2	1	2	1	5	3	4	1	2

::::: Puzzle (228) :::::

1	5	2	1	3	6	5	2	3	1
7	4	3	4	2	1	4	1	4	6
6	1	5	1	3	5	3	2	5	1
3	4	2	4	7	2	4	1	6	3
5	6	1	5	1	3	7	3	4	7
7	2	3	2	4	5	6	2	5	2
5	6	4	5	1	2	7	1	6	3
1	3	1	2	3	4	3	5	7	4
2	5	7	6	1	6	2	4	1	5
4	1	2	5	3	4	1	6	2	3

::::: Puzzle (229) :::::

1	7	1	3	4	6	1	5	4	6
4	3	2	6	2	7	4	2	3	1
2	1	5	4	3	6	3	5	4	2
5	4	2	1	7	4	1	2	3	6
6	3	6	5	2	5	3	6	7	1
4	5	1	4	3	1	2	1	5	3
3	7	6	2	5	4	3	7	4	2
5	1	5	1	3	1	2	6	1	5
7	6	4	2	6	4	3	5	2	7
2	1	5	3	5	2	1	6	3	4

::::: Puzzle (230) :::::

3	5	3	1	5	2	4	6	4	2
6	4	2	6	4	1	3	2	1	3
5	1	7	3	5	2	5	4	7	6
2	3	5	6	4	7	1	6	5	4
1	4	2	1	2	3	5	3	2	6
2	3	7	6	5	1	7	1	7	1
1	6	1	2	3	4	5	3	2	4
5	4	3	4	5	2	7	1	5	6
1	6	7	2	3	1	6	2	4	3
2	3	4	1	5	2	4	3	5	1

::::: Puzzle (231) :::::

5	3	1	2	4	1	5	2	1	2
4	7	5	6	3	6	3	4	3	5
6	2	3	1	5	2	5	7	1	6
7	1	6	7	3	1	6	3	2	4
2	4	3	4	2	4	2	1	7	1
3	5	1	5	1	3	5	3	4	3
6	2	4	2	4	7	4	2	1	5
4	1	3	1	3	2	1	7	6	2
3	2	5	6	5	6	5	4	3	4
6	7	1	4	3	4	2	1	2	1

::::: Puzzle (232) :::::

4	1	3	1	2	1	3	5	3	1
2	7	2	6	3	7	6	1	4	2
3	6	4	5	4	2	4	2	3	5
1	5	1	6	3	1	3	5	1	6
4	2	7	2	5	4	2	4	2	3
5	1	3	6	7	1	6	3	5	1
2	4	5	2	4	2	4	2	7	3
1	3	6	1	5	1	6	1	5	1
2	7	4	2	3	4	3	2	4	6
1	6	3	5	7	1	5	1	3	2

::::: Puzzle (233) :::::

3	5	1	5	7	3	2	5	3	6
4	2	3	4	2	4	1	4	1	2
5	1	6	1	5	6	5	6	3	7
3	7	5	2	4	2	3	1	4	2
5	6	4	1	3	6	7	2	6	3
2	1	2	7	4	5	1	3	5	1
6	4	3	1	6	3	2	4	7	4
1	5	7	4	2	4	6	1	6	5
3	4	2	6	5	7	3	2	3	2
1	5	3	1	2	4	5	1	5	4

::::: Puzzle (234) :::::

2	1	3	5	6	2	3	4	1	2
6	4	2	4	1	4	1	6	5	3
7	5	1	5	6	5	2	3	4	7
1	6	7	3	4	3	7	5	1	3
2	3	4	1	2	6	2	3	2	4
6	1	2	3	7	1	4	1	5	1
3	4	5	4	5	3	5	6	2	3
1	7	3	2	6	4	2	3	5	1
5	2	6	4	5	1	7	6	7	2
3	4	1	2	3	2	5	1	4	6

::::: Puzzle (235) :::::

4	7	6	2	5	1	3	1	2	4
1	2	4	3	7	4	6	7	5	3
5	3	6	1	2	5	2	1	2	1
2	4	5	4	3	6	3	4	3	4
6	1	6	1	2	1	7	6	5	1
3	5	4	7	3	6	5	4	2	3
1	2	3	2	5	2	1	6	1	7
5	4	1	6	1	6	7	3	4	2
2	7	5	3	7	4	1	2	1	5
3	4	2	6	1	2	5	3	4	3

::::: Puzzle (236) :::::

2	5	6	5	4	5	1	4	6	1
4	3	7	3	7	3	7	3	5	2
1	5	1	2	1	6	1	2	7	3
6	2	4	6	4	2	4	5	4	1
1	7	3	1	3	6	1	6	2	6
4	2	5	4	2	4	3	5	1	4
1	3	1	3	5	1	2	6	7	2
5	4	6	4	2	3	7	3	5	1
1	2	3	5	7	5	2	1	2	4
3	6	1	2	4	1	6	5	3	6

::::: Puzzle (237) :::::

1	2	5	2	1	3	2	3	2	1
3	6	1	4	5	4	1	4	6	7
1	2	3	7	6	2	5	3	1	2
4	5	1	4	3	1	4	2	6	3
1	2	6	2	5	2	5	1	4	1
7	4	5	1	4	3	4	6	2	5
5	2	3	6	2	1	5	3	4	3
6	7	1	5	4	3	6	2	1	5
3	5	4	3	2	7	1	5	3	2
6	1	2	1	5	3	4	2	1	4

::::: Puzzle (238) :::::

4	6	1	2	4	7	1	6	5	3
2	7	3	5	1	5	3	2	4	2
5	1	6	4	2	4	6	5	1	3
2	4	2	1	3	1	3	4	6	7
5	3	7	4	6	7	2	1	2	3
6	4	5	3	1	4	5	3	4	1
1	2	1	2	5	2	6	2	6	3
5	3	6	4	3	4	3	4	5	2
4	1	2	5	7	2	5	2	3	1
5	3	6	1	3	1	6	1	5	4

::::: Puzzle (239) :::::

5	6	1	5	1	3	5	4	3	1
7	4	2	6	4	6	2	1	2	6
2	6	3	1	7	3	4	5	4	1
4	5	4	5	2	5	7	6	3	2
3	2	3	6	7	1	3	1	5	4
1	5	1	5	4	6	2	6	2	3
2	6	3	6	2	3	5	3	4	5
5	1	7	4	1	4	1	2	6	3
2	3	6	2	5	2	6	3	5	1
1	4	5	3	4	1	4	1	2	4

::::: Puzzle (240) :::::

4	1	2	5	2	6	1	2	5	2
2	3	4	3	1	3	7	6	4	1
1	5	2	5	2	4	2	5	3	5
3	4	6	1	3	1	3	4	2	1
1	5	3	2	4	5	2	1	3	4
4	2	1	7	1	3	6	7	2	1
5	7	6	4	6	5	2	1	4	3
2	1	3	5	1	4	6	3	6	1
4	5	2	6	7	2	5	2	5	7
1	3	1	3	4	1	7	3	4	2

::::: Puzzle (241) :::::

3	2	3	1	2	6	2	3	1	6
1	5	4	5	3	7	5	4	5	4
3	6	3	1	6	1	2	7	2	7
2	1	2	5	4	5	4	3	1	3
4	5	6	1	3	2	1	7	6	4
3	1	4	2	4	6	4	2	5	2
5	6	3	1	7	2	3	6	1	4
4	1	4	2	5	6	1	7	5	3
6	5	3	7	4	2	5	4	6	1
7	1	2	5	3	6	1	7	3	2

::::: Puzzle (242) :::::

1	3	2	6	1	7	5	2	1	4
2	6	5	4	3	2	4	6	7	3
4	7	1	2	1	5	1	2	5	1
1	3	4	3	7	3	4	7	6	4
5	6	2	1	2	6	1	5	1	3
2	4	3	4	3	5	4	3	2	5
6	5	2	5	6	1	6	5	4	3
3	4	6	1	3	4	2	7	1	7
1	5	2	5	7	6	3	4	6	2
2	3	1	3	4	1	7	2	5	1

::::: Puzzle (243) :::::

6	1	2	3	1	4	5	1	5	6
2	5	6	5	7	3	6	7	4	2
4	1	3	2	1	4	2	3	1	3
3	2	4	5	3	5	1	6	2	4
1	5	3	1	4	2	3	7	1	6
2	6	2	5	7	1	4	5	2	5
5	1	3	4	2	5	2	1	4	3
4	2	6	1	3	7	4	3	2	7
3	5	4	7	4	1	5	6	5	4
1	2	6	1	3	2	3	2	1	3

::::: Puzzle (244) :::::

3	2	1	4	3	6	5	1	3	7
1	5	6	5	2	7	2	6	4	2
4	3	1	4	3	5	1	5	1	3
5	6	2	7	1	4	3	4	2	4
1	3	5	6	2	5	2	1	6	1
5	2	1	4	3	4	3	5	3	2
6	3	6	2	6	1	2	4	7	1
2	4	5	4	7	4	6	5	6	3
1	3	1	3	2	1	7	3	2	1
7	5	4	5	6	4	2	1	4	5

::::: Puzzle (245) :::::

4	3	7	2	6	2	1	5	3	1
6	2	4	1	4	5	7	2	7	4
5	3	5	2	3	1	3	1	6	2
6	1	4	1	4	5	2	4	5	3
2	3	7	5	7	3	1	3	6	2
1	6	1	2	1	2	6	4	5	3
4	5	3	4	6	7	5	1	6	1
2	1	2	1	5	1	6	2	3	4
3	6	5	3	2	3	4	7	5	1
4	1	4	6	1	5	2	6	4	3

::::: Puzzle (246) :::::

1	2	5	4	2	3	5	1	4	2
3	4	3	1	7	4	6	3	7	6
2	1	6	4	6	1	2	1	5	3
6	4	3	1	3	7	5	4	2	4
3	5	2	7	5	1	6	1	5	1
1	6	1	4	6	7	3	4	7	2
2	5	3	2	3	1	2	6	3	6
3	4	7	4	5	4	5	1	2	1
2	5	1	3	1	7	2	4	7	5
1	6	2	6	5	4	3	1	3	2

::::: Puzzle (247) :::::

1	6	3	1	3	7	3	2	6	1
4	2	4	2	5	1	6	1	4	5
7	3	5	1	4	2	7	5	2	1
5	1	2	3	5	3	1	4	6	4
3	4	6	4	1	4	6	2	1	2
2	7	1	5	2	3	7	3	5	6
5	4	2	4	7	6	1	4	2	1
1	3	1	3	5	3	2	3	6	4
2	5	6	2	6	4	5	7	5	2
3	1	4	5	1	2	6	1	3	1

::::: Puzzle (248) :::::

3	1	2	4	6	4	3	7	5	1
5	4	5	3	1	2	1	2	6	2
2	7	2	4	5	7	3	4	1	4
1	4	3	6	3	6	1	6	3	5
3	5	1	2	1	2	5	4	7	2
1	2	4	5	3	4	3	2	1	4
6	5	3	6	1	2	1	6	3	2
3	1	4	7	4	5	3	5	1	7
4	2	6	3	2	7	1	2	3	4
5	1	7	1	4	6	3	5	1	2

::::: Puzzle (249) :::::

2	3	1	6	4	3	5	2	4	3
1	5	4	3	1	2	1	7	6	1
6	2	6	2	4	5	4	5	2	4
4	1	3	5	1	2	1	6	3	7
3	5	2	6	4	3	4	5	1	5
4	7	3	1	2	6	2	3	4	3
3	5	6	5	4	7	1	5	6	2
2	1	7	1	3	6	2	3	4	5
6	4	5	2	5	4	1	5	6	3
1	2	3	4	1	3	6	2	1	2

::::: Puzzle (250) :::::

5	2	3	2	4	2	3	4	7	1
3	6	1	5	1	5	6	5	2	3
1	4	2	3	2	4	3	4	1	4
3	6	1	5	7	6	1	6	2	5
4	2	7	3	1	5	2	4	7	3
7	1	6	2	4	7	1	5	1	5
3	5	7	1	3	2	6	3	7	6
6	1	4	6	4	7	4	1	4	2
5	3	2	1	5	1	2	5	6	3
2	1	5	3	6	4	3	1	2	1

::::: Puzzle (251) :::::

5	3	4	2	6	1	5	3	1	2
1	6	5	1	4	7	6	2	7	3
2	3	4	3	6	2	1	3	1	2
5	1	7	2	7	4	5	4	6	5
2	4	5	6	5	1	2	3	1	3
7	1	2	4	3	6	4	6	2	4
3	6	3	6	2	1	2	3	7	1
4	2	7	1	5	7	5	1	5	3
6	5	4	3	4	6	4	6	4	2
1	7	1	2	1	3	2	1	3	5

::::: Puzzle (252) :::::

3	1	4	1	5	4	2	3	5	1
7	6	2	6	2	6	5	4	6	2
3	5	4	3	5	3	1	3	7	1
1	6	2	7	1	4	2	6	5	2
4	5	4	5	2	3	7	1	3	1
2	6	2	6	4	6	4	5	4	7
7	1	4	7	5	1	2	1	6	1
5	6	3	1	3	4	3	7	2	5
3	1	2	7	2	5	1	6	1	7
4	6	3	5	1	3	2	4	3	2

::::: Puzzle (253) :::::

7	3	4	1	6	2	5	1	3	2
4	1	2	5	3	1	4	2	4	1
5	3	7	4	6	5	6	3	5	2
6	1	5	2	1	4	2	7	4	6
3	2	3	6	7	3	1	5	1	3
6	4	1	4	5	2	7	2	4	6
7	3	5	3	1	3	5	3	1	2
5	6	1	4	5	2	1	2	5	3
2	7	2	6	7	6	4	6	4	1
4	1	3	4	3	2	1	3	7	2

::::: Puzzle (254) :::::

3	6	5	4	6	3	5	2	4	5
4	1	3	1	2	1	4	7	3	1
5	7	4	6	3	7	6	1	2	6
2	3	5	1	2	5	3	4	3	4
1	4	2	7	3	4	7	2	5	2
2	5	1	5	6	2	5	1	3	1
1	6	3	2	1	4	3	6	4	5
4	2	1	4	7	5	2	5	2	3
3	5	3	6	3	4	1	3	4	6
2	1	4	2	1	6	5	2	1	7

::::: Puzzle (255) :::::

1	5	6	4	1	3	1	2	1	2
2	4	3	5	6	2	4	3	6	5
3	7	1	4	3	1	6	1	2	7
5	2	3	5	7	2	5	7	3	4
4	7	4	6	1	3	1	4	5	6
1	3	2	5	2	4	7	2	3	2
4	6	7	1	6	5	3	4	1	5
5	2	3	4	2	1	2	5	6	4
1	6	1	6	3	5	3	4	1	7
2	3	2	4	1	7	1	2	5	3

::::: Puzzle (256) :::::

3	2	1	6	2	4	2	7	3	4
4	7	5	4	7	1	5	1	6	1
2	3	6	1	3	6	7	3	4	2
5	7	4	2	5	1	2	5	1	5
4	2	5	6	4	6	4	3	2	3
6	1	7	3	1	3	5	1	6	4
2	3	5	6	5	4	6	4	3	5
7	1	2	1	3	1	5	2	1	2
5	4	3	4	6	2	4	3	4	5
3	1	2	5	7	3	1	2	1	2

::::: Puzzle (257) :::::

4	5	2	5	1	5	2	4	6	3
1	6	3	6	2	4	7	3	1	4
7	2	5	1	3	6	2	6	2	3
1	4	3	2	4	7	3	4	5	1
3	2	1	7	1	5	1	7	2	6
6	4	5	4	6	4	6	4	1	5
5	1	6	2	3	2	7	5	7	3
4	3	7	5	1	5	6	2	4	1
7	2	4	2	6	3	1	5	6	2
5	3	1	3	7	4	2	3	1	3

::::: Puzzle (258) :::::

4	2	1	4	5	4	1	2	1	5
1	3	5	3	2	3	6	4	6	3
2	4	2	6	1	4	5	2	7	2
6	7	1	3	5	3	1	3	5	6
5	2	5	4	7	2	4	2	4	3
4	3	1	2	1	6	1	6	5	1
1	2	5	7	3	4	3	7	4	2
3	4	6	2	5	1	6	5	1	5
6	1	3	1	3	2	4	3	2	6
3	7	4	2	7	5	6	1	4	1

::::: Puzzle (259) :::::

5	2	1	3	2	6	2	1	3	4
3	4	6	5	1	3	4	5	6	5
6	1	3	2	4	7	1	2	1	7
7	4	5	1	3	2	3	4	3	2
6	1	3	2	5	4	5	2	1	4
5	2	4	1	3	1	6	4	3	5
6	1	5	2	7	2	3	2	1	6
5	3	4	6	3	4	5	6	4	3
1	6	2	1	2	1	2	1	5	1
2	3	5	4	7	5	3	4	6	2

::::: Puzzle (260) :::::

1	7	1	6	2	3	7	6	2	1
5	4	2	3	5	1	4	1	4	3
2	7	5	6	4	3	6	3	2	1
6	3	2	1	5	1	5	4	5	3
2	1	5	3	2	4	7	6	2	1
4	3	4	6	1	5	2	3	5	7
5	2	1	2	4	3	4	6	4	2
7	4	6	3	1	5	1	7	1	6
5	3	2	5	6	3	2	5	4	2
6	7	4	1	2	4	1	3	1	3

:::: Puzzle (261) ::::

1	7	3	2	6	5	4	2	5	1
6	2	1	7	4	2	3	1	7	6
3	5	4	5	3	1	4	5	2	1
2	1	6	7	2	6	3	6	4	7
3	4	3	4	3	1	2	1	2	3
1	5	6	5	2	7	4	5	6	1
3	4	2	1	4	6	3	1	3	5
1	7	5	3	2	1	4	6	2	1
5	3	1	4	5	3	2	3	5	3
1	2	5	6	2	4	1	7	2	4

:::: Puzzle (262) ::::

5	3	1	3	6	5	2	5	2	1
2	7	5	4	1	3	7	4	3	4
6	3	1	2	6	2	6	2	1	5
1	4	5	4	7	4	1	7	4	3
3	6	1	6	2	5	3	5	6	2
1	2	4	5	3	6	1	2	3	4
4	5	7	6	1	2	5	4	5	1
2	3	1	2	3	7	1	3	2	6
5	6	5	6	4	5	4	6	7	1
3	1	4	2	1	2	1	3	4	3

:::: Puzzle (263) ::::

5	4	6	1	3	4	1	7	2	1
3	2	7	4	5	7	6	4	6	5
5	4	1	2	3	2	5	1	3	7
2	3	6	5	4	1	3	2	6	2
1	5	1	2	6	2	6	5	3	1
3	4	3	5	4	7	4	7	2	4
6	1	7	6	1	2	1	3	1	6
2	3	2	4	5	3	4	5	7	5
7	4	5	3	1	2	6	1	3	2
5	2	1	4	6	7	3	5	4	1

:::: Puzzle (264) ::::

2	4	3	5	1	5	3	6	2	1
3	1	6	4	6	2	1	4	3	4
4	2	5	2	3	4	5	7	2	1
1	3	6	4	5	2	3	4	3	4
5	4	5	1	7	1	6	1	2	6
6	7	2	6	2	4	7	3	5	3
1	3	1	5	1	3	1	6	4	1
4	2	4	2	7	4	5	3	2	5
5	7	6	3	1	3	1	6	1	3
2	3	1	2	6	5	7	2	4	2

:::: Puzzle (265) ::::

5	4	6	2	7	6	2	1	2	6
2	1	3	1	3	5	4	3	4	3
5	4	5	4	6	1	2	7	5	1
3	2	6	1	2	4	3	4	6	2
1	4	3	4	3	5	1	2	1	3
5	6	5	2	6	2	3	7	5	4
1	4	1	3	5	1	5	2	3	1
7	2	7	6	2	4	7	1	4	6
1	3	1	3	1	5	2	3	2	3
4	6	5	2	4	3	1	5	1	5

:::: Puzzle (266) ::::

2	4	1	7	1	3	6	4	5	2
5	3	2	3	4	2	5	2	3	1
1	6	4	1	7	6	3	6	5	4
7	3	2	5	4	1	2	1	3	7
4	5	7	3	2	3	4	5	2	5
1	2	1	6	4	5	6	3	6	1
3	4	3	2	3	1	7	2	5	4
2	5	1	6	4	2	3	1	3	2
7	6	2	3	5	1	5	4	5	4
4	5	1	4	6	4	2	1	3	1

:::: Puzzle (267) ::::

4	3	1	3	2	1	5	3	4	1
7	2	4	6	4	3	2	1	6	7
1	6	1	3	1	5	4	3	2	5
4	2	5	2	4	2	1	5	1	3
3	6	4	1	6	5	7	3	6	4
5	1	2	5	2	1	4	1	7	2
2	4	3	4	3	6	2	5	4	5
1	5	1	6	5	7	4	1	3	6
3	7	2	4	3	6	2	7	5	1
5	6	1	6	2	1	3	4	2	3

:::: Puzzle (268) ::::

4	2	1	7	4	3	2	4	1	3
7	5	3	6	5	1	7	5	2	5
1	6	4	1	2	3	6	4	1	4
4	5	3	6	5	4	1	5	3	2
6	7	4	1	2	3	2	6	1	4
5	2	3	5	7	5	1	3	5	2
3	1	6	1	3	2	6	2	6	3
2	5	4	7	5	1	4	1	4	7
3	6	3	6	3	2	5	2	5	3
2	1	4	2	1	4	6	3	1	2

:::: Puzzle (269) ::::

4	1	3	5	4	3	2	7	1	2
3	5	4	2	7	6	1	6	5	6
2	6	1	6	3	5	2	4	1	3
5	4	3	2	1	4	1	3	7	5
1	2	5	4	3	2	6	5	6	4
6	4	3	1	5	1	7	2	7	1
2	7	5	4	7	3	4	5	6	4
3	1	3	2	5	2	1	2	7	3
5	4	6	4	3	7	6	3	4	2
1	3	2	5	6	1	2	5	6	1

:::: Puzzle (270) ::::

2	4	3	1	2	6	2	1	2	6
6	7	2	5	3	1	4	6	5	4
3	5	1	7	2	5	3	1	2	3
1	2	3	4	3	6	2	4	7	5
4	7	1	2	1	4	3	6	1	3
6	2	6	5	7	5	1	7	4	5
3	4	3	1	4	3	4	5	3	1
5	1	2	7	6	7	2	6	4	2
2	6	3	1	3	1	4	5	1	6
1	5	7	5	4	2	6	3	2	5

:::: Puzzle (271) ::::

2	1	4	5	3	4	1	6	2	3
5	3	2	1	6	2	3	5	7	4
1	6	4	5	7	1	4	1	3	5
7	3	2	3	4	2	5	6	2	1
5	1	4	1	5	1	3	1	3	6
4	2	3	6	3	2	6	2	4	2
1	5	1	2	4	1	7	5	3	5
7	2	4	5	3	5	3	1	2	1
4	3	1	2	4	1	4	5	4	7
2	5	6	3	6	3	2	6	1	2

:::: Puzzle (272) ::::

4	2	5	1	5	6	4	1	3	1
3	1	4	2	3	2	3	2	5	4
6	5	3	1	6	5	6	4	3	6
4	1	2	5	4	2	3	1	2	5
3	5	4	1	6	1	5	6	3	6
2	6	3	2	5	3	2	1	2	1
4	7	1	4	1	4	5	4	5	4
3	2	3	2	7	2	6	3	7	6
5	4	6	4	6	3	5	4	2	5
6	1	5	1	2	1	2	1	3	1

:::: Puzzle (273) ::::

1	6	3	5	3	6	3	4	6	1
7	4	2	7	2	5	2	7	2	3
3	6	5	6	1	4	1	5	4	5
2	1	2	4	2	6	3	6	2	1
3	4	7	1	3	1	5	4	7	3
6	1	5	6	5	4	2	3	2	5
3	4	2	3	1	3	1	6	1	4
2	5	1	5	2	6	2	5	3	2
1	4	3	4	3	1	4	1	4	1
2	5	6	1	7	2	3	5	7	6

:::: Puzzle (274) ::::

2	7	4	5	6	1	3	4	5	4
5	1	3	1	3	5	2	6	2	1
2	6	7	4	2	4	7	1	3	5
5	4	2	1	3	5	3	5	2	7
1	7	3	6	4	2	4	1	6	3
2	4	1	2	7	6	3	7	4	2
5	3	5	3	1	2	1	6	5	6
7	1	4	2	4	5	3	4	3	1
4	2	7	6	3	6	2	5	2	5
6	1	3	1	4	5	7	3	4	1

:::: Puzzle (275) ::::

4	5	7	5	2	1	3	1	3	1
2	3	2	1	3	4	6	2	6	4
5	4	7	6	5	2	1	3	7	5
6	2	5	1	7	4	7	4	2	3
1	4	3	4	6	1	3	5	1	5
3	7	6	1	2	5	4	2	4	2
5	1	2	3	6	3	1	6	3	1
6	4	5	4	5	2	5	4	2	7
2	3	1	2	1	6	1	3	6	1
1	7	4	3	5	3	7	4	2	5

:::: Puzzle (276) ::::

4	5	3	6	4	1	3	1	3	1
3	1	2	5	2	5	4	6	4	2
2	4	6	3	1	3	1	2	3	5
6	1	2	7	5	2	5	6	1	2
5	3	4	6	1	7	4	7	4	5
7	1	5	2	3	5	2	3	6	2
3	2	3	4	1	6	1	7	1	4
4	1	6	2	5	3	4	3	5	2
6	2	3	1	7	1	2	1	4	1
1	4	5	2	3	4	5	3	2	3

:::: Puzzle (277) ::::

7	4	3	6	4	3	5	4	3	1
2	5	2	5	1	7	2	1	7	4
1	4	1	6	2	3	5	6	5	6
2	3	2	5	4	6	1	2	1	2
4	5	4	1	7	5	3	6	3	4
1	3	6	2	6	4	1	5	2	5
4	7	5	3	1	3	2	3	4	3
6	3	1	6	2	6	1	6	1	2
2	5	2	5	4	7	4	5	3	4
1	3	4	3	1	5	1	2	1	2

:::: Puzzle (278) ::::

1	2	4	3	5	1	2	3	4	5
3	5	6	1	2	3	4	5	7	2
6	1	2	7	6	5	6	1	3	6
7	4	3	4	1	2	3	7	4	2
2	1	2	5	3	4	1	5	1	5
3	6	4	6	2	5	3	6	3	2
1	5	1	3	4	1	4	2	5	4
3	4	2	5	7	2	3	1	3	1
1	6	3	1	4	5	6	5	4	6
4	5	2	5	2	7	4	3	1	2

:::: Puzzle (279) ::::

6	5	1	4	2	3	7	1	5	4
2	3	2	3	1	5	4	3	2	3
1	4	1	4	2	3	6	5	1	4
6	2	5	3	1	5	4	2	3	7
1	4	7	6	4	7	6	1	6	2
3	5	1	2	5	2	3	5	7	5
6	4	3	7	4	6	1	2	3	4
5	2	6	2	1	3	5	6	1	2
4	3	5	7	5	4	2	4	5	3
7	1	2	4	3	1	3	1	2	1

:::: Puzzle (280) ::::

1	6	4	7	5	2	1	5	3	2
5	2	3	6	1	4	3	4	1	5
4	1	4	2	3	7	1	7	3	6
3	7	5	7	1	5	2	6	5	1
2	6	2	6	2	3	7	3	2	4
4	5	1	4	1	6	1	5	7	6
3	2	7	2	5	2	3	4	3	4
1	5	3	1	6	4	6	1	2	1
4	2	4	5	3	5	3	5	6	3
3	5	1	6	1	4	2	1	2	4

:::: Puzzle (281) ::::

1	5	6	4	2	3	5	2	1	5
4	3	2	1	6	7	1	3	4	2
7	1	5	3	2	4	2	5	6	1
6	2	6	4	6	5	1	7	3	7
5	4	5	7	1	3	4	6	4	5
1	7	2	3	5	2	5	3	1	3
2	3	4	1	7	3	6	4	6	4
5	6	7	3	6	5	2	1	2	1
4	2	4	2	1	4	3	6	5	3
1	7	3	6	5	6	1	2	1	4

:::: Puzzle (282) ::::

1	3	2	3	6	5	1	4	2	3
2	5	4	5	4	7	6	3	5	1
3	1	6	7	2	3	4	7	2	6
6	4	3	1	4	1	2	6	1	4
5	2	6	5	2	5	3	5	3	5
6	4	1	3	1	4	1	2	7	6
1	7	5	6	2	3	6	3	1	4
4	3	2	1	4	7	2	5	6	2
2	5	4	5	2	5	4	7	4	1
1	3	1	3	6	1	2	3	5	7

:::: Puzzle (283) ::::

6	5	2	7	4	3	6	2	4	5
1	4	3	5	1	2	1	7	3	1
2	6	2	4	6	3	6	2	6	4
5	3	5	3	2	1	4	5	1	5
1	4	1	7	5	6	3	7	4	2
3	2	5	2	4	7	5	1	3	1
4	6	3	7	1	2	4	2	6	5
3	1	2	4	5	3	6	5	1	7
6	5	7	1	6	4	1	2	3	2
3	1	2	4	2	5	3	4	6	1

:::: Puzzle (284) ::::

2	3	1	6	3	1	3	1	4	2
5	4	2	5	4	5	4	2	5	3
3	6	1	7	2	1	3	7	6	1
1	7	5	3	6	4	2	1	2	4
2	3	6	1	5	7	3	4	5	3
1	4	7	2	4	6	2	6	1	2
3	5	3	6	3	5	3	7	4	6
2	1	2	1	2	7	4	1	3	2
4	3	4	5	4	5	3	5	7	4
2	5	1	6	1	2	1	2	3	1

:::: Puzzle (285) ::::

1	2	5	1	3	2	5	4	1	6
3	4	6	4	6	7	1	6	2	4
6	1	2	5	3	5	3	4	3	5
2	7	3	4	1	2	7	1	7	1
3	4	1	2	7	5	6	3	6	2
1	2	5	6	1	2	1	2	4	5
3	4	3	2	3	4	5	6	3	2
1	2	6	4	5	6	7	2	4	5
5	7	1	3	2	4	1	6	3	7
2	3	4	5	1	5	3	7	1	6

:::: Puzzle (286) ::::

3	5	4	2	1	4	5	7	6	7
1	2	3	7	3	6	1	4	3	2
3	5	6	5	2	4	2	6	1	4
2	1	4	1	6	1	5	4	3	5
3	6	3	7	2	3	2	1	6	7
4	5	4	6	5	1	4	7	3	5
1	2	1	3	2	3	2	5	2	4
6	5	7	5	1	5	7	4	1	3
1	4	2	4	7	2	1	6	2	6
2	3	1	3	5	4	3	4	5	1

:::: Puzzle (287) ::::

3	5	1	7	2	4	5	3	6	1
2	4	6	5	1	3	2	4	5	3
1	5	2	4	7	6	1	3	1	6
4	3	7	1	2	3	4	5	2	4
6	2	4	3	6	1	2	3	1	5
5	1	6	1	2	5	7	4	6	7
2	3	2	7	4	3	6	2	3	5
5	6	5	1	6	1	4	1	4	2
1	4	3	4	7	2	3	5	6	3
5	2	1	5	3	4	1	2	1	4

:::: Puzzle (288) ::::

5	2	1	4	1	4	7	3	5	2
3	6	5	7	5	2	1	6	1	3
5	2	3	2	6	4	5	2	4	2
1	4	1	4	1	7	3	1	3	6
5	6	5	7	3	2	6	4	5	4
7	1	3	6	4	1	3	2	7	1
4	2	4	5	7	5	7	6	3	2
6	5	3	1	6	4	3	1	4	1
2	7	4	2	5	2	5	2	5	6
3	1	3	6	1	4	3	6	3	2

:::: Puzzle (289) ::::

3	2	5	4	3	4	1	5	4	5
5	6	3	1	6	2	6	2	1	6
7	1	2	4	5	3	1	7	4	2
6	5	7	3	1	4	6	2	5	3
3	4	1	2	6	2	1	4	1	7
2	7	3	4	1	5	3	6	3	2
6	5	1	5	3	6	7	2	7	4
1	4	3	2	1	2	4	1	6	5
5	2	1	5	3	5	3	2	3	1
3	6	7	4	2	4	1	4	5	4

:::: Puzzle (290) ::::

5	1	3	2	1	3	6	3	2	5
3	2	7	6	4	2	4	7	4	1
4	6	3	2	1	5	6	2	3	7
1	5	4	5	6	3	1	4	5	1
4	7	1	3	4	2	5	6	2	7
5	2	6	2	1	6	1	3	4	1
6	7	1	4	3	5	4	5	2	3
5	4	2	5	7	1	2	6	1	4
3	1	3	4	3	5	3	4	3	5
2	7	2	1	6	7	2	1	6	1

:::: Puzzle (291) ::::

6	4	1	5	1	5	1	6	2	4
3	2	7	2	6	2	3	4	5	3
4	1	6	1	5	4	1	6	2	1
3	5	2	3	7	3	2	4	3	5
1	4	1	4	2	4	1	5	1	4
2	7	6	5	6	3	6	3	2	3
3	1	2	3	2	1	5	4	7	1
2	5	4	1	6	7	3	1	3	2
3	1	7	5	2	5	2	4	5	4
4	6	2	3	1	4	6	3	7	6

:::: Puzzle (292) ::::

3	6	2	4	3	6	4	1	7	2
4	1	7	5	2	1	2	3	5	3
2	5	4	1	3	6	5	4	2	1
3	6	3	5	4	1	2	1	3	4
5	4	2	1	2	6	3	4	6	5
1	6	3	5	7	4	5	2	1	3
3	2	1	6	1	3	1	3	7	6
5	4	3	5	2	7	2	4	1	4
1	2	1	4	3	1	6	5	2	6
7	6	5	2	5	4	2	3	1	7

:::: Puzzle (293) ::::

1	6	5	2	1	5	4	1	3	6
5	4	3	4	3	6	3	2	5	2
2	6	2	1	5	4	1	7	1	4
1	3	4	7	2	3	2	3	5	2
7	5	1	3	1	6	5	7	4	1
4	6	7	4	5	7	2	3	6	3
3	2	5	1	3	1	4	1	2	1
5	6	4	6	5	6	2	5	7	6
1	3	2	3	2	3	4	1	3	1
2	7	4	6	1	7	6	5	4	2

:::: Puzzle (294) ::::

1	7	1	6	4	6	1	5	2	4
5	2	3	5	1	7	2	3	1	6
3	1	4	2	3	5	6	4	2	5
4	5	6	5	4	2	3	1	3	1
3	2	7	2	3	5	7	4	2	4
4	1	6	1	4	1	2	1	5	3
6	7	4	3	5	6	4	3	6	4
1	3	1	6	2	1	5	1	2	5
5	4	2	4	5	3	2	3	4	1
2	6	3	1	2	1	5	6	2	3

:::: Puzzle (295) ::::

4	6	7	3	2	5	1	4	3	2
5	2	4	5	1	7	3	2	6	4
1	6	3	7	3	6	1	4	1	3
5	2	4	1	2	7	3	5	2	4
6	1	5	6	3	4	2	4	3	1
3	7	4	1	2	5	3	6	2	5
1	2	3	6	7	1	4	1	3	1
7	5	1	2	4	3	2	5	2	5
1	2	4	6	5	6	7	1	4	6
6	5	3	1	7	3	4	2	5	1

:::: Puzzle (296) ::::

3	5	4	1	4	2	6	1	5	7
1	6	7	2	6	7	4	2	6	4
3	2	1	3	5	2	1	3	5	3
5	4	6	2	4	3	6	2	4	1
1	2	3	1	6	2	4	3	5	3
3	6	5	2	5	1	5	1	2	1
4	1	4	1	4	3	2	3	4	7
2	3	5	3	7	1	7	1	5	1
6	7	1	4	2	5	6	3	4	6
2	3	6	5	3	1	2	5	2	1

:::: Puzzle (297) ::::

1	7	1	3	4	6	1	5	4	6
4	3	2	6	2	7	4	2	3	1
2	1	5	4	3	6	3	5	4	2
5	4	2	1	7	4	1	2	3	6
6	3	6	5	2	5	3	6	7	1
4	5	1	4	3	1	2	1	5	3
3	7	6	2	5	4	3	7	4	2
5	1	5	1	3	1	2	6	1	5
7	6	4	2	6	4	3	5	2	7
2	1	5	3	5	2	1	6	3	4

:::: Puzzle (298) ::::

1	3	6	7	1	3	4	5	7	2
2	5	2	5	2	6	7	3	1	6
1	4	1	4	7	4	2	6	5	3
7	3	7	3	5	1	3	1	2	1
4	6	2	1	2	4	7	4	3	4
5	1	3	4	3	1	6	2	1	2
4	2	5	2	6	5	4	5	3	5
1	3	1	3	7	2	6	2	1	6
4	5	4	5	1	4	7	4	3	5
6	3	1	2	7	3	1	5	2	6

:::: Puzzle (299) ::::

1	2	4	6	2	3	2	5	6	3
3	5	3	1	4	1	4	3	2	7
1	2	6	5	2	3	7	1	5	4
6	4	1	3	4	1	5	6	7	1
5	7	2	6	2	3	7	2	4	3
6	3	4	1	5	1	4	6	5	1
4	2	7	6	3	2	3	2	3	2
5	1	3	2	4	1	5	1	4	1
2	4	6	5	3	6	7	3	5	3
3	1	2	1	2	4	5	1	2	4

:::: Puzzle (300) ::::

1	4	6	3	5	2	3	5	1	4
3	5	1	2	1	6	4	2	7	6
2	6	4	5	7	2	1	3	1	2
1	3	1	2	6	5	4	5	6	4
5	7	5	3	4	3	2	3	1	5
6	4	2	7	5	1	4	6	4	3
1	5	6	1	6	2	3	1	2	5
4	2	4	3	7	1	4	5	3	4
3	6	5	6	4	5	7	2	1	2
1	4	3	2	3	2	1	3	5	6

:::::: Puzzle (301) ::::::

2	1	2	3	1	4	2	4	1	3
4	6	7	4	7	3	1	5	6	2
1	5	2	3	2	5	2	4	3	5
3	7	4	1	6	1	6	7	1	6
2	5	2	5	3	5	2	5	3	7
1	6	3	7	1	6	1	4	6	2
3	5	1	5	4	2	5	2	5	4
7	6	4	2	1	3	4	3	6	3
1	3	7	3	4	6	1	2	4	1
4	2	4	2	1	5	3	6	5	7

:::::: Puzzle (302) ::::::

5	2	4	1	3	4	2	1	4	2
3	1	5	2	5	1	3	5	7	6
7	6	3	4	6	7	4	6	4	3
4	2	5	2	3	1	2	1	2	7
3	1	4	1	4	6	5	3	5	3
2	5	3	7	3	1	4	7	1	4
6	1	4	1	2	6	2	3	2	6
4	3	2	7	3	1	5	1	5	4
5	6	4	1	5	2	4	2	3	7
1	3	2	3	4	7	6	5	1	2

:::::: Puzzle (303) ::::::

2	4	5	7	4	1	6	2	5	2
5	3	2	1	5	2	4	3	7	1
6	4	7	3	7	6	5	1	6	3
3	1	6	1	5	1	4	3	2	4
6	4	3	2	4	2	7	6	1	5
7	5	1	5	1	6	3	4	3	2
4	2	3	2	7	4	1	6	1	5
3	1	6	5	1	2	3	5	3	6
5	2	3	4	7	5	1	2	4	7
1	4	6	1	2	4	6	3	1	2

:::::: Puzzle (304) ::::::

1	6	1	7	4	6	2	4	3	5
3	2	5	2	3	1	5	1	7	2
4	6	3	6	7	4	3	4	5	1
1	2	7	2	3	5	1	7	6	3
3	5	1	6	4	6	4	2	4	1
4	2	7	2	5	2	7	5	3	5
3	6	5	6	1	3	6	4	2	1
4	2	4	3	4	2	5	1	3	7
5	1	5	1	5	1	3	7	2	5
6	2	3	4	3	6	2	4	1	4

:::::: Puzzle (305) ::::::

1	4	2	3	1	3	5	4	1	5
2	3	1	4	6	2	6	3	7	6
1	7	2	3	5	3	5	1	4	2
5	6	5	1	4	2	4	3	5	1
4	3	4	2	3	7	1	2	6	2
6	5	1	6	1	5	4	5	4	3
7	3	2	4	2	7	3	2	6	1
2	6	5	1	5	1	4	1	5	2
5	4	7	3	4	2	3	7	6	7
6	3	1	2	7	1	6	2	4	3

:::::: Puzzle (306) ::::::

3	1	2	5	2	3	1	3	5	2
4	6	7	1	4	7	4	2	1	6
3	2	3	2	3	1	5	3	5	2
1	6	7	1	7	2	6	1	4	6
5	3	2	6	4	1	4	3	5	3
2	1	4	1	7	5	2	1	2	1
6	3	5	2	6	3	7	5	6	4
4	2	1	3	4	5	1	2	7	3
6	5	4	6	1	7	4	5	1	4
3	2	1	2	3	2	1	3	2	3

:::::: Puzzle (307) ::::::

1	3	7	3	2	7	4	5	1	5
5	4	1	6	1	6	3	2	3	4
1	2	5	2	4	2	7	4	5	1
3	4	6	3	5	6	1	3	2	3
6	2	1	2	1	3	5	7	6	1
1	5	4	7	6	2	4	2	5	4
2	3	2	3	4	3	1	6	3	2
5	1	6	1	2	5	4	5	1	4
4	3	5	4	6	1	3	2	3	2
2	1	2	3	7	5	7	6	1	4

:::::: Puzzle (308) ::::::

1	6	5	1	4	7	1	2	6	7
3	2	4	7	5	3	6	5	1	4
1	5	3	2	1	7	4	3	6	5
4	7	1	4	6	2	5	2	7	3
5	3	2	3	1	4	7	3	4	2
6	4	1	5	2	3	6	2	6	1
2	3	6	3	4	5	4	5	4	2
4	1	5	1	6	2	1	3	7	1
5	3	6	3	5	3	4	2	5	2
1	2	4	2	1	2	1	6	1	3

:::::: Puzzle (309) ::::::

4	1	2	3	7	3	1	2	1	6
3	6	5	1	5	2	4	7	5	3
4	2	3	2	4	6	5	3	1	6
1	5	4	5	3	1	4	6	4	2
6	2	1	2	4	2	5	2	1	6
3	5	4	7	1	3	6	3	5	4
4	6	1	3	5	2	4	1	2	1
2	7	2	6	1	3	5	6	7	3
4	3	5	3	2	7	2	4	2	4
1	2	1	4	5	1	5	3	1	3

:::::: Puzzle (310) ::::::

7	1	5	3	2	5	4	3	2	5
5	4	2	7	4	1	2	1	4	3
3	6	1	5	2	6	4	3	2	1
2	5	3	6	7	1	2	1	4	5
4	1	2	4	5	4	6	7	3	6
6	5	3	1	3	1	5	1	2	7
3	4	2	5	2	4	3	7	3	1
2	1	6	3	6	1	5	1	6	5
4	7	2	4	2	4	3	4	7	3
6	1	5	1	3	6	2	1	5	2

:::::: Puzzle (311) ::::::

2	4	5	2	1	3	2	1	7	6
1	3	1	7	4	5	4	3	4	3
2	4	5	2	3	6	1	2	6	5
1	6	3	7	5	4	5	4	1	3
3	2	5	4	6	2	6	2	7	5
6	1	3	2	7	1	5	3	4	1
7	5	4	1	3	2	4	1	5	6
1	2	3	2	6	5	6	2	3	7
3	5	4	5	4	1	3	1	4	1
6	1	2	1	3	2	4	2	6	5

:::::: Puzzle (312) ::::::

7	6	3	4	1	6	5	3	6	2
4	1	7	5	2	4	2	7	1	3
3	2	3	6	3	1	3	4	5	4
5	1	5	2	4	5	6	1	6	1
6	3	4	1	6	2	3	2	5	3
4	5	7	2	3	5	6	1	4	2
2	1	6	1	4	2	4	5	7	6
5	4	2	3	6	7	1	3	1	5
1	3	5	7	2	3	6	2	4	2
5	2	6	4	5	1	4	7	3	1

:::::: Puzzle (313) ::::::

7	1	4	2	1	2	1	7	1	2
6	5	3	6	3	5	3	5	6	3
1	4	2	4	7	6	2	4	2	4
2	3	1	3	1	3	1	3	1	6
1	5	2	4	5	2	5	2	5	4
6	4	3	6	3	1	6	4	1	2
1	2	1	7	5	2	3	5	3	4
3	4	5	3	1	6	1	4	7	5
2	1	2	4	2	4	2	5	1	3
5	4	3	6	5	6	1	3	2	6

:::::: Puzzle (314) ::::::

2	5	2	1	5	1	6	7	6	4
1	3	6	4	3	2	5	4	5	1
5	2	1	7	6	4	1	3	7	2
7	3	4	2	1	2	6	2	1	4
6	5	7	3	5	3	1	3	6	5
1	3	4	2	1	7	6	5	1	2
2	6	1	3	5	2	4	2	6	4
4	3	4	2	4	1	3	5	1	3
2	1	6	3	5	6	2	4	7	6
3	7	5	4	2	3	1	3	1	5

:::::: Puzzle (315) ::::::

1	3	4	3	2	7	6	1	4	5
6	2	7	5	1	3	2	3	2	1
5	1	6	4	6	5	1	6	5	4
6	3	5	3	1	2	4	7	2	7
1	4	2	4	5	6	3	5	4	6
6	3	5	3	2	1	2	7	2	1
2	1	4	6	5	4	3	1	6	3
7	6	2	1	3	1	2	5	4	1
3	5	3	4	7	5	4	6	3	5
4	1	2	1	6	1	3	2	7	2

:::::: Puzzle (316) ::::::

3	1	2	1	6	5	2	3	4	3
5	6	4	5	3	7	4	7	2	1
2	7	1	2	4	2	1	3	5	6
1	4	6	3	1	3	5	2	1	2
2	3	1	4	5	6	1	4	3	7
1	7	2	7	3	7	5	2	5	4
4	3	5	1	2	4	1	6	1	3
5	1	6	7	6	3	2	3	5	4
3	7	3	2	5	4	1	4	1	3
2	1	4	6	1	2	6	5	6	2

:::::: Puzzle (317) ::::::

2	3	1	6	1	3	2	5	1	4
1	5	4	5	4	7	4	3	2	3
3	2	3	2	3	2	1	7	4	5
6	4	1	5	6	7	3	2	1	2
2	3	7	2	4	5	1	7	5	6
1	5	6	3	1	3	4	6	3	1
3	4	1	4	5	2	7	1	2	6
1	5	2	7	1	6	4	5	7	1
6	7	4	6	4	3	2	6	2	4
3	2	1	3	2	5	1	5	1	3

:::::: Puzzle (318) ::::::

6	5	1	5	1	2	1	2	6	1
7	4	3	2	3	4	3	4	5	2
3	1	6	1	6	1	2	1	7	4
2	7	4	5	7	4	3	5	2	5
5	6	1	3	6	5	1	6	1	3
1	3	7	5	4	3	2	4	5	6
2	4	2	1	2	1	5	1	3	4
3	1	5	6	3	4	7	2	6	7
6	2	4	2	1	6	3	1	4	3
3	5	1	7	3	4	2	6	2	5

:::::: Puzzle (319) ::::::

4	7	5	7	5	1	2	4	1	2
6	3	6	3	2	4	6	7	5	3
5	4	1	4	1	3	1	3	2	4
2	6	2	3	2	4	6	4	6	1
3	4	7	1	7	5	3	2	7	3
1	5	2	5	4	2	6	1	5	1
2	6	3	6	7	1	7	3	4	3
3	1	4	5	2	3	6	2	1	2
5	6	3	7	1	4	5	4	3	4
2	1	4	5	6	7	2	1	5	1

:::::: Puzzle (320) ::::::

4	1	7	1	2	4	2	5	3	1
5	3	5	3	6	7	3	1	2	5
7	1	6	1	2	1	5	4	6	3
6	2	7	4	6	3	2	3	5	4
1	5	3	5	2	7	4	1	7	6
2	4	2	4	3	6	2	3	5	4
3	7	6	1	2	5	1	6	2	1
4	1	5	4	7	4	2	7	4	3
5	2	3	6	3	6	3	1	5	1
4	7	1	5	1	2	5	2	4	3

::::: *Puzzle (321)* :::::

2	1	6	3	5	2	3	1	4	2
7	4	2	4	1	6	4	2	3	6
5	1	5	3	5	2	7	6	5	1
6	3	6	1	4	3	5	1	3	2
2	1	2	7	5	2	4	2	4	1
7	4	3	4	3	1	3	1	5	3
1	6	1	6	5	6	4	7	4	2
5	3	2	3	4	1	2	6	5	1
4	1	5	7	6	5	3	4	3	4
2	3	2	1	3	4	2	1	2	1

::::: *Puzzle (322)* :::::

4	2	1	3	6	7	4	5	2	1
3	5	6	5	2	1	3	6	4	3
2	4	3	1	4	7	2	1	2	5
3	1	6	2	5	1	5	4	3	4
5	2	4	3	4	3	2	1	7	1
7	3	1	6	5	1	6	5	2	5
4	5	4	7	2	3	2	1	4	6
2	1	2	3	6	5	4	3	5	3
6	3	5	4	1	3	7	2	4	2
1	2	1	6	2	5	1	6	1	3

::::: *Puzzle (323)* :::::

3	1	5	1	2	1	2	3	5	1
4	2	3	6	5	4	6	1	4	2
5	7	4	7	3	7	2	7	3	1
4	2	6	1	2	1	5	6	2	4
3	5	3	4	6	7	3	4	3	6
2	1	2	5	3	1	5	2	5	1
4	5	3	7	4	2	6	3	4	6
7	6	4	1	3	5	4	1	7	2
2	3	2	6	2	1	7	3	5	3
1	5	7	1	3	5	2	1	6	4

::::: *Puzzle (324)* :::::

3	5	6	5	6	7	2	6	3	1
7	4	1	4	1	3	4	1	4	2
2	6	2	7	2	5	2	6	3	5
7	1	5	3	1	4	7	4	1	4
4	2	6	7	2	5	3	5	3	6
1	5	3	4	3	6	2	7	2	5
3	2	1	2	7	1	4	1	3	1
6	4	6	5	4	3	7	2	7	5
1	5	1	3	2	5	1	5	4	1
3	2	6	4	1	6	3	6	3	2

::::: *Puzzle (325)* :::::

3	1	4	2	7	5	2	3	5	6
5	2	5	1	4	1	7	6	4	1
4	3	6	3	5	3	2	1	2	7
1	5	1	4	6	7	4	3	4	3
7	6	7	5	2	1	5	6	5	6
4	2	3	1	7	6	4	2	1	3
1	5	6	2	3	1	3	5	7	2
3	2	7	1	4	2	7	2	3	1
4	1	5	2	5	6	3	4	6	2
6	2	3	1	4	1	2	1	3	4

::::: *Puzzle (326)* :::::

4	7	2	5	2	3	1	4	7	1
1	5	3	6	7	6	5	3	5	4
2	6	4	1	3	2	4	1	6	1
4	1	3	2	4	1	5	2	4	3
3	2	6	5	3	2	6	1	5	2
5	1	7	2	1	7	5	4	6	4
2	3	4	6	3	2	3	7	3	1
5	1	7	2	5	6	4	5	4	2
7	6	4	1	4	3	2	1	6	3
1	3	5	7	2	1	4	3	5	1

::::: *Puzzle (327)* :::::

1	3	1	7	6	3	4	6	7	1
2	4	2	5	1	5	1	3	5	4
5	6	3	4	2	7	2	4	6	2
2	1	7	5	6	1	6	5	1	3
4	3	4	3	4	3	4	2	7	4
2	1	7	2	6	7	1	3	1	2
5	6	3	5	1	2	5	6	4	3
3	1	2	4	3	4	1	3	2	5
2	4	3	5	1	6	2	7	4	1
3	1	2	6	7	4	5	1	2	3

::::: *Puzzle (328)* :::::

1	4	1	3	6	7	3	1	3	2
2	3	5	7	2	5	4	2	6	1
1	6	1	4	6	1	7	1	5	3
3	2	3	2	5	3	2	6	2	4
1	5	7	4	6	4	7	4	1	5
2	4	2	1	2	5	6	3	6	2
5	3	6	3	4	3	1	2	7	3
6	4	2	1	5	2	4	5	1	4
5	1	3	7	6	3	1	7	3	2
3	4	2	1	5	4	6	2	4	1

::::: *Puzzle (329)* :::::

5	4	1	4	2	7	1	3	1	3
1	2	7	6	1	3	6	2	5	2
3	6	4	5	2	5	4	7	1	4
5	7	2	3	1	7	3	5	3	2
1	3	1	6	2	4	1	2	4	5
2	5	4	5	3	6	3	6	1	6
6	3	7	2	1	4	1	4	2	7
4	2	5	4	5	2	7	6	3	1
6	3	1	3	1	3	1	2	4	2
1	5	4	7	6	2	7	6	5	1

::::: *Puzzle (330)* :::::

4	2	5	1	3	1	2	4	5	6
3	1	7	2	4	5	6	1	7	3
6	2	4	1	7	3	2	3	5	2
3	1	5	3	4	5	1	7	1	4
2	6	4	2	1	2	3	6	3	6
5	1	5	7	3	4	5	4	2	4
4	3	2	4	2	6	3	6	3	6
6	1	6	1	5	7	1	2	5	1
5	4	3	4	2	6	4	7	4	7
3	2	1	7	1	5	2	3	5	1

::::: *Puzzle (331)* :::::

5	2	1	5	1	2	3	5	4	3
1	3	4	7	6	4	6	1	2	1
7	6	2	3	2	3	2	4	5	6
4	1	5	1	4	6	1	3	1	3
5	7	4	2	5	3	7	6	2	4
2	3	6	3	7	4	5	1	7	5
6	5	4	2	1	2	6	4	6	2
1	2	1	6	5	4	3	1	3	4
4	7	3	2	1	2	6	5	2	1
3	2	6	5	4	3	1	3	4	5

::::: *Puzzle (332)* :::::

2	7	1	3	1	7	3	5	4	1
6	3	4	5	4	5	6	1	7	2
4	2	1	6	7	2	4	2	4	3
7	6	5	2	4	6	1	5	1	2
5	3	1	3	1	3	2	6	4	3
4	2	4	7	5	6	1	3	7	1
1	3	1	2	1	3	7	5	6	2
5	6	4	3	5	2	1	3	4	1
2	1	2	6	4	3	5	2	7	6
4	7	5	3	1	2	4	3	5	1

::::: *Puzzle (333)* :::::

5	6	1	5	1	3	5	4	3	1
7	4	2	6	4	6	2	1	2	6
2	6	3	1	7	3	4	5	4	1
4	5	4	5	2	5	7	6	3	2
3	2	3	6	7	1	3	1	5	4
1	5	1	5	4	6	2	6	2	3
2	6	3	6	2	3	5	3	4	5
5	1	7	4	1	4	1	2	6	3
2	3	6	2	5	2	6	3	5	1
1	4	5	3	4	1	4	1	2	4

::::: *Puzzle (334)* :::::

1	2	5	4	2	3	5	1	4	2
3	4	3	1	7	4	6	3	7	6
2	1	6	4	6	1	2	1	5	3
6	4	3	1	3	7	5	4	2	4
3	5	2	7	5	1	6	1	5	1
1	6	1	4	6	7	3	4	7	2
2	5	3	2	3	1	2	6	3	6
3	4	7	4	5	4	5	1	2	1
2	5	1	3	1	7	2	4	7	5
1	6	2	6	5	4	3	1	3	2

::::: *Puzzle (335)* :::::

1	7	3	2	6	5	4	2	5	1
6	2	1	7	4	2	3	1	7	6
3	5	4	5	3	1	4	5	2	1
2	1	6	7	2	6	3	6	4	7
3	4	3	4	3	1	2	1	2	3
1	5	6	5	2	7	4	5	6	1
3	4	2	1	4	6	3	1	3	5
1	7	5	3	2	1	4	6	2	1
5	3	1	4	5	3	2	3	5	3
1	2	5	6	2	4	1	7	2	4

::::: *Puzzle (336)* :::::

1	6	5	2	1	5	4	1	3	6
5	4	3	4	3	6	3	2	5	2
2	6	2	1	5	4	1	7	1	4
1	3	4	7	2	3	2	3	5	2
7	5	1	3	1	6	5	7	4	1
4	6	7	4	5	7	2	3	6	3
3	2	5	1	3	1	4	1	2	1
5	6	4	6	5	6	2	5	7	6
1	3	2	3	2	3	4	1	3	1
2	7	4	6	1	7	6	5	4	2

::::: *Puzzle (337)* :::::

1	2	5	2	1	3	2	3	2	1
3	6	1	4	5	4	1	4	6	7
1	2	3	7	6	2	5	3	1	2
4	5	1	4	3	1	4	2	6	3
1	2	6	2	5	2	5	1	4	1
7	4	5	1	4	3	4	6	2	5
5	2	3	6	2	1	5	3	4	3
6	7	1	5	4	3	6	2	1	5
3	5	4	3	2	7	1	5	3	2
6	1	2	1	5	3	4	2	1	4

::::: *Puzzle (338)* :::::

4	5	3	6	4	1	3	1	3	1
3	1	2	5	2	5	4	6	4	2
2	4	6	3	1	3	1	2	3	5
6	1	2	7	5	2	5	6	1	2
5	3	4	6	1	7	4	7	4	5
7	1	5	2	3	5	2	3	6	2
3	2	3	4	1	6	1	7	1	4
4	1	6	2	5	3	4	3	5	2
6	2	3	1	7	1	2	1	4	1
1	4	5	2	3	4	5	3	2	3

::::: *Puzzle (339)* :::::

1	4	7	2	6	1	7	3	1	5
3	5	3	1	5	2	5	4	6	2
6	2	4	7	6	4	3	2	5	7
3	1	3	1	3	1	6	1	6	2
4	2	5	4	6	4	3	2	5	1
1	7	1	2	1	5	1	7	4	3
2	5	6	4	3	4	3	2	1	2
3	1	2	7	1	2	5	4	7	5
2	5	4	5	6	4	6	3	6	3
3	1	3	1	2	3	2	1	4	1

::::: *Puzzle (340)* :::::

5	3	4	2	6	1	5	3	1	2
1	6	5	1	4	7	6	2	7	3
2	3	4	3	6	2	1	3	1	2
5	1	7	2	7	4	5	4	6	5
2	4	5	6	5	1	2	3	1	3
7	1	2	4	3	6	4	6	2	4
3	6	3	6	2	1	2	3	7	1
4	2	7	1	5	7	5	1	5	3
6	5	4	3	4	6	4	6	4	2
1	7	1	2	1	3	2	1	3	5

::::: *Puzzle (341)* :::::

1	6	3	1	3	7	3	2	6	1
4	2	4	2	5	1	6	1	4	5
7	3	5	1	4	2	7	5	2	1
5	1	2	3	5	3	1	4	6	4
3	4	6	4	1	4	6	2	1	2
2	7	1	5	2	3	7	3	5	6
5	4	2	4	7	6	1	4	2	1
1	3	1	3	5	3	2	3	6	4
2	5	6	2	6	4	5	7	5	2
3	1	4	5	1	2	6	1	3	1

::::: *Puzzle (342)* :::::

5	2	1	4	1	4	7	3	5	2
3	6	5	7	5	2	1	6	1	3
5	2	3	2	6	4	5	2	4	2
1	4	1	4	1	7	3	1	3	6
5	6	5	7	3	2	6	4	5	4
7	1	3	6	4	1	3	2	7	1
4	2	4	5	7	5	7	6	3	2
6	5	3	1	6	4	3	1	4	1
2	7	4	2	5	2	5	2	5	6
3	1	3	6	1	4	3	6	3	2

::::: *Puzzle (343)* :::::

7	3	4	1	6	2	5	1	3	2
4	1	2	5	3	1	4	2	4	1
5	3	7	4	6	5	6	3	5	2
6	1	5	2	1	4	2	7	4	6
3	2	3	6	7	3	1	5	1	3
6	4	1	4	5	2	7	2	4	6
7	3	5	3	1	3	5	3	1	2
5	6	1	4	5	2	1	2	5	3
2	7	2	6	7	6	4	6	4	1
4	1	3	4	3	2	1	3	7	2

::::: *Puzzle (344)* :::::

3	1	5	1	2	1	2	3	5	1
4	2	3	6	5	4	6	1	4	2
5	7	4	7	3	7	2	7	3	1
4	2	6	1	2	1	5	6	2	4
3	5	3	4	6	7	3	4	3	6
2	1	2	5	3	1	5	2	5	1
4	5	3	7	4	2	6	3	4	6
7	6	4	1	3	5	4	1	7	2
2	3	2	6	2	1	7	3	5	3
1	5	7	1	3	5	2	1	6	4

::::: *Puzzle (345)* :::::

5	6	1	5	1	3	5	4	3	1
7	4	2	6	4	6	2	1	2	6
2	6	3	1	7	3	4	5	4	1
4	5	4	5	2	5	7	6	3	2
3	2	3	6	7	1	3	1	5	4
1	5	1	5	4	6	2	6	2	3
2	6	3	6	2	3	5	3	4	5
5	1	7	4	1	4	1	2	6	3
2	3	6	2	5	2	6	3	5	1
1	4	5	3	4	1	4	1	2	4

::::: *Puzzle (346)* :::::

7	3	5	1	2	4	1	7	6	4
2	1	2	4	6	3	2	3	2	5
6	4	5	3	5	1	5	1	4	3
1	2	6	1	2	4	6	2	5	6
5	4	3	4	6	3	5	4	1	3
3	2	5	1	5	1	2	3	6	4
5	4	7	2	3	4	5	7	1	7
3	2	6	5	1	7	1	6	4	2
1	5	1	3	2	4	3	2	3	5
6	3	2	4	6	1	7	5	4	6

::::: *Puzzle (347)* :::::

4	1	2	3	7	3	1	2	1	6
3	6	5	1	5	2	4	7	5	3
4	2	3	2	4	6	5	3	1	6
1	5	4	5	3	1	4	6	4	2
6	2	1	2	4	2	5	2	1	6
3	5	4	7	1	3	6	3	5	4
4	6	1	3	5	2	4	1	2	1
2	7	2	6	1	3	5	6	7	3
4	3	5	3	2	7	2	4	2	4
1	2	1	4	5	1	5	3	1	3

::::: *Puzzle (348)* :::::

1	2	1	3	4	3	1	6	5	4
5	6	7	2	5	2	5	2	7	2
3	1	3	4	1	3	1	4	3	1
4	5	6	5	2	7	2	5	2	6
2	3	2	3	4	5	6	3	4	3
4	1	4	6	1	7	1	2	1	5
6	7	5	2	3	6	3	4	6	4
5	1	4	7	1	2	7	1	3	5
4	6	5	3	4	3	6	5	4	2
3	1	2	7	1	5	4	2	6	1

::::: *Puzzle (349)* :::::

5	1	6	2	3	2	1	2	4	6
4	2	3	1	4	5	4	6	1	5
3	5	4	6	2	3	2	5	3	7
4	2	3	1	7	1	4	1	4	2
1	5	7	5	2	5	3	5	3	5
6	2	4	6	3	4	1	2	6	1
4	1	5	2	1	7	3	4	3	5
3	2	3	6	5	4	1	2	1	4
6	7	1	2	1	3	6	5	3	6
1	4	3	5	4	2	1	7	2	1

::::: *Puzzle (350)* :::::

2	1	3	5	1	2	5	3	2	1
6	7	4	6	4	6	4	1	4	5
5	1	3	1	5	7	3	2	3	2
2	4	2	6	3	1	4	5	7	1
7	6	3	4	2	5	6	3	2	3
4	2	1	5	1	4	7	1	5	4
3	5	4	2	3	6	3	2	3	6
2	7	1	5	7	1	7	1	5	4
1	3	2	4	2	5	6	2	7	1
6	4	6	3	1	4	3	5	6	2

::::: *Puzzle (351)* :::::

3	2	3	1	2	6	2	3	1	6
1	5	4	5	3	7	5	4	5	4
3	6	3	1	6	1	2	7	2	7
2	1	2	5	4	5	4	3	1	3
4	5	6	1	3	2	1	7	6	4
3	1	4	2	4	6	4	2	5	2
5	6	3	1	7	2	3	6	1	4
4	1	4	2	5	6	1	7	5	3
6	5	3	7	4	2	5	4	6	1
7	1	2	5	3	6	1	7	3	2

::::: *Puzzle (352)* :::::

6	4	1	5	1	5	1	6	2	4
3	2	7	2	6	2	3	4	5	3
4	1	6	1	5	4	1	6	2	1
3	5	2	3	7	3	2	4	3	5
1	4	1	4	2	4	1	5	1	4
2	7	6	5	6	3	6	3	2	3
3	1	2	3	2	1	5	4	7	1
2	5	4	1	6	7	3	1	3	2
3	1	7	5	2	5	2	4	5	4
4	6	2	3	1	4	6	3	7	6

::::: *Puzzle (353)* :::::

5	4	6	5	4	2	1	3	4	2
3	1	2	3	1	3	7	2	6	5
6	5	7	4	2	4	6	3	4	3
1	4	3	1	5	3	2	1	7	1
2	7	6	2	6	1	5	3	2	6
4	1	3	4	5	4	7	4	5	1
2	5	2	7	3	2	5	3	2	6
3	1	3	6	1	4	1	7	4	1
5	4	5	4	3	6	2	6	5	3
1	2	1	2	1	5	3	4	1	2

::::: *Puzzle (354)* :::::

6	5	2	7	4	3	6	2	4	5
1	4	3	5	1	2	1	7	3	1
2	6	2	4	6	3	6	2	6	4
5	3	5	3	2	1	4	5	1	5
1	4	1	7	5	6	3	7	4	2
3	2	5	2	4	7	5	1	3	1
4	6	3	7	1	2	4	2	6	5
3	1	2	4	5	3	6	5	1	7
6	5	7	1	6	4	1	2	3	2
3	1	2	4	2	5	3	4	6	1

::::: *Puzzle (355)* :::::

6	1	2	3	1	4	5	1	5	6
2	5	6	5	7	3	6	7	4	2
4	1	3	2	1	4	2	3	1	3
3	2	4	5	3	5	1	6	2	4
1	5	3	1	4	2	3	7	1	6
2	6	2	5	7	1	4	5	2	5
5	1	3	4	2	5	2	1	4	3
4	2	6	1	3	7	4	3	2	7
3	5	4	7	4	1	5	6	5	4
1	2	6	1	3	2	3	2	1	3

::::: *Puzzle (356)* :::::

3	1	2	4	6	4	3	7	5	1
5	4	5	3	1	2	1	2	6	2
2	7	2	4	5	7	3	4	1	4
1	4	3	6	3	6	1	6	3	5
3	5	1	2	1	2	5	4	7	2
1	2	4	5	3	4	3	2	1	4
6	5	3	6	1	2	1	6	3	2
3	1	4	7	4	5	3	5	1	7
4	2	6	3	2	7	1	2	3	4
5	1	7	1	4	6	3	5	1	2

::::: *Puzzle (357)* :::::

4	2	1	4	5	4	1	2	1	5
1	3	5	3	2	3	6	4	6	3
2	4	2	6	1	4	5	2	7	2
6	7	1	3	5	3	1	3	5	6
5	2	5	4	7	2	4	2	4	3
4	3	1	2	1	6	1	6	5	1
1	2	5	7	3	4	3	7	4	2
3	4	6	2	5	1	6	5	1	5
6	1	3	1	3	2	4	3	2	6
3	7	4	2	7	5	6	1	4	1

::::: *Puzzle (358)* :::::

3	2	1	6	2	4	2	7	3	4
4	7	5	4	7	1	5	1	6	1
2	3	6	1	3	6	7	3	4	2
5	7	4	2	5	1	2	5	1	5
4	2	5	6	4	6	4	3	2	3
6	1	7	3	1	3	5	1	6	4
2	3	5	6	5	4	6	4	3	5
7	1	2	1	3	1	5	2	1	2
5	4	3	4	6	2	4	3	4	5
3	1	2	5	7	3	1	2	1	2

::::: *Puzzle (359)* :::::

1	6	5	1	4	7	1	2	6	7
3	2	4	7	5	3	6	5	1	4
1	5	3	2	1	7	4	3	6	5
4	7	1	4	6	2	5	2	7	3
5	3	2	3	1	4	7	3	4	2
6	4	1	5	2	3	6	2	6	1
2	3	6	3	4	5	4	5	4	2
4	1	5	1	6	2	1	3	7	1
5	3	6	3	5	3	4	2	5	2
1	2	4	2	1	2	1	6	1	3

::::: *Puzzle (360)* :::::

1	4	1	3	6	7	3	1	3	2
2	3	5	7	2	5	4	2	6	1
1	6	1	4	6	1	7	1	5	3
3	2	3	2	5	3	2	6	2	4
1	5	7	4	6	4	7	4	1	5
2	4	2	1	2	5	6	3	6	2
5	3	6	3	4	3	1	2	7	3
6	4	2	1	5	2	4	5	1	4
5	1	3	7	6	3	1	7	3	2
3	4	2	1	5	4	6	2	4	1

::::: Puzzle (361) :::::

2	4	1	7	1	3	6	4	5	2
5	3	2	3	4	2	5	2	3	1
1	6	4	1	7	6	3	6	5	4
7	3	2	5	4	1	2	1	3	7
4	5	7	3	2	3	4	5	2	5
1	2	1	6	4	5	6	3	6	1
3	4	3	2	3	1	7	2	5	4
2	5	1	6	4	2	3	1	3	2
7	6	2	3	5	1	5	4	5	4
4	5	1	4	6	4	2	1	3	1

::::: Puzzle (362) :::::

1	2	4	3	5	1	2	3	4	5
3	5	6	1	2	3	4	5	7	2
6	1	2	7	6	5	6	1	3	6
7	4	3	4	1	2	3	7	4	2
2	1	2	5	3	4	1	5	1	5
3	6	4	6	2	5	3	6	3	2
1	5	1	3	4	1	4	2	5	4
3	4	2	5	7	2	3	1	3	1
1	6	3	1	4	5	6	5	4	6
4	5	2	5	2	7	4	3	1	2

::::: Puzzle (363) :::::

6	2	3	2	1	2	6	4	1	3
1	5	1	4	3	5	3	2	6	5
2	3	6	7	6	1	7	4	1	7
4	7	5	3	4	5	3	2	6	4
5	1	2	1	2	1	6	4	7	2
3	4	3	4	7	5	2	5	3	5
7	1	2	1	2	1	3	1	7	4
6	4	3	4	6	4	7	6	2	6
3	5	2	1	5	1	3	5	1	3
2	1	3	4	3	2	6	4	2	4

::::: Puzzle (364) :::::

3	5	1	7	2	4	5	3	6	1
2	4	6	5	1	3	2	4	5	3
1	5	2	4	7	6	1	3	1	6
4	3	7	1	2	3	4	5	2	4
6	2	4	3	6	1	2	3	1	5
5	1	6	1	2	5	7	4	6	7
2	3	2	7	4	3	6	2	3	5
5	6	5	1	6	1	4	1	4	2
1	4	3	4	7	2	3	5	6	3
5	2	1	5	3	4	1	2	1	4

::::: Puzzle (365) :::::

1	2	5	1	3	2	5	4	1	6
3	4	6	4	6	7	1	6	2	4
6	1	2	5	3	5	3	4	3	5
2	7	3	4	1	2	7	1	7	1
3	4	1	2	7	5	6	3	6	2
1	2	5	6	1	2	1	2	4	5
3	4	3	2	3	4	5	6	3	2
1	2	6	4	5	6	7	2	4	5
5	7	1	3	2	4	1	6	3	7
2	3	4	5	1	5	3	7	1	6

::::: Puzzle (366) :::::

1	3	2	3	6	5	1	4	2	3
2	5	4	5	4	7	6	3	5	1
3	1	6	7	2	3	4	7	2	6
6	4	3	1	4	1	2	6	1	4
5	2	6	5	2	5	3	5	3	5
6	4	1	3	1	4	1	2	7	6
1	7	5	6	2	3	6	3	1	4
4	3	2	1	4	7	2	5	6	2
2	5	4	5	2	5	4	7	4	1
1	3	1	3	6	1	2	3	5	7

::::: Puzzle (367) :::::

5	7	1	6	3	4	6	2	3	4
1	3	2	4	2	1	5	1	5	6
2	4	1	5	6	3	6	7	3	2
1	5	3	4	1	2	5	2	4	1
2	4	7	2	3	6	1	3	5	3
3	6	3	1	4	2	5	4	1	2
4	2	5	2	5	6	3	6	7	4
5	7	4	1	3	7	4	1	2	6
3	1	3	2	5	6	2	3	4	1
5	6	4	1	4	1	7	6	2	5

::::: Puzzle (368) :::::

2	1	4	5	3	4	1	6	2	3
5	3	2	1	6	2	3	5	7	4
1	6	4	5	7	1	4	1	3	5
7	3	2	3	4	2	5	6	2	1
5	1	4	1	5	1	3	1	3	6
4	2	3	6	3	2	6	2	4	2
1	5	1	2	4	1	7	5	3	5
7	2	4	5	3	5	3	1	2	1
4	3	1	2	4	1	4	5	4	7
2	5	6	3	6	3	2	6	1	2

::::: Puzzle (369) :::::

4	2	4	2	5	4	3	1	5	2
1	7	1	3	6	2	7	6	4	1
3	6	2	4	1	5	1	2	5	6
2	5	1	5	2	3	6	3	4	3
6	3	4	3	1	4	7	1	7	2
5	1	2	6	2	3	5	4	5	3
4	3	7	3	4	1	2	3	1	6
2	1	4	1	2	6	5	7	4	5
3	6	3	5	4	3	4	3	6	2
1	5	2	1	6	5	2	7	1	4

::::: Puzzle (370) :::::

3	2	1	7	3	5	1	2	4	1
6	4	5	2	1	2	4	3	6	3
3	1	6	4	5	3	6	5	7	1
5	4	2	3	2	1	2	3	2	4
1	6	5	1	4	6	5	4	1	5
2	7	3	2	5	2	7	2	3	7
3	4	5	1	3	1	3	5	1	6
6	1	6	4	5	4	2	7	3	2
3	4	2	1	3	1	3	4	6	4
1	5	3	6	2	4	2	1	2	1

::::: Puzzle (371) :::::

4	2	5	1	5	6	4	1	3	1
3	1	4	2	3	2	3	2	5	4
6	5	3	1	6	5	6	4	3	6
4	1	2	5	4	2	3	1	2	5
3	5	4	1	6	1	5	6	3	6
2	6	3	2	5	3	2	1	2	1
4	7	1	4	1	4	5	4	5	4
3	2	3	2	7	2	6	3	7	6
5	4	6	4	6	3	5	4	2	5
6	1	5	1	2	1	2	1	3	1

::::: Puzzle (372) :::::

4	2	1	7	4	3	2	4	1	3
7	5	3	6	5	1	7	5	2	5
1	6	4	1	2	3	6	4	1	4
4	5	3	6	5	4	1	5	3	2
6	7	4	1	2	3	2	6	1	4
5	2	3	5	7	5	1	3	5	2
3	1	6	1	3	2	6	2	6	3
2	5	4	7	5	1	4	1	4	7
3	6	3	6	3	2	5	2	5	3
2	1	4	2	1	4	6	3	1	2

::::: Puzzle (373) :::::

2	3	1	6	5	4	7	4	3	1
1	7	4	3	1	2	6	2	6	5
2	6	5	2	6	4	5	4	7	1
1	3	7	1	7	2	3	1	2	3
2	6	5	2	3	1	5	4	5	1
5	4	3	1	5	4	2	1	3	4
3	1	5	2	3	7	3	6	2	1
2	6	3	6	4	1	5	4	3	7
1	4	7	1	7	3	6	2	1	6
5	2	5	3	2	4	1	4	5	2

::::: Puzzle (374) :::::

3	4	6	1	6	3	5	3	4	1
7	1	5	3	2	4	1	2	5	2
2	4	6	7	5	6	5	4	3	1
5	1	2	1	3	2	3	7	2	4
2	6	3	5	4	1	5	1	6	5
1	4	7	1	6	2	4	3	4	2
3	2	3	5	7	5	1	2	6	1
7	4	6	1	4	2	6	7	4	3
3	2	5	3	5	3	1	5	1	5
4	6	1	4	2	4	7	2	6	3

::::: Puzzle (375) :::::

1	6	3	5	2	5	7	1	3	2
3	7	1	4	7	6	3	2	4	1
5	4	6	2	3	5	1	6	3	2
6	3	1	4	1	4	3	5	4	1
2	7	2	5	3	2	1	7	3	6
6	1	6	4	6	4	6	2	4	5
2	5	7	3	5	3	1	5	3	2
4	1	2	6	7	4	7	4	6	4
5	3	7	4	1	3	5	2	7	5
2	4	1	5	2	6	1	3	1	2

::::: Puzzle (376) :::::

3	2	4	6	3	5	2	4	5	1
1	6	1	5	1	4	1	3	6	2
7	2	7	6	2	3	2	4	5	4
5	3	1	5	1	5	1	6	7	3
4	2	4	2	4	3	4	3	5	4
3	5	1	6	7	2	7	2	6	3
1	4	2	3	5	1	6	1	5	2
6	3	5	1	4	2	5	7	4	7
7	2	4	3	6	3	6	2	1	6
1	5	7	1	5	2	1	3	7	4

::::: Puzzle (377) :::::

5	6	2	3	1	3	6	3	4	2
1	4	1	5	6	4	7	1	5	1
3	2	3	2	1	2	6	3	2	3
4	6	5	7	5	4	5	7	5	6
2	1	4	2	3	1	3	6	4	1
3	7	3	1	4	6	2	5	2	7
4	6	4	5	2	1	4	1	4	3
1	2	1	3	4	5	7	5	2	5
5	3	6	2	7	3	6	1	6	3
6	2	1	3	4	1	2	4	5	2

::::: Puzzle (378) :::::

1	6	1	7	4	6	2	4	3	5
3	2	5	2	3	1	5	1	7	2
4	6	3	6	7	4	3	4	5	1
1	2	7	2	3	5	1	7	6	3
3	5	1	6	4	6	4	2	4	1
4	2	7	2	5	2	7	5	3	5
3	6	5	6	1	3	6	4	2	1
4	2	4	3	4	2	5	1	3	7
5	1	5	1	5	1	3	7	2	5
6	2	3	4	3	6	2	4	1	4

::::: Puzzle (379) :::::

1	7	1	6	2	3	7	6	2	1
5	4	2	3	5	1	4	1	4	3
2	7	5	6	4	3	6	3	2	1
6	3	2	1	5	1	5	4	5	3
2	1	5	3	2	4	7	6	2	1
4	3	4	6	1	5	2	3	5	7
5	2	1	2	4	3	4	6	4	2
7	4	6	3	1	5	1	7	1	6
5	3	2	5	6	3	2	5	4	2
6	7	4	1	2	4	1	3	1	3

::::: Puzzle (380) :::::

4	1	2	5	2	6	1	2	5	2
2	3	4	3	1	3	7	6	4	1
1	5	2	5	2	4	2	5	3	5
3	4	6	1	3	1	3	4	2	1
1	5	3	2	4	5	2	1	3	4
4	2	1	7	1	3	6	7	2	1
5	7	6	4	6	5	2	1	4	3
2	1	3	5	1	4	6	3	6	1
4	5	2	6	7	2	5	2	5	7
1	3	1	3	4	1	7	3	4	2

::::: Puzzle (381) :::::

2	5	6	5	4	5	1	4	6	1
4	3	7	3	7	3	7	3	5	2
1	5	1	2	1	6	1	2	7	3
6	2	4	6	4	2	4	5	4	1
1	7	3	1	3	6	1	6	2	6
4	2	5	4	2	4	3	5	1	4
1	3	1	3	5	1	2	6	7	2
5	4	6	4	2	3	7	3	5	1
1	2	3	5	7	5	2	1	2	4
3	6	1	2	4	1	6	5	3	6

::::: Puzzle (382) :::::

2	1	6	3	5	2	3	1	4	2
7	4	2	4	1	6	4	2	3	6
5	1	5	3	5	2	7	6	5	1
6	3	6	1	4	3	5	1	3	2
2	1	2	7	5	2	4	2	4	1
7	4	3	4	3	1	3	1	5	3
1	6	1	6	5	6	4	7	4	2
5	3	2	3	4	1	2	6	5	1
4	1	5	7	6	5	3	4	3	4
2	3	2	1	3	4	2	1	2	1

::::: Puzzle (383) :::::

1	6	4	7	5	2	1	5	3	2
5	2	3	6	1	4	3	4	1	5
4	1	4	2	3	7	1	7	3	6
3	7	5	7	1	5	2	6	5	1
2	6	2	6	2	3	7	3	2	4
4	5	1	4	1	6	1	5	7	6
3	2	7	2	5	2	3	4	3	4
1	5	3	1	6	4	6	1	2	1
4	2	4	5	3	5	3	5	6	3
3	5	1	6	1	4	2	1	2	4

::::: Puzzle (384) :::::

1	2	3	1	6	1	4	1	2	4
4	7	4	2	3	5	3	6	5	1
6	1	3	1	7	2	1	2	3	2
5	2	4	2	6	3	6	5	6	1
1	7	5	3	5	4	2	1	2	4
2	6	2	7	1	3	5	3	5	3
5	1	5	3	2	4	1	4	2	6
4	3	4	6	1	5	3	7	1	4
1	2	1	3	2	4	2	5	3	5
3	4	7	6	7	3	6	1	2	4

::::: Puzzle (385) :::::

3	1	4	1	5	4	2	3	5	1
7	6	2	6	2	6	5	4	6	2
3	5	4	3	5	3	1	3	7	1
1	6	2	7	1	4	2	6	5	2
4	5	4	5	2	3	7	1	3	1
2	6	2	6	4	6	4	5	4	7
7	1	4	7	5	1	2	1	6	1
5	6	3	1	3	4	3	7	2	5
3	1	2	7	2	5	1	6	1	7
4	6	3	5	1	3	2	4	3	2

::::: Puzzle (386) :::::

3	2	1	2	4	1	3	1	4	2
1	6	7	3	5	2	5	2	3	1
5	4	1	4	6	7	3	1	4	2
7	3	2	3	1	2	5	2	5	3
2	1	5	4	6	3	1	4	7	6
6	4	3	7	1	2	5	2	3	4
1	5	1	5	6	3	1	4	1	2
3	4	6	2	1	2	5	3	5	3
2	1	5	3	5	4	6	4	2	1
4	3	2	1	2	7	1	5	3	4

::::: Puzzle (387) :::::

6	4	5	4	7	6	2	3	1	5
1	2	6	2	1	4	1	5	7	6
5	3	5	3	5	6	3	4	1	4
2	7	1	2	1	7	5	2	6	2
5	4	3	4	3	4	6	4	3	1
1	2	1	2	6	1	2	5	2	4
6	5	7	4	5	3	4	3	7	6
3	1	3	1	7	6	1	2	5	3
6	7	2	5	3	2	5	3	6	2
3	4	1	6	4	1	7	1	4	5

::::: Puzzle (388) :::::

3	6	1	5	1	2	6	7	4	2
1	2	3	2	7	3	4	5	1	5
7	4	1	6	5	1	2	3	4	3
6	2	5	2	3	6	7	5	7	1
5	3	4	7	4	1	3	4	3	2
4	7	5	1	3	6	2	5	1	6
3	1	4	2	7	4	7	4	2	3
5	6	3	5	6	5	1	6	1	5
2	7	4	1	4	2	4	5	7	4
6	1	5	2	3	6	3	1	2	6

::::: Puzzle (389) :::::

2	3	1	6	1	3	2	5	1	4
1	5	4	5	4	7	4	3	2	3
3	2	3	2	3	2	1	7	4	5
6	4	1	5	6	7	3	2	1	2
2	3	7	2	4	5	1	7	5	6
1	5	6	3	1	3	4	6	3	1
3	4	1	4	5	2	7	1	2	6
1	5	2	7	1	6	4	5	7	1
6	7	4	6	4	3	2	6	2	4
3	2	1	3	2	5	1	5	1	3

::::: Puzzle (390) :::::

3	1	4	1	4	3	1	6	2	1
6	2	5	2	5	6	4	3	5	6
1	3	6	1	7	2	5	7	2	3
2	4	2	5	3	1	4	3	1	4
3	7	3	1	2	5	2	5	6	3
4	5	2	6	3	1	3	4	1	2
7	6	4	5	2	4	6	2	7	6
2	1	3	1	3	7	1	5	4	3
4	6	2	4	6	5	4	6	7	2
5	3	1	5	2	3	1	5	1	4

::::: Puzzle (391) :::::

2	5	6	3	7	1	4	6	2	5
1	3	2	1	5	3	5	3	1	3
4	6	4	3	6	2	1	7	4	2
7	2	1	2	1	4	3	2	1	6
6	5	7	4	3	5	1	6	7	4
1	3	1	5	1	7	4	2	3	6
4	7	6	4	3	2	5	1	5	4
3	2	5	2	6	4	6	3	2	3
7	1	4	3	7	2	5	7	4	5
5	2	6	1	5	3	6	1	2	1

::::: Puzzle (392) :::::

5	2	1	6	2	5	2	3	4	7
7	3	5	4	1	3	4	5	1	6
1	6	2	3	5	2	6	2	4	3
2	4	1	7	1	4	5	1	6	1
5	3	6	5	3	6	7	3	4	2
4	2	4	1	7	4	1	6	5	3
7	1	5	3	2	3	2	4	1	2
3	4	7	1	6	1	5	3	5	7
6	5	6	3	4	2	4	1	6	1
2	3	1	2	5	3	6	2	7	4

::::: Puzzle (393) :::::

3	5	4	2	1	4	5	7	6	7
1	2	3	7	3	6	1	4	3	2
3	5	6	5	2	4	2	6	1	4
2	1	4	1	6	1	5	4	3	5
3	6	3	7	2	3	2	1	6	7
4	5	4	6	5	1	4	7	3	5
1	2	1	3	2	3	2	5	2	4
6	5	7	5	1	5	7	4	1	3
1	4	2	4	7	2	1	6	2	6
2	3	1	3	5	4	3	4	5	1

::::: Puzzle (394) :::::

1	4	2	3	5	3	4	2	1	2
3	6	7	1	2	6	5	7	3	6
1	5	2	5	4	7	1	2	1	4
6	4	3	1	6	3	5	4	7	3
2	1	5	4	2	4	2	3	2	6
5	4	3	6	7	1	5	7	4	1
1	7	1	4	5	2	4	1	3	5
2	4	3	6	3	7	6	7	2	1
1	7	2	1	2	1	2	5	4	5
6	3	5	6	4	5	3	6	3	6

::::: Puzzle (395) :::::

6	4	1	6	2	5	3	1	4	2
1	7	5	7	3	1	2	5	7	6
6	3	2	1	5	4	7	6	4	3
1	5	4	3	2	3	5	3	2	1
3	6	2	1	4	1	2	4	5	4
4	5	3	5	2	5	3	1	2	1
3	2	7	1	7	4	2	4	3	6
1	5	4	5	3	5	1	6	7	5
2	6	2	1	6	4	2	4	1	3
1	3	4	3	2	1	7	3	5	2

::::: Puzzle (396) :::::

4	1	2	6	7	5	2	1	6	1
2	5	3	1	3	4	6	7	4	2
6	1	4	6	5	2	1	5	1	3
7	3	5	1	3	4	3	2	4	5
5	4	7	6	2	5	1	5	7	2
1	3	2	3	1	4	2	4	1	6
2	6	1	4	2	5	7	6	2	3
5	4	7	3	1	3	2	1	4	5
3	6	2	4	5	6	7	3	2	3
4	1	5	7	1	3	2	1	4	1

::::: Puzzle (397) :::::

3	5	2	6	7	5	6	1	5	3
1	4	3	1	3	4	3	4	2	4
2	5	6	2	5	6	2	1	6	5
4	1	3	4	3	1	5	3	2	3
6	5	2	6	2	7	6	7	5	1
2	1	4	5	1	4	1	4	2	4
3	7	2	3	2	5	3	6	3	7
1	6	4	7	4	6	2	1	5	6
5	2	1	2	1	3	4	6	4	1
1	3	4	5	4	7	2	7	3	5

::::: Puzzle (398) :::::

4	3	1	3	2	1	5	3	4	1
7	2	4	6	4	3	2	1	6	7
1	6	1	3	1	5	4	3	2	5
4	2	5	2	4	2	1	5	1	3
3	6	4	1	6	5	7	3	6	4
5	1	2	5	2	1	4	1	7	2
2	4	3	4	3	6	2	5	4	5
1	5	1	6	5	7	4	1	3	6
3	7	2	4	3	6	2	7	5	1
5	6	1	6	2	1	3	4	2	3

::::: Puzzle (399) :::::

2	3	1	6	3	1	3	1	4	2
5	4	2	5	4	5	4	2	5	3
3	6	1	7	2	1	3	7	6	1
1	7	5	3	6	4	2	1	2	4
2	3	6	1	5	7	3	4	5	3
1	4	7	2	4	6	2	6	1	2
3	5	3	6	3	5	3	7	4	6
2	1	2	1	2	7	4	1	3	2
4	3	4	5	4	5	3	5	7	4
2	5	1	6	1	2	1	2	3	1

::::: Puzzle (400) :::::

1	2	4	6	2	3	2	5	6	3
3	5	3	1	4	1	4	3	2	7
1	2	6	5	2	3	7	1	5	4
6	4	1	3	4	1	5	6	7	1
5	7	2	6	2	3	7	2	4	3
6	3	4	1	5	1	4	6	5	1
4	2	7	6	3	2	3	2	3	2
5	1	3	2	4	1	5	1	4	1
2	4	6	5	3	6	7	3	5	3
3	1	2	1	2	4	5	1	2	4

::::: *Puzzle (401)* :::::

5	2	6	4	6	2	3	6	5	3
4	1	7	5	1	7	1	4	2	1
3	6	4	2	3	2	6	5	7	4
5	1	5	6	7	1	3	4	1	2
3	4	2	1	3	4	6	2	3	5
2	6	3	7	5	1	7	5	7	1
7	5	4	1	4	3	2	1	3	2
3	2	3	5	7	5	7	6	4	6
1	6	1	2	4	3	4	2	7	3
2	7	4	6	5	1	6	1	5	4

::::: *Puzzle (402)* :::::

3	2	1	4	3	6	5	1	3	7
1	5	6	5	2	7	2	6	4	2
4	3	1	4	3	5	1	5	1	3
5	6	2	7	1	4	3	4	2	4
1	3	5	6	2	5	2	1	6	1
5	2	1	4	3	4	3	5	3	2
6	3	6	2	6	1	2	4	7	1
2	4	5	4	7	4	6	5	6	3
1	3	1	3	2	1	7	3	2	1
7	5	4	5	6	4	2	1	4	5

::::: *Puzzle (403)* :::::

2	1	5	1	4	3	1	2	3	5
6	3	4	7	5	2	6	4	1	2
4	1	5	6	4	1	3	5	6	3
6	3	4	1	5	7	2	4	2	4
2	7	6	3	4	3	1	3	1	6
1	3	5	2	5	2	5	7	5	2
2	7	4	1	4	1	3	6	3	4
3	1	2	6	2	7	5	1	2	1
5	4	5	3	1	6	3	7	5	3
2	3	1	2	5	4	1	2	6	4

::::: *Puzzle (404)* :::::

4	2	7	5	1	4	1	3	2	5
3	1	3	2	3	6	2	5	7	3
6	7	4	5	7	1	4	6	4	1
5	1	6	1	6	5	2	1	2	6
4	2	4	3	7	3	4	3	7	3
3	6	1	5	4	5	2	1	5	2
1	2	4	3	1	6	7	3	6	4
5	3	6	2	5	2	1	4	2	1
2	4	7	1	4	7	3	6	5	3
1	6	5	3	2	5	2	1	4	6

::::: *Puzzle (405)* :::::

2	4	3	1	2	6	2	1	2	6
6	7	2	5	3	1	4	6	5	4
3	5	1	7	2	5	3	1	2	3
1	2	3	4	3	6	2	4	7	5
4	7	1	2	1	4	3	6	1	3
6	2	6	5	7	5	1	7	4	5
3	4	3	1	4	3	4	5	3	1
5	1	2	7	6	7	2	6	4	2
2	6	3	1	3	1	4	5	1	6
1	5	7	5	4	2	6	3	2	5

::::: *Puzzle (406)* :::::

1	5	2	3	5	4	2	1	4	2
7	4	1	4	6	1	5	7	6	1
2	6	3	5	2	3	6	2	3	5
4	5	2	1	6	5	4	1	4	2
3	1	3	7	2	1	7	2	3	6
5	4	2	6	5	3	5	4	1	5
1	3	1	4	7	1	2	3	7	3
6	7	6	3	6	4	6	1	5	4
3	5	1	5	1	2	5	2	3	1
4	2	3	4	3	6	1	7	4	2

::::: *Puzzle (407)* :::::

2	4	3	5	1	5	3	6	2	1
3	1	6	4	6	2	1	4	3	4
4	2	5	2	3	4	5	7	2	1
1	3	6	4	5	2	3	4	3	4
5	4	5	1	7	1	6	1	2	6
6	7	2	6	2	4	7	3	5	3
1	3	1	5	1	3	1	6	4	1
4	2	4	2	7	4	5	3	2	5
5	7	6	3	1	3	1	6	1	3
2	3	1	2	6	5	7	2	4	2

::::: *Puzzle (408)* :::::

2	1	2	7	2	4	1	5	7	5
4	6	3	6	1	5	3	6	1	4
2	5	4	7	3	6	4	2	3	2
1	7	3	1	4	1	5	1	7	1
2	5	2	6	3	2	6	3	5	4
1	6	3	4	7	4	1	4	2	3
5	7	1	2	5	3	5	3	5	7
2	4	3	6	1	2	6	1	2	6
6	5	2	4	5	3	4	5	3	1
2	1	3	1	7	2	6	1	4	2

::::: *Puzzle (409)* :::::

1	4	2	3	1	3	5	4	1	5
2	3	1	4	6	2	6	3	7	6
1	7	2	3	5	3	5	1	4	2
5	6	5	1	4	2	4	3	5	1
4	3	4	2	3	7	1	2	6	2
6	5	1	6	1	5	4	5	4	3
7	3	2	4	2	7	3	2	6	1
2	6	5	1	5	1	4	1	5	2
5	4	7	3	4	2	3	7	6	7
6	3	1	2	7	1	6	2	4	3

::::: *Puzzle (410)* :::::

4	5	2	5	1	5	2	4	6	3
1	6	3	6	2	4	7	3	1	4
7	2	5	1	3	6	2	6	2	3
1	4	3	2	4	7	3	4	5	1
3	2	1	7	1	5	1	7	2	6
6	4	5	4	6	4	6	4	1	5
5	1	6	2	3	2	7	5	7	3
4	3	7	5	1	5	6	2	4	1
7	2	4	2	6	3	1	5	6	2
5	3	1	3	7	4	2	3	1	3

::::: *Puzzle (411)* :::::

3	6	5	4	6	3	5	2	4	5
4	1	3	1	2	1	4	7	3	1
5	7	4	6	3	7	6	1	2	6
2	3	5	1	2	5	3	4	3	4
1	4	2	7	3	4	7	2	5	2
2	5	1	5	6	2	5	1	3	1
1	6	3	2	1	4	3	6	4	5
4	2	1	4	7	5	2	5	2	3
3	5	3	6	3	4	1	3	4	6
2	1	4	2	1	6	5	2	1	7

::::: *Puzzle (412)* :::::

1	6	2	1	2	5	3	5	2	3
7	5	3	7	4	1	4	1	7	1
1	4	1	5	3	2	6	5	6	2
3	2	3	2	6	1	3	1	3	4
7	1	5	1	3	4	5	2	5	1
2	4	2	4	6	2	1	4	3	4
6	3	5	7	5	3	6	7	6	2
4	2	4	3	2	4	1	3	1	4
1	6	7	5	1	5	2	5	6	2
3	5	2	6	3	4	1	3	1	7

::::: *Puzzle (413)* :::::

2	4	3	4	2	6	1	2	3	4
6	5	1	5	3	5	4	5	7	2
1	2	3	4	1	6	1	6	1	3
3	6	1	6	7	4	5	4	5	6
2	7	5	2	5	2	7	3	2	1
4	1	6	1	4	3	1	4	7	3
5	3	5	3	2	7	6	5	1	5
7	4	6	1	6	1	3	2	6	2
2	5	2	7	3	2	6	5	4	1
4	3	1	5	4	1	4	3	2	7

::::: *Puzzle (414)* :::::

6	5	1	5	1	2	1	2	6	1
7	4	3	2	3	4	3	4	5	2
3	1	6	1	6	1	2	1	7	4
2	7	4	5	7	4	3	5	2	5
5	6	1	3	6	5	1	6	1	3
1	3	7	5	4	3	2	4	5	6
2	4	2	1	2	1	5	1	3	4
3	1	5	6	3	4	7	2	6	7
6	2	4	2	1	6	3	1	4	3
3	5	1	7	3	4	2	6	2	5

::::: *Puzzle (415)* :::::

3	1	4	2	1	4	6	5	6	2
2	5	6	5	6	3	1	3	4	3
7	3	1	2	4	7	4	5	6	5
4	2	5	7	1	2	1	2	3	1
6	1	4	6	5	6	5	4	5	4
5	3	2	3	4	3	1	6	3	1
2	1	6	1	7	6	2	5	4	2
5	3	7	3	4	1	7	1	6	3
1	6	2	1	6	3	4	2	5	2
2	5	4	3	2	7	5	1	3	4

::::: *Puzzle (416)* :::::

1	6	2	4	2	3	1	7	3	6
5	3	1	3	1	4	5	2	4	2
2	4	2	7	5	2	3	1	3	1
6	1	5	1	4	1	7	5	2	4
5	4	6	2	3	6	3	4	3	6
1	2	3	1	5	4	7	1	2	1
7	5	4	2	6	2	3	6	3	7
4	6	3	5	1	4	1	2	1	5
3	2	4	2	3	2	3	5	7	2
7	1	5	6	7	1	6	1	4	3

::::: *Puzzle (417)* :::::

1	5	6	3	1	3	4	3	2	1
3	2	4	2	5	2	1	7	5	4
4	7	1	3	1	6	3	2	6	7
1	6	4	7	5	4	1	4	3	2
5	3	1	2	1	2	5	7	5	4
6	4	6	5	7	3	1	2	6	1
2	1	7	1	4	6	7	4	3	4
3	6	5	2	3	1	3	1	5	1
4	1	3	4	5	6	5	2	3	6
2	6	7	2	1	4	7	6	5	2

::::: *Puzzle (418)* :::::

3	6	5	7	4	2	1	3	5	1
1	4	2	6	1	5	6	2	7	2
5	6	3	5	3	4	3	4	5	4
2	7	1	4	7	5	2	1	2	3
3	4	2	5	2	1	7	3	6	5
6	1	3	7	4	6	4	2	1	3
5	2	6	1	5	3	7	6	4	2
1	3	7	2	4	2	5	1	3	1
4	5	1	3	6	3	4	2	7	5
6	3	7	4	1	2	1	5	4	6

::::: *Puzzle (419)* :::::

2	5	2	1	5	1	6	7	6	4
1	3	6	4	3	2	5	4	5	1
5	2	1	7	6	4	1	3	7	2
7	3	4	2	1	2	6	2	1	4
6	5	7	3	5	3	1	3	6	5
1	3	4	2	1	7	6	5	1	2
2	6	1	3	5	2	4	2	6	4
4	3	4	2	4	1	3	5	1	3
2	1	6	3	5	6	2	4	7	6
3	7	5	4	2	3	1	3	1	5

::::: *Puzzle (420)* :::::

3	5	1	2	3	5	3	4	2	5
4	7	4	6	1	6	2	7	1	6
2	5	1	2	4	5	4	6	5	3
7	3	6	3	1	2	1	2	4	1
5	2	1	5	4	3	5	3	5	2
6	4	6	7	6	1	4	1	4	1
5	3	5	4	2	7	2	3	2	3
1	7	2	1	6	1	4	1	5	4
4	6	3	5	3	5	3	2	3	2
3	2	7	4	1	2	4	1	7	6

::::: Puzzle (421) :::::

1	6	3	5	3	6	3	4	6	1
7	4	2	7	2	5	2	7	2	3
3	6	5	6	1	4	1	5	4	5
2	1	2	4	2	6	3	6	2	1
3	4	7	1	3	1	5	4	7	3
6	1	5	6	5	4	2	3	2	5
3	4	2	3	1	3	1	6	1	4
2	5	1	5	2	6	2	5	3	2
1	4	3	4	3	1	4	1	4	1
2	5	6	1	7	2	3	5	7	6

::::: Puzzle (422) :::::

2	3	1	3	1	6	4	2	5	1
1	5	4	5	7	2	5	7	3	2
2	3	7	1	3	4	3	2	6	4
6	1	2	4	2	1	6	4	1	3
3	5	7	6	5	4	5	3	6	2
4	6	4	3	1	6	2	7	1	4
5	7	2	6	5	3	5	3	2	3
1	3	1	4	2	4	1	4	1	5
2	6	5	7	5	6	5	3	2	4
4	3	1	3	2	1	2	1	6	1

::::: Puzzle (423) :::::

4	1	7	1	2	4	2	5	3	1
5	3	5	3	6	7	3	1	2	5
7	1	6	1	2	1	5	4	6	3
6	2	7	4	6	3	2	3	5	4
1	5	3	5	2	7	4	1	7	6
2	4	2	4	3	6	2	3	5	4
3	7	6	1	2	5	1	6	2	1
4	1	5	4	7	4	2	7	4	3
5	2	3	6	3	6	3	1	5	1
4	7	1	5	1	2	5	2	4	3

::::: Puzzle (424) :::::

1	3	1	5	4	3	6	7	5	3
2	5	6	2	6	1	2	4	2	1
4	7	3	4	5	3	5	1	6	4
1	2	5	7	2	1	2	3	5	2
3	6	3	1	6	4	5	4	7	1
4	1	4	2	3	7	3	6	3	4
2	5	3	6	1	5	1	7	1	2
4	1	4	7	4	3	2	3	6	5
2	3	5	1	2	1	6	5	2	4
5	6	2	4	6	4	7	1	3	6

::::: Puzzle (425) :::::

3	2	5	4	3	4	1	5	4	5
5	6	3	1	6	2	6	2	1	6
7	1	2	4	5	3	1	7	4	2
6	5	7	3	1	4	6	2	5	3
3	4	1	2	6	2	1	4	1	7
2	7	3	4	1	5	3	6	3	2
6	5	1	5	3	6	7	2	7	4
1	4	3	2	1	2	4	1	6	5
5	2	1	5	3	5	3	2	3	1
3	6	7	4	2	4	1	4	5	4

::::: Puzzle (426) :::::

5	6	7	3	4	3	4	5	7	4
2	1	5	2	1	5	6	1	2	3
3	4	6	4	3	2	3	4	6	7
1	5	1	2	5	6	1	5	2	1
4	6	7	3	7	2	4	3	4	5
5	2	5	2	6	3	5	1	2	1
1	3	1	3	1	2	4	6	3	7
2	7	2	4	7	3	7	2	1	2
3	4	6	1	6	1	6	3	4	6
6	1	2	5	4	3	2	1	5	1

::::: Puzzle (427) :::::

2	1	5	1	7	2	6	2	4	1
5	4	2	6	3	4	3	5	6	3
3	1	3	1	2	6	2	7	4	1
4	5	4	5	3	4	5	1	3	6
1	6	3	1	2	1	3	6	5	2
2	4	5	6	7	5	2	4	3	1
7	1	2	4	1	6	3	7	2	4
2	3	7	3	5	2	5	1	3	1
4	1	2	1	4	3	6	4	2	4
5	3	7	6	7	2	5	3	6	1

::::: Puzzle (428) :::::

5	3	1	2	5	1	7	3	2	3
1	2	5	4	3	4	2	6	1	5
6	7	3	2	1	5	3	7	2	6
4	5	4	6	4	2	1	5	4	1
3	1	7	1	5	7	6	2	7	3
6	2	5	4	6	3	4	3	1	6
7	4	1	3	1	2	1	2	4	5
5	3	6	2	6	5	6	5	3	7
1	2	4	1	4	1	3	4	2	4
4	6	5	2	3	5	2	1	3	6

::::: Puzzle (429) :::::

5	3	2	7	4	2	6	3	6	2
2	1	6	1	5	3	1	7	4	1
3	7	5	4	2	6	5	6	3	5
1	4	6	7	1	4	3	2	4	1
5	3	1	3	2	5	7	1	3	2
4	6	2	7	1	6	3	4	5	4
2	1	3	5	2	7	5	2	6	1
6	4	7	1	3	6	4	1	3	4
2	1	3	2	5	2	3	5	2	5
6	5	4	7	3	1	7	6	4	1

::::: Puzzle (430) :::::

6	5	1	4	2	3	7	1	5	4
2	3	2	3	1	5	4	3	2	3
1	4	1	4	2	3	6	5	1	4
6	2	5	3	1	5	4	2	3	7
1	4	7	6	4	7	6	1	6	2
3	5	1	2	5	2	3	5	7	5
6	4	3	7	4	6	1	2	3	4
5	2	6	2	1	3	5	6	1	2
4	3	5	7	5	4	2	4	5	3
7	1	2	4	3	1	3	1	2	1

::::: Puzzle (431) :::::

6	2	1	2	1	3	2	4	5	1
1	5	3	4	7	4	1	3	7	6
3	2	1	2	3	5	2	4	1	4
1	6	3	5	1	7	6	3	7	5
2	4	1	6	2	4	2	4	6	3
6	7	3	5	3	5	3	1	5	2
4	2	4	1	6	2	4	2	6	3
3	1	5	2	5	3	7	5	4	1
6	2	4	3	1	4	2	6	2	3
1	5	6	5	2	7	3	1	4	1

::::: Puzzle (432) :::::

5	3	6	4	5	7	1	4	6	1
1	4	5	3	2	4	6	3	2	5
2	6	7	1	5	7	1	7	6	3
1	3	4	2	6	2	4	2	5	4
2	5	7	1	3	1	5	1	3	2
6	4	3	2	6	7	3	7	6	4
1	5	6	1	3	4	5	2	3	5
7	4	2	4	7	6	3	4	1	2
5	1	6	1	2	4	1	2	5	6
2	3	5	3	6	5	3	7	4	1

::::: Puzzle (433) :::::

2	1	2	3	1	4	2	4	1	3
4	6	7	4	7	3	1	5	6	2
1	5	2	3	2	5	2	4	3	5
3	7	4	1	6	1	6	7	1	6
2	5	2	5	3	5	2	5	3	7
1	6	3	7	1	6	1	4	6	2
3	5	1	5	4	2	5	2	5	4
7	6	4	2	1	3	4	3	6	3
1	3	7	3	4	6	1	2	4	1
4	2	4	2	1	5	3	6	5	7

::::: Puzzle (434) :::::

1	3	2	6	1	7	5	2	1	4
2	6	5	4	3	2	4	6	7	3
4	7	1	2	1	5	1	2	5	1
1	3	4	3	7	3	4	7	6	4
5	6	2	1	2	6	1	5	1	3
2	4	3	4	3	5	4	3	2	5
6	5	2	5	6	1	6	5	4	3
3	4	6	1	3	4	2	7	1	7
1	5	2	5	7	6	3	4	6	2
2	3	1	3	4	1	7	2	5	1

::::: Puzzle (435) :::::

1	3	1	7	6	3	4	6	7	1
2	4	2	5	1	5	1	3	5	4
5	6	3	4	2	7	2	4	6	2
2	1	7	5	6	1	6	5	1	3
4	3	4	3	4	3	4	2	7	4
2	1	7	2	6	7	1	3	1	2
5	6	3	5	1	2	5	6	4	3
3	1	2	4	3	4	1	3	2	5
2	4	3	5	1	6	2	7	4	1
3	1	2	6	7	4	5	1	2	3

::::: Puzzle (436) :::::

2	5	2	5	1	4	2	4	1	3
3	1	7	4	6	3	6	5	2	4
2	4	3	1	5	1	7	3	1	6
3	5	2	4	6	3	2	6	7	4
1	6	1	5	2	4	7	3	5	2
4	2	3	4	7	1	2	1	7	3
1	6	1	2	3	6	4	3	6	1
4	2	4	7	1	5	1	5	2	4
5	3	5	3	6	4	2	6	3	5
4	1	6	2	5	3	7	1	7	1

::::: Puzzle (437) :::::

2	5	6	4	3	1	4	3	6	1
3	4	3	1	5	2	5	2	5	4
1	6	7	2	6	3	1	7	1	2
5	4	5	4	1	2	4	3	5	3
2	6	1	3	5	3	5	1	2	4
4	7	4	6	7	1	2	7	6	3
3	2	5	2	4	3	5	3	1	5
1	7	1	3	1	6	2	6	4	6
2	4	2	7	4	5	4	7	2	7
3	6	5	1	2	1	3	6	5	1

::::: Puzzle (438) :::::

4	2	1	3	6	7	4	5	2	1
3	5	6	5	2	1	3	6	4	3
2	4	3	1	4	7	2	1	2	5
3	1	6	2	5	1	5	4	3	4
5	2	4	3	4	3	2	1	7	1
7	3	1	6	5	1	6	5	2	5
4	5	4	7	2	3	2	1	4	6
2	1	2	3	6	5	4	3	5	3
6	3	5	4	1	3	7	2	4	2
1	2	1	6	2	5	1	6	1	3

::::: Puzzle (439) :::::

2	1	7	6	4	3	1	4	2	5
5	4	3	5	1	6	2	6	1	6
3	7	1	6	2	7	3	5	3	2
4	5	4	5	1	6	1	2	4	1
2	7	3	2	4	3	5	3	5	3
3	1	4	1	6	1	2	6	7	4
6	5	2	7	4	7	4	1	5	2
2	3	4	3	6	1	6	3	4	6
6	1	7	1	4	5	4	2	5	2
5	3	5	2	3	2	1	3	1	6

::::: Puzzle (440) :::::

4	1	3	5	4	3	2	7	1	2
3	5	4	2	7	6	1	6	5	6
2	6	1	6	3	5	2	4	1	3
5	4	3	2	1	4	1	3	7	5
1	2	5	4	3	2	6	5	6	4
6	4	3	1	5	1	7	2	7	1
2	7	5	4	7	3	4	5	6	4
3	1	3	2	5	2	1	2	7	3
5	4	6	4	3	7	6	3	4	2
1	3	2	5	6	1	2	5	6	1

::::: *Puzzle (441)* :::::

5	3	1	3	6	5	2	5	2	1
2	7	5	4	1	3	7	4	3	4
6	3	1	2	6	2	6	2	1	5
1	4	5	4	7	4	1	7	4	3
3	6	1	6	2	5	3	5	6	2
1	2	4	5	3	6	1	2	3	4
4	5	7	6	1	2	5	4	5	1
2	3	1	2	3	7	1	3	2	6
5	6	5	6	4	5	4	6	7	1
3	1	4	2	1	2	1	3	4	3

::::: *Puzzle (442)* :::::

6	3	6	3	4	2	7	5	1	4
2	1	7	5	1	6	3	2	3	2
4	5	2	4	3	2	5	1	4	1
3	7	3	6	5	1	3	7	2	3
5	1	5	1	7	2	5	4	1	4
2	7	6	4	3	4	1	6	2	5
6	4	5	1	5	2	3	5	3	4
2	1	3	2	7	4	1	6	2	6
4	6	5	4	6	5	3	4	3	5
1	2	3	1	3	2	1	2	7	1

::::: *Puzzle (443)* :::::

1	3	7	3	2	7	4	5	1	5
5	4	1	6	1	6	3	2	3	4
1	2	5	2	4	2	7	4	5	1
3	4	6	3	5	6	1	3	2	3
6	2	1	2	1	3	5	7	6	1
1	5	4	7	6	2	4	2	5	4
2	3	2	3	4	3	1	6	3	2
5	1	6	1	2	5	4	5	1	4
4	3	5	4	6	1	3	2	3	2
2	1	2	3	7	5	7	6	1	4

::::: *Puzzle (444)* :::::

1	3	2	5	4	7	1	4	1	6
4	6	4	3	1	3	2	3	2	5
5	7	2	6	2	4	6	4	1	6
1	3	1	4	3	5	3	5	2	5
2	6	2	7	1	2	1	7	4	3
1	3	5	6	4	6	3	5	1	6
2	4	7	2	1	2	1	4	2	4
3	5	1	6	3	4	3	5	7	3
1	2	7	5	2	7	2	6	1	5
3	4	3	1	4	1	5	3	4	2

::::: *Puzzle (445)* :::::

2	5	2	3	5	7	4	1	5	3
4	3	6	4	1	6	3	2	4	1
1	2	5	7	5	2	1	6	5	6
4	3	1	3	4	3	4	2	1	4
1	5	2	7	6	1	7	6	7	2
3	6	3	4	2	5	2	3	5	4
2	7	5	1	3	1	4	1	6	2
6	4	2	4	6	5	6	3	5	1
5	3	1	3	1	3	4	7	2	3
1	2	4	6	2	5	1	6	4	5

::::: *Puzzle (446)* :::::

6	7	2	4	7	1	2	1	4	6
1	4	6	3	5	3	7	5	2	1
3	7	2	1	2	4	6	1	3	5
5	1	4	5	6	5	3	4	6	2
3	2	6	2	3	4	2	7	3	7
5	4	3	1	5	1	5	4	6	5
6	7	5	7	3	4	2	1	3	4
2	4	1	4	2	1	3	5	2	1
3	5	3	6	3	5	2	4	6	7
6	1	2	1	2	1	3	1	2	3

::::: *Puzzle (447)* :::::

6	5	3	1	4	2	1	2	7	3
2	7	2	7	5	7	4	5	1	6
1	4	5	6	3	1	6	2	4	2
3	6	3	2	4	5	3	1	5	1
4	2	5	7	1	2	4	2	4	3
3	6	1	4	6	3	1	3	1	5
5	2	5	3	1	2	7	5	2	4
1	7	1	4	5	4	6	3	7	6
4	6	3	2	1	7	5	4	2	1
3	2	1	6	4	2	3	1	5	3

::::: *Puzzle (448)* :::::

2	3	1	6	4	3	5	2	4	3
1	5	4	3	1	2	1	7	6	1
6	2	6	2	4	5	4	5	2	4
4	1	3	5	1	2	1	6	3	7
3	5	2	6	4	3	4	5	1	5
4	7	3	1	2	6	2	3	4	3
3	5	6	5	4	7	1	5	6	2
2	1	7	1	3	6	2	3	4	5
6	4	5	2	5	4	1	5	6	3
1	2	3	4	1	3	6	2	1	2

::::: *Puzzle (449)* :::::

5	2	1	3	2	6	2	1	3	4
3	4	6	5	1	3	4	5	6	5
6	1	3	2	4	7	1	2	1	7
7	4	5	1	3	2	3	4	3	2
6	1	3	2	5	4	5	2	1	4
5	2	4	1	3	1	6	4	3	5
6	1	5	2	7	2	3	2	1	6
5	3	4	6	3	4	5	6	4	3
1	6	2	1	2	1	2	1	5	1
2	3	5	4	7	5	3	4	6	2

::::: *Puzzle (450)* :::::

1	2	6	5	4	1	2	3	7	4
3	4	1	7	2	6	4	5	1	2
2	5	2	5	1	3	7	6	3	5
1	6	1	3	2	5	4	1	7	6
2	3	4	5	7	3	2	3	4	1
4	6	1	2	6	1	4	1	5	3
1	5	4	5	3	7	3	6	7	2
2	3	7	2	1	2	5	2	4	1
5	4	6	5	6	3	4	1	5	7
1	3	2	4	1	5	6	3	2	4

::::: *Puzzle (451)* :::::

7	2	1	3	2	3	2	7	1	6
4	3	5	7	1	5	4	5	4	3
6	1	4	3	4	3	6	2	1	6
5	2	6	7	2	5	1	5	7	2
7	1	3	1	4	6	2	3	4	5
3	2	4	2	3	1	5	7	2	1
6	1	6	7	4	6	3	4	6	7
5	4	3	5	2	1	2	1	5	3
3	6	2	4	6	7	5	4	2	1
1	7	5	7	3	4	2	1	6	3

::::: *Puzzle (452)* :::::

5	4	2	3	1	3	2	6	2	4
1	3	1	5	4	5	1	3	1	3
4	6	4	7	2	6	2	5	2	6
1	5	3	1	5	1	7	1	4	5
6	7	2	4	3	4	6	5	2	7
5	3	6	5	2	1	3	1	3	6
2	1	4	3	6	4	2	5	7	1
4	3	2	5	2	7	3	6	2	4
1	6	1	4	1	5	1	4	1	5
4	2	3	2	3	4	6	5	3	2

::::: *Puzzle (453)* :::::

5	7	1	3	5	3	5	1	5	2
1	2	4	2	1	4	2	4	6	3
3	6	1	5	3	6	7	1	2	1
4	5	4	2	4	2	4	5	6	3
3	1	3	1	3	1	3	1	2	1
2	5	2	4	2	5	4	5	4	3
4	3	1	7	6	1	3	6	1	6
6	2	4	2	4	2	7	2	3	4
3	1	6	5	3	1	4	5	1	5
5	2	3	1	4	7	2	6	2	3

::::: *Puzzle (454)* :::::

2	1	2	4	1	5	1	3	4	1
6	4	3	5	2	3	4	2	6	2
3	5	2	1	4	6	1	3	4	5
4	1	4	6	5	7	5	2	1	3
2	3	7	3	1	2	1	6	4	2
1	5	4	2	4	6	5	3	5	6
6	3	7	5	1	2	1	2	1	3
2	4	6	4	6	3	6	3	5	4
1	5	3	2	7	5	2	4	2	6
4	2	1	5	3	4	3	1	3	1

::::: *Puzzle (455)* :::::

2	5	1	3	2	4	3	2	5	2
6	4	6	4	1	5	1	6	1	3
3	1	3	5	2	4	2	3	2	5
6	4	6	4	1	3	1	4	6	1
1	5	3	7	2	4	2	3	5	3
2	4	2	4	1	3	5	1	2	6
3	1	5	3	5	6	7	4	5	4
2	4	7	1	7	4	3	1	7	6
3	1	2	5	6	1	6	2	3	4
2	5	3	1	2	3	4	5	1	2

::::: *Puzzle (456)* :::::

7	6	3	4	1	6	5	3	6	2
4	1	7	5	2	4	2	7	1	3
3	2	3	6	3	1	3	4	5	4
5	1	5	2	4	5	6	1	6	1
6	3	4	1	6	2	3	2	5	3
4	5	7	2	3	5	6	1	4	2
2	1	6	1	4	2	4	5	7	6
5	4	2	3	6	7	1	3	1	5
1	3	5	7	2	3	6	2	4	2
5	2	6	4	5	1	4	7	3	1

::::: *Puzzle (457)* :::::

4	1	5	2	5	1	2	7	3	5
6	2	6	1	6	3	5	4	1	2
5	7	4	3	4	2	6	3	5	4
2	3	1	2	6	3	1	4	1	3
6	4	5	3	1	7	6	7	6	7
1	7	1	6	2	3	1	4	2	5
3	6	3	5	1	5	2	7	1	3
2	5	7	4	3	4	3	4	2	4
4	6	3	1	2	5	1	6	1	6
5	2	7	4	3	4	2	5	2	5

::::: *Puzzle (458)* :::::

1	4	2	7	5	1	4	1	4	1
6	5	3	1	3	2	6	2	5	2
4	2	7	4	6	5	3	1	3	1
3	1	6	3	2	1	2	5	2	5
5	2	4	1	5	4	3	4	3	4
6	7	3	2	6	2	6	2	6	1
5	1	6	1	7	1	7	1	3	5
2	4	3	2	4	5	4	5	4	1
3	7	6	5	3	1	3	6	7	2
1	4	1	7	2	5	2	1	3	4

::::: *Puzzle (459)* :::::

1	6	5	3	4	3	4	6	5	1
2	4	2	7	5	6	2	1	7	3
5	3	1	4	2	1	4	3	2	6
1	4	2	7	5	6	2	7	4	3
2	3	6	4	1	3	5	3	5	1
4	5	2	5	2	4	6	4	2	4
3	1	7	1	3	1	2	7	1	5
5	6	3	5	6	5	3	6	4	2
1	2	1	4	1	4	1	2	3	1
6	3	5	2	3	7	5	4	6	2

::::: *Puzzle (460)* :::::

1	4	6	3	5	2	3	5	1	4
3	5	1	2	1	6	4	2	7	6
2	6	4	5	7	2	1	3	1	2
1	3	1	2	6	5	4	5	6	4
5	7	5	3	4	3	2	3	1	5
6	4	2	7	5	1	4	6	4	3
1	5	6	1	6	2	3	1	2	5
4	2	4	3	7	1	4	5	3	4
3	6	5	6	4	5	7	2	1	2
1	4	3	2	3	2	1	3	5	6

::::: *Puzzle (461)* :::::

3	1	4	1	4	6	1	3	5	1
2	5	2	6	2	5	4	2	7	3
4	3	1	5	1	6	1	3	4	6
5	6	4	7	2	5	2	5	7	2
1	2	3	6	4	1	3	4	3	4
3	4	5	1	3	2	7	6	1	2
2	1	3	2	4	6	3	2	5	7
5	6	4	5	7	1	5	7	4	1
1	2	1	2	3	6	4	3	5	6
3	4	3	6	1	5	7	2	1	4

::::: *Puzzle (462)* :::::

2	7	4	6	3	6	4	5	3	5
1	5	1	5	4	2	1	7	4	1
3	4	2	3	6	3	6	2	3	5
2	1	7	1	2	7	5	1	6	4
3	5	4	5	6	4	2	4	5	2
4	1	6	3	2	3	1	6	7	1
2	5	2	4	7	6	7	3	4	5
3	1	3	6	1	3	1	5	2	7
2	4	5	2	4	5	7	3	1	4
1	3	7	3	6	1	2	4	6	2

::::: *Puzzle (463)* :::::

1	2	1	4	3	4	2	4	6	5
5	7	3	2	1	5	6	5	1	3
3	6	1	4	3	2	7	3	4	7
2	4	5	6	1	4	1	2	6	3
1	3	1	3	2	6	3	5	1	2
2	4	2	6	5	7	1	7	6	4
5	1	5	1	2	4	2	4	1	3
2	3	4	3	6	1	5	3	5	6
4	5	1	7	2	3	2	1	2	1
3	7	6	5	1	6	4	7	4	5

::::: *Puzzle (464)* :::::

1	2	4	5	1	3	5	2	4	6
7	6	1	7	6	2	4	3	5	3
5	2	3	4	3	1	6	2	1	4
6	4	1	2	5	2	5	4	6	5
5	3	6	7	1	7	3	1	3	2
7	1	4	3	6	4	2	5	7	1
2	3	6	1	2	1	3	4	2	3
5	7	2	4	5	4	6	1	5	1
2	6	1	3	1	2	7	3	6	4
3	5	4	2	7	4	5	1	2	3

::::: *Puzzle (465)* :::::

2	1	6	1	4	6	3	1	4	7
4	5	2	5	2	5	7	5	6	2
1	3	1	6	3	4	2	4	1	3
5	6	2	4	1	5	7	6	2	5
3	1	3	5	3	2	4	1	3	6
4	7	4	2	4	1	5	6	5	4
3	1	3	1	6	7	2	3	1	3
7	2	5	2	5	4	1	4	5	2
6	4	3	7	6	3	2	6	7	1
5	1	2	1	5	1	4	1	3	2

::::: *Puzzle (466)* :::::

2	7	1	3	1	7	3	5	4	1
6	3	4	5	4	5	6	1	7	2
4	2	1	6	7	2	4	2	4	3
7	6	5	2	4	6	1	5	1	2
5	3	1	3	1	3	2	6	4	3
4	2	4	7	5	6	1	3	7	1
1	3	1	2	1	3	7	5	6	2
5	6	4	3	5	2	1	3	4	1
2	1	2	6	4	3	5	2	7	6
4	7	5	3	1	2	4	3	5	1

::::: *Puzzle (467)* :::::

5	2	4	1	3	4	2	1	4	2
3	1	5	2	5	1	3	5	7	6
7	6	3	4	6	7	4	6	4	3
4	2	5	2	3	1	2	1	2	7
3	1	4	1	4	6	5	3	5	3
2	5	3	7	3	1	4	7	1	4
6	1	4	1	2	6	2	3	2	6
4	3	2	7	3	1	5	1	5	4
5	6	4	1	5	2	4	2	3	7
1	3	2	3	4	7	6	5	1	2

::::: *Puzzle (468)* :::::

6	2	5	3	6	7	1	7	2	5
5	4	6	2	1	4	3	5	4	1
3	1	3	4	5	6	2	7	3	7
2	4	2	6	7	3	1	4	1	4
1	5	1	5	1	4	5	2	6	2
7	2	6	4	3	6	3	1	3	5
1	4	3	5	1	5	2	4	2	1
6	2	6	7	2	3	1	5	3	5
1	3	4	3	4	7	4	7	6	4
5	2	1	2	6	1	5	1	3	2

::::: *Puzzle (469)* :::::

2	3	1	7	3	2	4	3	2	1
5	4	6	2	1	7	6	5	4	6
3	2	1	4	5	3	1	3	1	2
1	5	3	2	1	7	6	4	7	5
2	7	4	6	5	2	3	5	3	2
1	6	5	1	4	1	4	7	6	1
3	4	3	2	3	6	3	5	2	4
6	5	7	1	7	4	1	4	3	1
1	2	4	2	3	2	5	2	7	4
3	5	7	6	4	1	6	3	5	2

::::: *Puzzle (470)* :::::

7	6	5	4	2	4	1	4	2	3
3	2	1	3	1	6	3	7	5	1
4	5	6	4	2	4	5	1	3	2
1	3	2	7	5	1	2	6	4	1
2	5	1	6	3	4	7	3	5	2
1	3	2	4	7	5	1	2	6	7
2	4	5	3	2	3	4	5	3	4
1	3	1	7	1	6	7	6	1	2
2	5	2	4	3	5	1	5	4	6
6	4	3	1	7	6	2	3	1	5

::::: *Puzzle (471)* :::::

5	3	6	1	2	6	4	1	4	3
2	1	2	3	4	1	3	5	2	5
4	7	4	5	2	5	2	1	4	3
1	5	1	6	1	3	4	6	5	7
2	3	4	2	5	2	1	2	4	1
1	6	5	7	1	4	3	5	3	2
4	3	1	3	5	2	1	2	6	5
1	2	4	6	1	7	3	4	1	3
5	3	5	7	2	6	5	6	2	4
6	4	2	1	3	1	3	4	5	1

::::: *Puzzle (472)* :::::

4	1	6	4	5	7	5	1	6	1
2	3	2	1	6	1	2	4	3	2
5	1	7	3	7	3	5	7	1	5
3	2	5	2	4	6	1	2	3	7
1	4	1	3	1	7	4	6	4	6
2	5	6	5	4	3	2	5	3	1
4	3	2	7	1	6	7	1	2	5
2	6	1	6	5	3	4	3	4	7
1	4	5	3	7	2	1	7	6	3
5	3	6	2	4	6	5	4	2	1

::::: *Puzzle (473)* :::::

4	2	1	2	3	2	1	6	3	4
3	5	3	4	5	4	5	4	1	2
4	6	1	6	7	3	1	6	3	4
2	5	4	2	5	2	4	2	5	2
1	3	1	3	4	7	6	1	3	1
5	6	2	6	2	1	2	5	6	5
1	3	5	1	5	6	3	1	2	4
6	7	6	2	3	1	2	4	5	3
4	2	4	1	7	4	3	7	1	2
5	1	3	5	6	2	1	5	4	3

::::: *Puzzle (474)* :::::

2	6	1	6	1	3	7	5	3	1
1	4	3	7	2	5	4	2	4	2
3	5	2	4	6	3	7	1	5	3
1	7	6	3	2	1	2	6	4	1
5	3	5	1	4	6	5	1	3	2
4	7	2	7	3	1	3	4	5	4
3	1	3	6	4	5	2	1	2	6
5	4	2	5	2	3	4	5	4	1
6	3	6	4	1	5	1	3	6	2
2	1	2	5	3	4	6	2	5	4

::::: *Puzzle (475)* :::::

5	1	3	2	1	4	5	6	4	2
6	4	6	7	6	2	3	2	5	1
7	2	3	4	3	5	1	4	7	3
4	1	5	2	1	2	7	3	1	6
5	3	6	7	4	3	1	2	5	2
7	4	1	3	1	6	5	3	1	4
1	6	2	4	5	3	1	2	5	2
2	3	1	3	7	2	6	7	1	7
5	4	5	2	1	4	5	2	6	4
3	1	6	4	5	6	1	3	1	3

::::: *Puzzle (476)* :::::

4	2	5	1	3	1	2	4	5	6
3	1	7	2	4	5	6	1	7	3
6	2	4	1	7	3	2	3	5	2
3	1	5	3	4	5	1	7	1	4
2	6	4	2	1	2	3	6	3	6
5	1	5	7	3	4	5	4	2	4
4	3	2	4	2	6	3	6	3	6
6	1	6	1	5	7	1	2	5	1
5	4	3	4	2	6	4	7	4	7
3	2	1	7	1	5	2	3	5	1

::::: *Puzzle (477)* :::::

2	3	7	6	5	1	4	5	1	4
4	1	2	4	3	2	3	2	3	2
2	5	6	1	6	4	1	5	1	6
1	3	4	3	7	3	2	4	3	2
4	5	2	5	1	4	6	7	5	6
3	6	1	4	2	5	1	3	1	4
1	4	5	6	1	3	2	5	2	5
2	7	2	4	2	7	4	3	1	3
3	5	1	6	3	6	1	5	6	4
1	4	3	2	1	5	2	4	1	3

::::: *Puzzle (478)* :::::

2	4	6	3	1	5	6	3	2	1
3	5	1	5	4	2	7	1	5	3
4	7	4	6	3	1	4	6	4	6
3	2	3	1	5	2	7	1	5	2
1	5	7	2	6	3	4	2	4	6
7	6	1	4	5	2	7	1	3	1
3	5	3	2	1	6	5	4	5	7
6	4	1	4	3	2	1	3	2	3
3	2	6	5	1	4	5	6	1	5
5	4	1	7	2	6	2	3	2	4

::::: *Puzzle (479)* :::::

2	5	4	3	5	2	1	4	1	3
1	3	1	2	1	4	6	3	6	2
2	4	6	5	3	2	5	1	4	5
5	3	1	7	4	1	6	3	6	7
4	6	4	2	5	3	5	2	4	1
5	3	1	3	1	6	4	1	3	5
2	4	6	7	2	5	2	5	2	1
1	7	2	4	1	7	6	4	3	7
5	4	5	3	6	5	3	1	5	1
6	3	2	4	2	7	2	4	6	3

::::: *Puzzle (480)* :::::

4	3	7	2	6	2	1	5	3	1
6	2	4	1	4	5	7	2	7	4
5	3	5	2	3	1	3	1	6	2
6	1	4	1	4	5	2	4	5	3
2	3	7	5	7	3	1	3	6	2
1	6	1	2	1	2	6	4	5	3
4	5	3	4	6	7	5	1	6	1
2	1	2	1	5	1	6	2	3	4
3	6	5	3	2	3	4	7	5	1
4	1	4	6	1	5	2	6	4	3

:::: Puzzle (481) ::::

7	5	2	1	6	3	4	1	7	5
4	1	3	4	2	1	6	2	3	6
5	2	6	1	7	5	3	4	7	5
6	1	5	3	2	4	6	2	1	3
3	4	2	6	1	3	7	3	5	6
1	5	1	4	5	2	4	1	4	2
3	2	6	2	7	3	6	5	3	7
1	5	1	3	1	4	1	2	6	1
4	6	4	5	2	5	6	3	4	7
3	2	1	7	4	3	2	1	5	2

:::: Puzzle (482) ::::

2	4	6	2	3	4	1	5	3	1
3	5	1	4	1	5	3	2	4	2
1	6	3	5	2	6	7	1	3	5
2	4	2	1	4	3	4	6	4	6
1	5	3	5	6	2	7	3	1	5
4	7	4	1	3	5	4	2	4	7
2	1	2	5	4	2	3	6	1	2
3	5	6	3	1	6	1	2	3	6
2	4	7	5	2	4	3	5	1	4
3	1	3	1	6	1	2	4	3	2

:::: Puzzle (483) ::::

4	6	4	1	3	2	3	1	2	5
2	1	3	7	5	1	7	5	7	4
5	4	6	2	6	3	2	3	2	6
3	1	5	3	1	4	1	4	1	5
2	4	2	4	2	5	2	5	3	4
6	3	1	3	6	1	7	1	2	1
4	5	4	2	4	2	5	6	4	3
1	3	1	5	3	7	3	1	2	1
7	5	4	6	2	5	2	5	3	4
1	2	3	1	4	3	1	6	1	2

:::: Puzzle (484) ::::

3	4	2	3	5	6	2	1	5	2
5	1	7	4	1	3	5	4	3	4
4	2	6	2	5	7	1	6	1	5
6	1	3	1	3	2	4	7	3	2
7	2	4	2	5	7	1	5	1	4
5	3	1	6	1	6	3	6	2	5
1	2	4	3	5	7	2	5	3	1
6	5	1	6	1	3	4	7	2	6
3	7	3	2	4	2	1	6	1	3
4	6	4	5	1	5	4	3	2	4

:::: Puzzle (485) ::::

1	7	1	3	4	6	1	5	4	6
4	3	2	6	2	7	4	2	3	1
2	1	5	4	3	6	3	5	4	2
5	4	2	1	7	4	1	2	3	6
6	3	6	5	2	5	3	6	7	1
4	5	1	4	3	1	2	1	5	3
3	7	6	2	5	4	3	7	4	2
5	1	5	1	3	1	2	6	1	5
7	6	4	2	6	4	3	5	2	7
2	1	5	3	5	2	1	6	3	4

:::: Puzzle (486) ::::

1	3	5	7	3	2	4	1	3	2
4	2	4	2	4	1	5	2	4	5
5	1	6	3	6	3	4	3	1	2
3	7	4	5	1	7	1	2	5	6
2	6	1	2	4	5	3	6	3	1
1	4	3	5	1	2	4	2	5	4
7	6	1	7	4	3	1	3	1	3
1	2	4	5	2	7	5	2	4	2
5	6	7	3	6	4	3	1	6	5
3	2	1	4	1	5	2	4	3	1

:::: Puzzle (487) ::::

4	5	2	1	6	1	3	2	1	4
3	7	3	5	3	5	4	6	5	3
2	6	1	4	6	2	1	2	1	2
3	4	2	5	1	5	7	3	5	4
2	1	3	7	4	3	2	4	6	1
4	5	2	1	6	5	7	1	2	5
1	6	4	3	2	3	4	5	3	1
2	3	1	6	7	5	2	6	7	4
6	4	5	2	1	3	1	4	2	6
1	3	1	6	4	5	2	3	1	3

:::: Puzzle (488) ::::

3	2	6	5	4	1	6	2	4	3
4	5	1	3	2	3	4	1	5	2
1	6	2	6	7	1	5	7	3	1
2	4	5	1	3	2	4	1	4	6
5	1	3	6	5	6	5	2	3	1
2	4	7	1	2	4	3	1	5	2
3	1	5	4	5	6	2	6	4	3
5	2	6	3	2	7	3	7	2	6
1	7	5	7	1	4	1	4	3	1
4	3	1	4	2	5	3	6	5	4

:::: Puzzle (489) ::::

4	7	6	2	5	1	3	1	2	4
1	2	4	3	7	4	6	7	5	3
5	3	6	1	2	5	2	1	2	1
2	4	5	4	3	6	3	4	3	4
6	1	6	1	2	1	7	6	5	1
3	5	4	7	3	6	5	4	2	3
1	2	3	2	5	2	1	6	1	7
5	4	1	6	1	6	7	3	4	2
2	7	5	3	7	4	1	2	1	5
3	4	2	6	1	2	5	3	4	3

:::: Puzzle (490) ::::

3	2	1	4	1	3	1	2	1	6
5	4	3	2	5	2	4	7	3	2
2	6	1	4	1	6	3	5	1	7
1	3	5	3	2	5	2	4	3	4
6	4	2	4	6	7	6	1	2	1
2	7	1	5	1	3	2	5	4	5
4	5	3	7	6	4	1	3	7	1
1	2	6	4	3	7	5	2	6	4
3	5	7	2	1	2	6	3	1	3
7	6	1	3	5	4	5	2	4	5

:::: Puzzle (491) ::::

4	3	1	4	1	7	4	6	1	5
2	6	2	3	2	5	2	3	4	7
1	5	4	5	4	3	4	6	2	3
4	7	1	3	2	6	1	5	7	5
2	6	2	6	1	4	2	3	4	2
5	3	1	3	5	6	1	6	1	6
6	2	5	4	1	3	5	3	2	3
3	4	1	2	5	7	2	4	5	1
1	2	3	6	4	6	1	6	2	4
3	4	1	2	5	3	4	3	5	1

:::: Puzzle (492) ::::

1	3	6	7	1	3	4	5	7	2
2	5	2	5	2	6	7	3	1	6
1	4	1	4	7	4	2	6	5	3
7	3	7	3	5	1	3	1	2	1
4	6	2	1	2	4	7	4	3	4
5	1	3	4	3	1	6	2	1	2
4	2	5	2	6	5	4	5	3	5
1	3	1	3	7	2	6	2	1	6
4	5	4	5	1	4	7	4	3	5
6	3	1	2	7	3	1	5	2	6

:::: Puzzle (493) ::::

5	2	3	2	4	2	3	4	7	1
3	6	1	5	1	5	6	5	2	3
1	4	2	3	2	4	3	4	1	4
3	6	1	5	7	6	1	6	2	5
4	2	7	3	1	5	2	4	7	3
7	1	6	2	4	7	1	5	1	5
3	5	7	1	3	2	6	3	7	6
6	1	4	6	4	7	4	1	4	2
5	3	2	1	5	1	2	5	6	3
2	1	5	3	6	4	3	1	2	1

:::: Puzzle (494) ::::

3	2	5	4	2	4	5	1	3	1
4	7	3	1	6	1	2	6	2	4
1	6	4	2	3	5	7	5	3	5
5	3	5	1	4	1	3	6	1	2
4	1	2	6	2	6	2	4	3	5
2	3	4	5	7	4	1	5	7	1
6	5	1	3	1	2	3	2	6	4
4	3	2	4	5	6	4	1	3	2
5	1	6	1	2	3	7	5	4	5
3	7	2	3	6	1	2	3	7	1

:::: Puzzle (495) ::::

2	4	5	7	4	1	6	2	5	2
5	3	2	1	5	2	4	3	7	1
6	4	7	3	7	6	5	1	6	3
3	1	6	1	5	1	4	3	2	4
6	4	3	2	4	2	7	6	1	5
7	5	1	5	1	6	3	4	3	2
4	2	3	2	7	4	1	6	1	5
3	1	6	5	1	2	3	5	3	6
5	2	3	4	7	5	1	2	4	7
1	4	6	1	2	4	6	3	1	2

:::: Puzzle (496) ::::

3	1	4	2	7	5	2	3	5	6
5	2	5	1	4	1	7	6	4	1
4	3	6	3	5	3	2	1	2	7
1	5	1	4	6	7	4	3	4	3
7	6	7	5	2	1	5	6	5	6
4	2	3	1	7	6	4	2	1	3
1	5	6	2	3	1	3	5	7	2
3	2	7	1	4	2	7	2	3	1
4	1	5	2	5	6	3	4	6	2
6	2	3	1	4	1	2	1	3	4

:::: Puzzle (497) ::::

2	5	4	7	1	5	4	7	6	4
3	1	6	2	6	3	2	1	5	1
6	4	7	3	5	1	4	6	2	3
7	3	1	2	4	2	7	3	4	1
5	2	5	3	1	5	4	6	2	5
1	6	1	2	4	2	3	5	1	3
3	5	4	7	6	7	4	6	7	2
2	1	2	3	1	3	2	1	5	4
3	5	6	4	5	4	7	4	3	6
2	1	3	1	7	1	3	6	5	2

:::: Puzzle (498) ::::

5	3	1	6	1	2	1	5	3	4
6	7	2	3	4	7	3	4	2	1
4	1	4	5	6	5	2	1	6	5
3	2	6	7	1	7	3	5	4	2
1	5	1	4	3	5	4	2	1	7
6	3	2	7	2	7	1	3	4	3
5	7	4	1	6	4	5	2	7	5
4	2	3	5	7	1	6	3	6	2
1	6	4	6	2	3	2	5	1	3
2	3	1	3	5	4	1	4	2	5

:::: Puzzle (499) ::::

3	4	2	3	5	1	7	4	3	1
5	1	7	6	4	2	5	1	2	6
2	3	2	3	5	3	7	4	5	4
7	4	6	1	7	2	6	3	2	1
6	1	2	4	3	4	1	5	6	7
2	5	3	5	2	6	2	3	2	1
1	4	1	4	7	4	1	5	4	5
2	3	5	3	1	2	6	7	3	2
1	7	1	7	5	3	4	2	1	6
3	2	3	6	4	1	5	6	4	3

:::: Puzzle (500) ::::

7	1	4	2	1	2	1	7	1	2
6	5	3	6	3	5	3	5	6	3
1	4	2	4	7	6	2	4	2	4
2	3	1	3	1	3	1	3	1	6
1	5	2	4	5	2	5	2	5	4
6	4	3	6	3	1	6	4	1	2
1	2	1	7	5	2	3	5	3	4
3	4	5	3	1	6	1	4	7	5
2	1	2	4	2	4	2	5	1	3
5	4	3	6	5	6	1	3	2	6

::::: Puzzle (501) :::::

7	6	2	4	1	5	4	2	5	3
3	4	3	5	7	3	1	3	1	4
1	2	1	4	2	5	4	5	6	2
3	6	5	7	1	3	2	1	3	1
5	1	2	4	2	6	4	7	5	2
2	4	5	6	7	5	3	6	1	3
3	6	1	2	1	6	1	4	2	4
5	4	3	5	3	4	2	5	6	5
2	6	2	6	2	5	1	7	3	2
3	1	4	5	1	3	4	6	1	4

::::: Puzzle (502) :::::

6	4	2	4	2	3	5	1	4	2
5	1	6	1	7	1	7	3	5	3
3	7	2	5	3	4	5	6	2	1
6	5	4	6	2	7	2	4	5	4
1	2	7	3	1	6	3	1	2	1
4	6	1	5	4	7	5	4	7	6
5	2	4	3	2	6	1	3	5	2
7	3	6	1	4	5	2	6	1	3
6	4	2	5	2	1	4	5	2	4
1	3	7	1	3	5	3	1	3	1

::::: Puzzle (503) :::::

4	1	3	1	6	4	7	1	3	1
3	2	7	5	2	1	3	2	4	2
6	5	1	4	6	5	4	5	3	6
2	3	6	5	2	3	2	1	7	1
1	4	1	4	1	4	7	6	3	5
3	2	3	2	3	2	5	2	4	1
4	5	1	5	4	1	4	1	3	2
6	2	7	2	3	6	2	5	7	4
1	5	3	4	1	7	4	3	6	3
4	2	1	2	3	5	6	1	2	5

::::: Puzzle (504) :::::

2	3	1	2	1	6	3	5	4	5
1	7	4	7	3	2	1	2	1	6
2	5	1	2	5	4	3	5	4	3
6	4	3	4	1	2	1	6	1	2
3	1	6	7	5	6	3	4	5	3
5	2	5	3	2	1	2	6	2	1
4	6	1	6	7	6	7	1	5	4
2	3	2	4	3	5	4	3	2	3
4	1	5	1	6	1	7	5	7	1
3	2	4	3	2	5	3	6	2	4

::::: Puzzle (505) :::::

5	2	6	4	6	1	2	4	3	2
4	3	1	2	5	3	7	5	1	7
1	2	6	7	1	2	1	3	4	2
7	5	1	4	3	4	5	6	5	1
1	2	6	7	1	6	3	4	2	3
3	7	3	4	5	2	5	1	5	4
6	5	1	2	6	1	4	2	6	2
4	2	3	4	5	3	6	7	3	5
3	1	6	2	6	7	5	4	1	4
5	2	4	5	1	3	1	3	2	6

::::: Puzzle (506) :::::

1	4	1	5	4	2	5	7	3	2
7	6	2	3	1	3	6	1	5	1
3	4	1	5	2	5	4	3	4	6
5	6	3	4	7	6	1	2	1	2
2	1	2	6	5	2	4	3	4	3
3	7	3	7	1	6	5	1	5	2
4	2	1	4	2	3	4	3	4	6
1	5	6	5	7	1	2	1	5	1
4	3	2	3	4	6	5	7	6	4
2	1	4	5	1	2	3	2	1	3

::::: Puzzle (507) :::::

4	5	6	3	2	3	2	1	4	1
1	3	2	1	7	1	4	5	3	5
6	5	4	6	4	3	6	2	1	2
4	2	1	2	5	2	7	3	6	3
5	3	5	3	4	6	5	1	4	5
4	2	1	6	5	7	4	6	7	2
1	3	4	2	1	3	5	2	1	4
2	5	1	3	7	4	6	4	5	3
6	7	2	5	2	3	5	1	2	1
2	3	1	3	4	1	6	4	7	3

::::: Puzzle (508) :::::

1	5	1	3	2	1	2	5	4	7
3	2	4	7	6	3	6	3	6	1
4	1	3	2	4	2	5	4	7	2
2	5	4	1	3	1	3	6	1	4
3	1	3	7	5	2	5	7	3	2
2	5	2	1	4	6	3	2	5	7
1	4	3	5	2	7	4	7	1	6
2	5	6	4	1	3	1	3	2	4
3	4	2	3	7	5	6	5	1	6
1	5	6	5	6	2	1	4	3	4

::::: Puzzle (509) :::::

4	5	7	2	1	2	3	5	4	1
6	3	1	5	3	6	7	6	3	2
1	5	6	7	1	5	4	5	7	6
4	7	3	2	4	2	3	1	2	1
2	1	4	7	6	1	5	6	4	3
6	5	2	3	2	7	4	3	2	1
1	7	4	1	4	1	2	5	6	4
5	2	3	5	3	7	6	7	3	1
1	4	1	2	4	2	3	5	4	5
2	6	3	6	7	5	4	1	3	2

::::: Puzzle (510) :::::

2	7	2	4	3	4	6	4	1	5
1	3	1	5	2	5	1	5	2	7
6	5	4	3	1	4	2	4	1	3
3	1	2	5	6	3	1	3	6	2
2	5	3	1	4	2	4	2	5	3
3	4	6	2	3	5	7	1	4	1
1	2	3	5	7	1	4	2	6	3
5	4	1	2	4	2	3	7	4	5
3	2	6	5	1	6	1	5	2	3
6	1	7	4	2	3	4	3	6	1

::::: Puzzle (511) :::::

3	1	2	1	2	4	3	5	7	6
2	4	3	5	3	6	2	1	2	1
6	5	7	4	1	4	3	6	4	5
3	4	1	6	7	5	2	1	7	3
1	5	2	3	2	4	3	5	4	1
4	3	1	5	1	5	1	7	2	7
5	2	4	2	3	2	3	6	5	3
4	7	5	1	6	1	7	4	1	4
6	2	3	2	4	2	5	2	6	2
3	1	6	1	5	7	3	1	4	3

::::: Puzzle (512) :::::

4	3	1	5	3	2	3	5	2	1
2	5	6	4	1	5	1	4	3	4
6	4	2	5	2	6	3	5	7	2
1	3	1	3	1	4	2	1	6	4
2	6	4	5	7	6	3	5	2	3
5	1	2	1	3	5	1	7	1	4
3	6	7	5	6	2	3	6	2	3
4	5	1	2	7	4	7	1	5	4
7	2	3	4	1	5	6	3	2	6
6	4	5	7	2	4	1	4	1	3

::::: Puzzle (513) :::::

4	7	6	1	3	4	2	3	1	3
2	3	2	5	7	1	6	5	6	2
1	7	6	1	4	3	4	2	1	4
3	2	5	3	5	1	6	7	6	5
1	6	1	6	2	4	3	5	3	1
7	5	3	7	1	5	7	6	2	4
3	4	6	4	2	4	2	5	1	5
2	5	2	3	6	1	7	3	4	2
4	1	6	4	2	5	4	1	5	1
3	7	5	7	6	3	2	3	4	2

::::: Puzzle (514) :::::

7	1	5	3	2	5	4	3	2	5
5	4	2	7	4	1	2	1	4	3
3	6	1	5	2	6	4	3	2	1
2	5	3	6	7	1	2	1	4	5
4	1	2	4	5	4	6	7	3	6
6	5	3	1	3	1	5	1	2	7
3	4	2	5	2	4	3	7	3	1
2	1	6	3	6	1	5	1	6	5
4	7	2	4	2	4	3	4	7	3
6	1	5	1	3	6	2	1	5	2

::::: Puzzle (515) :::::

3	5	4	1	4	2	6	1	5	7
1	6	7	2	6	7	4	2	6	4
3	2	1	3	5	2	1	3	5	3
5	4	6	2	4	3	6	2	4	1
1	2	3	1	6	2	4	3	5	3
3	6	5	2	5	1	5	1	2	1
4	1	4	1	4	3	2	3	4	7
2	3	5	3	7	1	7	1	5	1
6	7	1	4	2	5	6	3	4	6
2	3	6	5	3	1	2	5	2	1

::::: Puzzle (516) :::::

5	1	2	5	4	1	6	2	4	1
3	6	3	1	7	3	5	3	6	3
2	5	2	5	6	1	4	2	4	5
4	1	4	1	4	3	5	1	7	2
7	6	2	3	7	6	7	2	6	1
5	1	4	1	2	5	1	4	3	4
6	3	5	3	6	4	6	5	1	2
4	2	1	2	1	2	3	4	6	5
6	5	3	6	3	4	5	2	1	3
1	2	4	1	2	1	7	3	5	7

::::: Puzzle (517) :::::

5	4	6	2	7	6	2	1	2	6
2	1	3	1	3	5	4	3	4	3
5	4	5	4	6	1	2	7	5	1
3	2	6	1	2	4	3	4	6	2
1	4	3	4	3	5	1	2	1	3
5	6	5	2	6	2	3	7	5	4
1	4	1	3	5	1	5	2	3	1
7	2	7	6	2	4	7	1	4	6
1	3	1	3	1	5	2	3	2	3
4	6	5	2	4	3	1	5	1	5

::::: Puzzle (518) :::::

2	1	3	5	6	2	3	4	1	2
6	4	2	4	1	4	1	6	5	3
7	5	1	5	6	5	2	3	4	7
1	6	7	3	4	3	7	5	1	3
2	3	4	1	2	6	2	3	2	4
6	1	2	3	7	1	4	1	5	1
3	4	5	4	5	3	5	6	2	3
1	7	3	2	6	4	2	3	5	1
5	2	6	4	5	1	7	6	7	2
3	4	1	2	3	2	5	1	4	6

::::: Puzzle (519) :::::

2	5	4	1	2	3	4	2	5	7
3	1	6	5	4	6	1	6	3	6
4	7	2	1	2	3	5	7	1	2
2	1	5	3	5	6	4	3	5	4
3	4	7	1	4	1	2	6	7	1
5	1	2	3	2	5	3	5	3	4
2	6	5	1	4	7	2	1	6	1
5	4	7	6	3	6	4	3	2	5
1	2	3	5	1	2	5	1	4	6
3	4	1	2	3	6	4	3	2	3

::::: Puzzle (520) :::::

2	1	2	7	3	4	1	5	2	3
6	4	3	6	5	6	3	4	7	6
1	5	1	4	1	2	1	2	1	5
4	3	2	3	6	5	4	6	3	2
5	1	5	7	2	3	1	2	1	5
3	4	2	4	6	4	5	3	4	7
2	1	6	1	7	1	6	7	2	3
3	4	5	4	6	5	2	3	4	5
2	1	2	1	2	1	4	1	7	3
3	4	6	5	3	6	5	2	4	1

::::: *Puzzle (521)* :::::

6	2	4	5	7	1	2	6	3	1
1	5	3	6	3	5	3	1	4	2
7	4	1	2	1	2	4	5	7	6
1	2	3	4	5	7	1	2	1	4
6	5	1	2	3	4	3	4	3	5
2	4	3	6	5	6	5	1	6	4
3	7	1	2	4	2	3	7	2	3
1	4	3	5	6	1	5	1	5	1
5	6	2	4	2	3	2	3	2	4
2	1	3	1	7	6	1	4	5	3

::::: *Puzzle (522)* :::::

5	1	3	2	1	3	6	3	2	5
3	2	7	6	4	2	4	7	4	1
4	6	3	2	1	5	6	2	3	7
1	5	4	5	6	3	1	4	5	1
4	7	1	3	4	2	5	6	2	7
5	2	6	2	1	6	1	3	4	1
6	7	1	4	3	5	4	5	2	3
5	4	2	5	7	1	2	6	1	4
3	1	3	4	3	5	3	4	3	5
2	7	2	1	6	7	2	1	6	1

::::: *Puzzle (523)* :::::

1	5	1	2	5	4	3	2	1	5
3	4	3	4	7	2	1	4	6	4
2	6	5	6	1	3	5	3	5	1
3	7	3	2	4	2	1	2	4	3
4	5	6	7	3	5	7	6	1	6
6	2	3	2	1	2	4	3	5	4
1	4	7	4	6	3	1	2	1	2
3	2	5	1	2	5	4	7	3	7
6	4	3	6	7	1	3	5	4	5
1	5	1	5	2	4	7	2	6	1

::::: *Puzzle (524)* :::::

2	1	3	5	3	1	5	3	2	3
3	4	7	2	6	2	4	1	5	1
1	5	6	1	4	7	3	2	6	2
4	3	2	7	2	1	5	1	3	4
2	6	4	1	3	7	3	4	2	1
5	1	5	2	5	1	6	5	7	3
2	4	3	6	4	2	4	2	6	1
3	1	2	5	3	6	3	5	3	4
6	4	7	1	2	4	1	6	2	7
2	1	3	4	7	5	3	4	1	5

::::: *Puzzle (525)* :::::

7	1	2	1	5	3	1	3	4	5
4	6	4	3	4	7	2	5	2	6
5	3	1	2	6	1	3	4	1	3
1	2	4	3	5	2	6	2	5	7
3	5	1	2	1	4	3	4	1	6
2	4	3	4	6	5	2	5	3	4
1	5	7	5	1	3	6	4	2	1
6	3	6	2	4	7	2	5	3	5
2	4	1	3	6	5	1	4	1	2
1	3	5	7	1	2	6	2	7	3

::::: *Puzzle (526)* :::::

2	3	6	1	2	1	3	2	4	6
1	5	4	7	3	5	4	5	3	2
4	3	2	5	2	1	3	2	1	5
1	5	4	1	6	5	6	7	3	2
3	6	3	2	4	2	3	4	1	5
1	2	5	1	5	7	1	7	3	6
4	3	7	6	3	4	2	4	2	1
2	1	2	4	2	1	5	6	7	4
4	5	3	1	3	6	4	3	1	6
6	1	2	4	5	1	2	6	5	3

::::: *Puzzle (527)* :::::

3	4	2	5	1	2	4	2	1	3
2	1	3	4	3	7	1	5	6	5
5	6	2	1	6	2	3	7	1	3
3	4	5	4	3	5	1	5	4	2
7	2	7	2	7	4	7	6	3	1
6	4	3	6	5	1	5	2	5	4
1	5	2	7	3	4	3	1	6	3
2	6	1	4	1	6	2	4	2	4
4	5	2	3	2	4	5	3	6	1
1	3	6	1	5	3	1	2	5	7

::::: *Puzzle (528)* :::::

2	7	4	5	6	1	3	4	5	4
5	1	3	1	3	5	2	6	2	1
2	6	7	4	2	4	7	1	3	5
5	4	2	1	3	5	3	5	2	7
1	7	3	6	4	2	4	1	6	3
2	4	1	2	7	6	3	7	4	2
5	3	5	3	1	2	1	6	5	6
7	1	4	2	4	5	3	4	3	1
4	2	7	6	3	6	2	5	2	5
6	1	3	1	4	5	7	3	4	1

::::: *Puzzle (529)* :::::

1	6	5	4	5	6	7	2	5	2
3	7	2	3	7	4	3	1	4	3
4	1	5	1	2	5	6	2	6	1
2	6	4	3	6	7	1	3	4	2
4	5	1	2	4	3	6	5	7	5
3	7	6	7	1	5	2	3	1	3
1	4	3	4	6	7	1	6	4	2
5	2	1	2	3	2	5	3	5	1
1	3	4	5	1	6	1	2	4	2
5	2	1	3	4	3	4	5	7	1

::::: *Puzzle (530)* :::::

1	5	6	4	1	3	1	2	1	2
2	4	3	5	6	2	4	3	6	5
3	7	1	4	3	1	6	1	2	7
5	2	3	5	7	2	5	7	3	4
4	7	4	6	1	3	1	4	5	6
1	3	2	5	2	4	7	2	3	2
4	6	7	1	6	5	3	4	1	5
5	2	3	4	2	1	2	5	6	4
1	6	1	6	3	5	3	4	1	7
2	3	2	4	1	7	1	2	5	3

::::: *Puzzle (531)* :::::

4	2	4	3	4	3	1	7	5	2
5	1	5	6	2	6	2	4	3	1
2	4	3	1	4	7	3	1	6	2
3	1	5	2	5	2	4	7	5	4
6	2	6	1	3	1	3	1	3	7
7	3	7	5	2	7	5	4	5	2
1	5	4	1	6	3	1	3	1	3
4	6	3	2	4	2	4	5	2	5
2	5	4	5	1	7	6	1	3	6
3	1	2	6	3	5	4	2	4	1

::::: *Puzzle (532)* :::::

1	3	2	4	1	2	3	1	2	3
7	4	6	3	5	6	4	5	4	6
2	5	7	2	1	3	1	3	1	5
3	1	4	5	4	5	4	7	2	3
5	2	6	3	7	6	2	6	4	1
1	3	1	4	1	3	7	1	3	2
6	4	7	2	5	6	5	2	5	1
1	2	3	6	4	2	7	1	4	2
3	5	1	5	1	3	4	5	3	1
1	4	2	3	6	5	2	6	4	2

::::: *Puzzle (533)* :::::

7	2	4	1	5	6	7	4	2	1
3	6	5	6	4	3	5	3	5	6
7	2	1	2	1	7	2	4	2	4
6	5	3	4	5	4	3	5	6	5
2	4	1	6	7	1	6	7	2	3
1	5	3	2	4	3	4	3	1	5
3	2	1	7	1	6	1	5	2	4
7	6	3	6	2	5	7	6	7	3
5	4	1	4	1	4	2	1	5	2
3	2	3	6	5	7	3	4	6	1

::::: *Puzzle (534)* :::::

1	5	6	4	2	3	5	2	1	5
4	3	2	1	6	7	1	3	4	2
7	1	5	3	2	4	2	5	6	1
6	2	6	4	6	5	1	7	3	7
5	4	5	7	1	3	4	6	4	5
1	7	2	3	5	2	5	3	1	3
2	3	4	1	7	3	6	4	6	4
5	6	7	3	6	5	2	1	2	1
4	2	4	2	1	4	3	6	5	3
1	7	3	6	5	6	1	2	1	4

::::: *Puzzle (535)* :::::

7	2	4	5	3	7	6	5	1	3
1	6	3	1	6	1	4	2	6	2
2	5	4	2	3	2	5	7	3	4
3	1	7	5	6	7	1	6	5	1
6	2	6	4	3	4	3	4	2	3
5	3	7	1	2	1	2	1	5	6
4	1	4	5	3	7	4	3	4	1
3	6	2	7	1	5	6	2	5	2
1	7	4	3	2	4	1	4	1	3
6	5	2	5	1	3	2	3	2	4

::::: *Puzzle (536)* :::::

2	3	1	3	5	3	1	4	1	3
4	6	4	2	1	2	5	2	6	4
3	2	3	6	4	6	4	1	5	2
1	5	1	5	7	1	3	6	7	1
7	4	2	4	2	5	2	5	4	5
3	1	3	7	6	7	1	3	6	7
5	2	5	1	4	3	2	4	2	3
4	1	3	2	6	7	5	3	7	1
3	6	7	5	1	4	6	2	4	2
4	2	1	3	2	5	1	5	3	1

::::: *Puzzle (537)* :::::

3	2	4	1	5	1	3	6	4	2
1	7	6	2	6	2	7	5	3	1
3	5	4	5	3	4	1	4	2	4
2	1	2	1	7	6	5	3	1	3
4	6	4	6	4	2	4	2	6	5
5	2	3	1	3	1	5	1	3	1
3	1	7	5	6	7	2	4	5	4
5	4	3	2	4	3	1	3	6	3
6	2	5	7	1	6	7	2	4	2
1	7	6	4	3	2	5	1	5	6

::::: *Puzzle (538)* :::::

1	6	2	5	1	2	3	5	1	4
3	7	3	4	3	4	1	4	2	5
5	1	2	1	6	2	5	3	1	3
4	6	5	7	5	4	1	4	2	4
1	3	2	4	2	3	2	3	5	1
2	7	1	5	1	5	1	4	7	3
4	3	2	6	3	6	2	3	2	6
5	6	1	4	5	4	1	7	1	5
3	2	3	2	1	3	6	5	3	4
1	4	1	5	4	7	2	4	1	2

::::: *Puzzle (539)* :::::

6	4	5	2	3	2	7	6	1	4
7	2	1	7	1	5	3	4	3	5
1	4	6	4	3	4	2	6	2	1
7	5	3	1	6	5	7	1	5	6
2	1	7	2	3	4	3	4	3	2
4	6	3	5	1	6	2	6	5	4
3	5	1	6	2	4	1	4	1	2
4	2	4	7	1	3	2	7	5	7
3	1	5	2	6	4	1	6	4	3
5	2	3	1	3	5	3	5	1	2

::::: *Puzzle (540)* :::::

2	3	2	3	2	6	5	1	3	4
1	4	5	4	1	4	3	2	5	1
3	2	1	2	5	2	7	1	7	2
5	6	4	3	4	6	3	2	4	6
4	3	7	5	2	1	4	1	5	3
5	1	2	3	4	6	5	6	2	1
4	3	6	1	2	1	2	1	3	5
5	1	4	5	3	7	4	7	6	4
6	3	6	2	4	1	6	1	5	7
5	2	4	1	5	3	7	2	3	6

::::: Puzzle (541) :::::

2	7	4	6	1	3	2	7	5	3
6	3	1	3	5	7	6	1	4	7
5	2	5	4	2	1	2	5	6	1
6	4	3	6	5	3	4	7	2	4
1	2	1	4	1	7	1	3	1	5
3	6	7	5	3	5	2	5	2	3
1	2	3	4	6	4	3	4	6	7
6	5	6	2	1	7	1	2	3	1
2	3	1	4	5	6	4	5	4	6
4	5	7	2	3	1	2	3	2	1

::::: Puzzle (542) :::::

2	4	5	2	1	3	2	1	7	6
1	3	1	7	4	5	4	3	4	3
2	4	5	2	3	6	1	2	6	5
1	6	3	7	5	4	5	4	1	3
3	2	5	4	6	2	6	2	7	5
6	1	3	2	7	1	5	3	4	1
7	5	4	1	3	2	4	1	5	6
1	2	3	2	6	5	6	2	3	7
3	5	4	5	4	1	3	1	4	1
6	1	2	1	3	2	4	2	6	5

::::: Puzzle (543) :::::

3	4	5	1	2	1	2	1	3	2
2	1	2	4	3	4	5	4	7	1
7	3	5	7	1	2	3	6	2	3
6	4	1	6	3	6	4	7	1	4
1	5	2	7	4	5	3	5	6	5
2	3	4	3	2	1	4	1	2	3
4	6	5	1	4	3	2	6	4	1
5	7	2	7	6	5	7	1	5	2
2	3	6	5	2	4	3	4	3	4
1	5	1	3	6	7	6	1	2	5

::::: Puzzle (544) :::::

4	3	5	1	4	3	5	2	1	5
1	6	4	2	7	1	6	7	3	4
5	2	3	5	6	5	3	5	6	2
7	6	4	1	2	7	1	4	3	4
4	3	2	5	4	6	3	2	7	1
2	5	7	1	3	7	5	6	3	2
1	4	3	4	2	6	1	2	1	4
3	6	2	5	1	3	4	3	5	2
1	4	1	3	2	5	1	2	1	6
2	3	6	4	1	4	3	5	4	2

::::: Puzzle (545) :::::

1	6	7	1	5	2	1	3	1	6
4	5	2	3	4	3	4	6	7	4
6	3	6	7	5	1	2	3	2	5
4	2	1	3	2	3	4	6	4	3
1	5	6	5	4	1	7	5	1	5
2	4	1	7	3	2	4	3	6	4
5	3	6	2	1	6	5	2	5	2
2	4	1	5	3	2	1	4	6	1
1	7	6	4	1	7	3	2	5	2
2	5	3	2	3	4	1	6	1	3

::::: Puzzle (546) :::::

5	6	3	5	3	7	2	4	1	2
2	4	2	1	4	1	6	3	6	3
1	6	5	3	2	3	2	1	7	4
3	4	2	7	4	5	6	4	3	6
2	1	3	1	2	3	1	5	2	5
4	5	6	5	4	6	4	7	4	1
6	2	3	7	1	2	5	2	6	7
1	5	6	2	4	6	3	1	5	1
7	4	3	7	1	2	5	4	2	4
3	1	2	5	6	3	1	3	1	3

::::: Puzzle (547) :::::

5	4	5	1	3	7	6	3	2	4
1	3	6	7	2	5	2	4	5	3
6	2	4	3	4	6	1	6	1	6
1	3	5	2	1	2	5	3	7	5
5	2	1	6	4	3	7	1	4	1
7	4	5	2	7	5	6	3	5	2
3	6	7	3	1	2	4	1	4	3
2	1	4	5	6	5	7	3	2	5
4	3	2	3	4	1	4	6	4	7
2	1	6	1	5	2	3	2	1	6

::::: Puzzle (548) :::::

3	5	7	5	2	4	5	3	2	1
4	1	6	3	1	3	1	4	5	3
7	3	2	7	6	4	6	7	2	1
1	4	5	4	1	2	3	4	5	6
2	3	6	2	5	6	7	1	3	2
1	4	5	4	3	2	3	2	7	6
3	2	6	2	1	5	6	1	3	1
1	5	1	3	6	4	3	5	6	2
2	3	6	4	5	2	6	2	7	1
4	1	5	2	1	7	4	3	5	4

::::: Puzzle (549) :::::

3	1	2	5	2	3	1	3	5	2
4	6	7	1	4	7	4	2	1	6
3	2	3	2	3	1	5	3	5	2
1	6	7	1	7	2	6	1	4	6
5	3	2	6	4	1	4	3	5	3
2	1	4	1	7	5	2	1	2	1
6	3	5	2	6	3	7	5	6	4
4	2	1	3	4	5	1	2	7	3
6	5	4	6	1	7	4	5	1	4
3	2	1	2	3	2	1	3	2	3

::::: Puzzle (550) :::::

4	3	5	6	4	1	2	3	2	3
2	1	7	3	2	5	7	1	5	1
5	6	4	6	1	4	2	3	7	4
2	1	3	5	2	6	7	1	6	2
6	4	2	6	4	3	5	2	3	1
3	1	5	3	2	1	6	1	4	5
5	6	2	4	7	3	4	5	3	1
1	4	5	6	5	2	1	2	4	6
7	3	1	3	4	7	4	3	7	5
1	2	4	5	1	5	2	1	6	3

::::: Puzzle (551) :::::

2	3	1	2	1	3	7	3	1	4
1	7	5	4	6	4	2	5	6	5
3	4	2	1	3	7	6	3	2	3
2	7	6	5	4	2	1	5	1	4
4	1	4	2	1	5	6	7	2	6
3	5	3	6	3	2	3	1	3	1
1	4	1	2	4	6	4	5	2	4
5	2	3	6	3	2	1	7	1	5
3	6	4	5	7	5	4	2	3	4
2	1	7	2	4	1	3	6	1	5

::::: Puzzle (552) :::::

5	2	1	5	1	2	3	5	4	3
1	3	4	7	6	4	6	1	2	1
7	6	2	3	2	3	2	4	5	6
4	1	5	1	4	6	1	3	1	3
5	7	4	2	5	3	7	6	2	4
2	3	6	3	7	4	5	1	7	5
6	5	4	2	1	2	6	4	6	2
1	2	1	6	5	4	3	1	3	4
4	7	3	2	1	2	6	5	2	1
3	2	6	5	4	3	1	3	4	5

::::: Puzzle (553) :::::

2	1	6	2	4	6	3	5	3	2
6	5	4	3	5	7	2	4	1	4
4	3	2	1	6	3	5	6	2	6
2	1	4	7	5	7	1	7	5	1
5	3	5	3	6	3	4	3	2	4
1	6	1	4	2	1	2	1	5	1
4	3	5	3	5	4	6	4	6	3
1	2	4	6	7	3	2	3	2	5
3	6	5	2	1	5	4	6	4	1
2	4	1	6	7	3	1	5	2	7

::::: Puzzle (554) :::::

2	3	5	7	1	6	2	3	7	1
6	1	2	4	3	4	5	1	4	3
4	7	6	7	6	1	2	3	2	5
5	3	5	1	5	3	4	5	4	3
4	1	4	2	6	2	1	2	1	6
7	2	3	1	4	7	3	4	5	2
1	6	5	6	2	1	5	6	1	3
4	2	4	1	7	6	2	3	2	5
5	1	5	3	4	3	7	5	4	1
3	2	6	1	2	5	4	1	3	2

::::: Puzzle (555) :::::

3	6	2	4	3	6	4	1	7	2
4	1	7	5	2	1	2	3	5	3
2	5	4	1	3	6	5	4	2	1
3	6	3	5	4	1	2	1	3	4
5	4	2	1	2	6	3	4	6	5
1	6	3	5	7	4	5	2	1	3
3	2	1	6	1	3	1	3	7	6
5	4	3	5	2	7	2	4	1	4
1	2	1	4	3	1	6	5	2	6
7	6	5	2	5	4	2	3	1	7

::::: Puzzle (556) :::::

1	5	6	4	6	5	3	2	5	1
2	3	2	1	2	1	7	1	4	2
1	4	7	4	6	5	3	2	3	1
3	6	2	5	3	4	6	1	4	6
4	7	3	1	6	2	3	7	5	7
1	6	5	4	7	1	4	2	1	3
2	4	2	1	2	6	7	5	4	5
5	3	5	6	3	4	2	3	1	2
2	7	1	4	1	5	6	5	6	3
1	3	5	6	2	3	7	2	4	1

::::: Puzzle (557) :::::

4	7	2	5	2	3	1	4	7	1
1	5	3	6	7	6	5	3	5	4
2	6	4	1	3	2	4	1	6	1
4	1	3	2	4	1	5	2	4	3
3	2	6	5	3	2	6	1	5	2
5	1	7	2	1	7	5	4	6	4
2	3	4	6	3	2	3	7	3	1
5	1	7	2	5	6	4	5	4	2
7	6	4	1	4	3	2	1	6	3
1	3	5	7	2	1	4	3	5	1

::::: Puzzle (558) :::::

1	3	2	4	7	4	5	7	2	1
2	4	5	6	3	1	2	1	3	6
5	7	3	4	2	5	3	5	4	7
1	6	1	5	6	4	6	2	1	5
5	3	4	2	1	2	3	4	3	2
1	6	1	6	4	7	5	6	1	6
2	4	7	2	5	6	3	2	5	4
3	5	1	4	3	2	1	7	1	2
1	2	3	2	1	5	4	2	5	3
3	6	5	4	7	3	6	3	1	4

::::: Puzzle (559) :::::

5	6	1	3	2	4	3	6	4	2
4	3	7	4	1	7	2	1	3	1
6	5	6	3	2	4	5	6	2	4
1	2	1	4	1	7	1	3	5	3
5	7	5	2	3	5	4	2	4	2
3	4	3	6	1	7	1	5	3	1
6	1	2	5	4	5	3	4	2	4
5	7	6	1	2	1	2	5	3	1
2	3	4	3	6	4	3	1	2	6
4	1	2	5	7	1	2	4	5	3

::::: Puzzle (560) :::::

5	4	1	2	5	4	2	3	1	6
2	6	3	4	3	7	6	4	5	4
3	4	7	1	5	1	3	2	7	2
5	2	3	6	2	4	6	5	1	3
1	4	1	4	1	3	1	3	4	2
5	2	7	6	2	6	2	7	6	5
1	3	5	3	1	5	3	5	1	7
6	2	4	6	7	2	4	2	4	6
4	5	3	1	5	1	3	1	3	1
3	1	4	2	6	7	4	2	6	5

::::: *Puzzle (561)* :::::

3	1	2	6	1	5	3	4	1	2
2	5	3	5	7	4	7	6	5	4
4	1	2	1	2	5	3	1	2	6
5	6	3	6	4	1	4	6	4	5
3	2	7	1	5	3	2	3	7	3
4	5	4	3	2	1	7	4	6	1
1	3	6	1	4	5	6	2	5	2
5	2	4	5	2	3	7	3	1	3
4	3	1	6	4	5	1	2	4	2
1	2	5	3	1	2	4	3	5	1

::::: *Puzzle (562)* :::::

1	7	1	4	1	3	5	7	6	2
3	6	3	5	6	2	4	2	4	1
2	1	2	1	7	1	6	3	5	2
5	4	7	3	5	2	4	7	4	3
1	3	1	4	6	1	3	5	2	1
2	4	5	2	3	5	4	1	3	4
3	6	7	4	6	1	6	2	5	2
2	5	1	5	3	2	7	1	6	1
3	4	7	6	1	4	5	3	5	4
2	5	1	4	2	3	1	6	2	3

::::: *Puzzle (563)* :::::

7	6	5	1	2	1	2	4	3	2
4	2	7	4	3	5	6	1	5	1
3	1	3	1	7	1	3	2	6	2
4	7	2	6	3	4	5	4	3	5
3	6	5	4	2	1	2	1	2	4
5	1	7	1	5	3	7	5	3	1
6	4	2	4	6	4	2	1	2	6
3	5	3	1	7	1	3	5	3	1
2	1	4	2	5	4	7	1	7	5
6	5	3	6	1	6	2	3	6	4

::::: *Puzzle (564)* :::::

2	7	2	3	6	5	1	5	4	2
1	6	4	1	2	3	4	7	3	1
4	3	2	3	5	1	2	5	4	5
5	1	4	6	2	4	7	6	3	1
4	3	5	3	5	1	2	4	7	6
2	6	1	2	6	3	5	1	3	2
1	4	3	7	4	1	4	2	5	1
3	2	1	6	3	6	5	1	3	4
4	5	3	2	1	2	7	2	6	2
2	7	1	5	4	6	1	3	1	3

::::: *Puzzle (565)* :::::

2	4	7	5	6	1	3	4	2	4
5	3	6	3	4	2	6	5	1	3
7	2	1	2	7	1	7	3	4	2
1	6	7	5	3	5	6	2	6	1
4	3	4	1	6	7	4	1	3	5
5	1	2	3	2	1	2	5	4	1
4	7	4	1	4	5	3	1	2	7
2	6	3	2	6	1	7	5	6	3
3	5	1	5	4	3	2	1	2	1
1	4	2	3	7	5	6	3	4	5

::::: *Puzzle (566)* :::::

2	1	2	3	2	4	3	4	6	7
4	7	4	1	6	1	2	1	3	2
5	1	3	5	3	7	3	4	5	1
3	2	4	2	1	4	5	7	3	2
1	6	3	5	6	2	6	2	5	4
2	5	2	1	3	1	3	1	3	1
4	1	7	4	2	6	5	6	4	7
2	6	3	5	3	1	7	1	3	1
1	5	2	7	4	5	6	2	4	6
7	4	3	1	6	1	4	5	3	2

::::: *Puzzle (567)* :::::

2	4	5	1	6	4	6	2	5	1
6	1	2	4	3	5	3	7	3	2
7	3	6	1	2	1	2	1	4	1
4	2	7	4	3	4	5	6	3	2
7	6	5	2	1	2	3	4	1	7
5	3	1	4	5	7	6	2	5	2
1	6	2	3	1	3	1	3	7	1
3	5	7	6	4	5	4	2	5	4
4	2	1	2	1	2	1	3	1	6
3	5	4	6	7	3	4	5	2	3

::::: *Puzzle (568)* :::::

4	5	6	1	5	2	1	2	5	3
7	1	4	2	6	4	6	4	1	4
2	6	5	3	5	3	7	3	5	3
3	1	4	1	4	2	1	2	1	2
2	7	2	5	3	6	4	5	3	5
3	5	6	1	4	5	2	6	4	6
6	1	3	2	3	1	3	7	3	1
2	4	5	1	5	6	5	1	2	4
7	3	2	4	2	3	4	7	3	7
1	4	7	5	6	1	2	6	5	4

::::: *Puzzle (569)* :::::

5	1	4	5	3	6	2	6	1	3
3	2	3	2	1	5	3	4	7	4
7	5	7	4	6	4	1	2	6	5
1	3	1	5	1	7	6	5	3	2
2	4	2	7	3	2	1	2	1	4
6	5	1	6	1	4	3	5	6	5
4	2	4	7	3	6	1	4	3	2
7	3	5	2	1	4	2	6	5	7
4	2	6	7	5	6	1	3	2	3
1	5	3	1	3	2	4	6	1	4

::::: *Puzzle (570)* :::::

7	6	1	5	2	3	6	2	4	3
5	3	4	7	1	7	4	3	1	2
4	1	2	6	2	5	1	5	6	4
6	5	3	4	1	4	2	7	1	3
3	7	2	6	2	7	3	6	5	4
5	6	5	3	1	5	4	1	2	1
4	3	1	2	7	3	2	6	7	6
1	5	4	6	5	1	4	3	5	2
4	3	2	3	2	7	6	1	6	4
2	1	5	6	1	4	2	3	5	1

::::: *Puzzle (571)* :::::

1	2	5	7	2	4	2	1	6	1
6	4	3	4	6	1	5	7	3	2
3	5	1	5	2	4	2	6	5	1
1	2	3	6	3	1	7	3	7	4
6	5	4	1	2	4	6	1	2	3
7	2	3	6	3	5	2	4	5	1
4	1	4	1	4	1	3	6	3	2
2	7	2	3	2	5	4	5	4	1
1	5	6	1	6	7	2	7	2	6
3	2	3	4	5	1	4	3	1	3

::::: *Puzzle (572)* :::::

4	1	2	5	3	5	1	3	1	4
2	5	3	1	6	7	4	7	2	7
6	4	2	4	3	1	3	6	4	6
5	1	3	1	2	7	5	1	7	2
4	2	4	6	5	6	4	2	3	5
7	1	5	3	1	2	3	6	4	2
6	4	6	7	4	7	5	1	5	1
1	2	3	5	1	3	6	3	2	3
7	6	1	4	2	4	2	5	1	6
2	3	5	3	5	1	3	4	2	5

::::: *Puzzle (573)* :::::

5	2	7	2	3	4	2	7	3	5
7	3	6	4	1	5	3	4	1	6
6	5	1	2	6	2	1	6	7	5
1	4	3	4	5	7	4	3	2	3
2	6	1	2	3	1	2	1	5	1
1	4	5	4	6	5	4	3	7	4
5	3	6	1	7	2	6	2	5	2
6	1	5	3	5	3	5	4	1	3
4	3	7	6	4	6	1	2	6	2
1	2	1	2	1	3	5	4	3	4

::::: *Puzzle (574)* :::::

2	3	1	5	1	2	5	3	1	4
1	5	2	6	4	6	7	4	2	3
2	4	3	1	2	3	1	6	1	4
3	1	7	4	6	5	2	3	5	7
6	2	6	5	2	3	7	1	2	6
1	5	7	4	7	5	4	3	4	5
7	4	1	5	1	2	1	6	1	2
5	6	3	6	4	5	4	3	4	6
2	1	4	1	7	3	1	2	7	3
3	7	2	5	4	2	6	3	5	1

::::: *Puzzle (575)* :::::

3	6	3	5	4	1	2	6	3	4
2	5	4	1	3	5	4	1	2	1
4	1	6	7	2	7	6	3	5	4
3	2	5	1	4	3	1	4	7	3
6	1	3	2	6	2	6	5	2	5
3	2	4	1	5	1	4	7	1	6
1	5	6	3	4	3	2	6	2	4
3	2	1	5	2	7	5	4	1	3
1	4	3	4	1	6	3	7	5	2
2	7	5	2	3	5	1	2	1	6

::::: *Puzzle (576)* :::::

3	5	2	3	2	3	2	1	4	2
2	7	4	1	4	1	6	5	6	3
1	3	6	2	3	2	4	3	2	5
6	5	1	5	1	5	1	5	1	3
1	2	4	6	3	4	3	4	7	2
4	5	3	1	7	1	6	2	1	6
2	1	7	5	4	5	3	4	5	4
7	3	2	1	3	2	7	1	6	1
4	5	6	4	5	4	6	4	2	5
2	3	1	2	3	1	7	1	3	7

::::: *Puzzle (577)* :::::

1	3	1	7	6	2	6	4	3	5
4	5	6	5	1	3	5	1	2	4
3	2	1	4	2	4	2	3	7	1
6	4	3	5	3	5	1	5	6	5
2	5	2	1	2	6	2	4	3	1
1	7	4	6	3	4	3	7	5	4
4	5	1	2	5	1	2	1	2	3
3	2	3	4	7	3	6	4	6	5
1	4	1	2	1	2	7	5	1	4
2	3	5	6	3	4	1	6	2	3

::::: *Puzzle (578)* :::::

2	4	1	4	6	5	1	3	2	3
5	6	3	2	3	2	6	5	1	4
3	1	5	4	7	1	7	2	6	7
6	4	2	3	2	5	3	5	1	5
2	1	6	1	6	4	1	2	4	7
7	5	3	7	3	7	3	6	3	5
3	1	2	4	1	4	1	2	4	2
6	7	3	6	7	2	5	6	3	1
4	2	4	5	4	6	4	1	5	4
5	1	6	3	1	2	5	2	6	3

::::: *Puzzle (579)* :::::

4	1	3	1	2	1	3	5	3	1
2	7	2	6	3	7	6	1	4	2
3	6	4	5	4	2	4	2	3	5
1	5	1	6	3	1	3	5	1	6
4	2	7	2	5	4	2	4	2	3
5	1	3	6	7	1	6	3	5	1
2	4	5	2	4	2	4	2	7	3
1	3	6	1	5	1	6	1	5	1
2	7	4	2	3	4	3	2	4	6
1	6	3	5	7	1	5	1	3	2

::::: *Puzzle (580)* :::::

4	1	2	6	5	7	2	1	2	1
2	7	4	1	4	3	4	5	3	6
1	3	2	3	5	1	6	7	4	1
5	6	1	6	4	2	3	1	3	5
1	7	3	5	1	7	4	5	6	2
2	5	6	2	3	6	1	7	4	3
4	1	3	4	1	5	4	5	2	6
6	5	2	5	3	6	3	1	4	1
2	4	1	7	1	7	2	6	3	5
1	3	2	4	2	4	3	1	2	7

:::: Puzzle (581) ::::

2	5	4	6	2	7	3	6	1	4
1	3	1	3	4	1	5	2	5	2
7	5	2	7	6	2	3	6	4	1
3	1	3	5	3	5	4	5	3	2
2	4	6	1	6	2	1	2	1	4
1	3	2	5	4	3	4	3	5	3
4	5	4	6	7	6	2	7	4	1
1	3	2	3	1	4	5	3	6	5
2	5	4	7	6	2	1	4	1	3
7	6	1	3	1	4	5	2	5	2

:::: Puzzle (582) ::::

1	6	1	4	1	3	2	3	2	7
4	5	2	5	2	4	7	5	6	5
3	7	4	1	3	1	2	1	3	1
1	6	3	2	6	5	3	4	5	4
7	5	4	1	3	1	2	6	1	2
2	3	7	5	2	6	7	3	7	3
6	5	1	3	4	5	4	5	4	6
4	2	4	7	1	6	3	1	3	1
6	5	1	3	2	5	2	4	2	7
2	4	2	5	1	3	6	5	6	4

:::: Puzzle (583) ::::

3	1	2	5	2	3	1	3	5	2
4	6	7	1	4	7	4	2	1	6
3	2	3	2	3	1	5	3	5	2
1	6	7	1	7	2.	6	1	4	6
5	3	2	6	4	1	4	3	5	3
2	1	4	1	7	5	2	1	2	1
6	3	5	2	6	3	7	5	6	4
4	2	1	3	4	5	1	2	7	3
6	5	4	6	1	7	4	5	1	4
3	2	1	2	3	2	1	3	2	3

:::: Puzzle (584) ::::

5	3	6	4	5	7	1	4	6	1
1	4	5	3	2	4	6	3	2	5
2	6	7	1	5	7	1	7	6	3
1	3	4	2	6	2	4	2	5	4
2	5	7	1	3	1	5	1	3	2
6	4	3	2	6	7	3	7	6	4
1	5	6	1	3	4	5	2	3	5
7	4	2	4	7	6	3	4	1	2
5	1	6	1	2	4	1	2	5	6
2	3	5	3	6	5	3	7	4	1

:::: Puzzle (585) ::::

3	5	1	2	3	5	3	4	2	5
4	7	4	6	1	6	2	7	1	6
2	5	1	2	4	5	4	6	5	3
7	3	6	3	1	2	1	2	4	1
5	2	1	5	4	3	5	3	5	2
6	4	6	7	6	1	4	1	4	1
5	3	5	4	2	7	2	3	2	3
1	7	2	1	6	1	4	1	5	4
4	6	3	5	3	5	3	2	3	2
3	2	7	4	1	2	4	1	7	6

:::: Puzzle (586) ::::

2	5	6	5	4	5	1	4	6	1
4	3	7	3	7	3	7	3	5	2
1	5	1	2	1	6	1	2	7	3
6	2	4	6	4	2	4	5	4	1
1	7	3	1	3	6	1	6	2	6
4	2	5	4	2	4	3	5	1	4
1	3	1	3	5	1	2	6	7	2
5	4	6	4	2	3	7	3	5	1
1	2	3	5	7	5	2	1	2	4
3	6	1	2	4	1	6	5	3	6

:::: Puzzle (587) ::::

1	3	7	3	2	7	4	5	1	5
5	4	1	6	1	6	3	2	3	4
1	2	5	2	4	2	7	4	5	1
3	4	6	3	5	6	1	3	2	3
6	2	1	2	1	3	5	7	6	1
1	5	4	7	6	2	4	2	5	4
2	3	2	3	4	3	1	6	3	2
5	1	6	1	2	5	4	5	1	4
4	3	5	4	6	1	3	2	3	2
2	1	2	3	7	5	7	6	1	4

:::: Puzzle (588) ::::

5	3	4	2	6	1	5	3	1	2
1	6	5	1	4	7	6	2	7	3
2	3	4	3	6	2	1	3	1	2
5	1	7	2	7	4	5	4	6	5
2	4	5	6	5	1	2	3	1	3
7	1	2	4	3	6	4	6	2	4
3	6	3	6	2	1	2	3	7	1
4	2	7	1	5	7	5	1	5	3
6	5	4	3	4	6	4	6	4	2
1	7	1	2	1	3	2	1	3	5

:::: Puzzle (589) ::::

4	5	3	6	4	1	3	1	3	1
3	1	2	5	2	5	4	6	4	2
2	4	6	3	1	3	1	2	3	5
6	1	2	7	5	2	5	6	1	2
5	3	4	6	1	7	4	7	4	5
7	1	5	2	3	5	2	3	6	2
3	2	3	4	1	6	1	7	1	4
4	1	6	2	5	3	4	3	5	2
6	2	3	1	7	1	2	1	4	1
1	4	5	2	3	4	5	3	2	3

:::: Puzzle (590) ::::

6	1	2	3	1	4	5	1	5	6
2	5	6	5	7	3	6	7	4	2
4	1	3	2	1	4	2	3	1	3
3	2	4	5	3	5	1	6	2	4
1	5	3	1	4	2	3	7	1	6
2	6	2	5	7	1	4	5	2	5
5	1	3	4	2	5	2	1	4	3
4	2	6	1	3	7	4	3	2	7
3	5	4	7	4	1	5	6	5	4
1	2	6	1	3	2	3	2	1	3

:::: Puzzle (591) ::::

5	6	1	5	1	3	5	4	3	1
7	4	2	6	4	6	2	1	2	6
2	6	3	1	7	3	4	5	4	1
4	5	4	5	2	5	7	6	3	2
3	2	3	6	7	1	3	1	5	4
1	5	1	5	4	6	2	6	2	3
2	6	3	6	2	3	5	3	4	5
5	1	7	4	1	4	1	2	6	3
2	3	6	2	5	2	6	3	5	1
1	4	5	3	4	1	4	1	2	4

:::: Puzzle (592) ::::

4	1	3	5	4	3	2	7	1	2
3	5	4	2	7	6	1	6	5	6
2	6	1	6	3	5	2	4	1	3
5	4	3	2	1	4	1	3	7	5
1	2	5	4	3	2	6	5	6	4
6	4	3	1	5	1	7	2	7	1
2	7	5	4	7	3	4	5	6	4
3	1	3	2	5	2	1	2	7	3
5	4	6	4	3	7	6	3	4	2
1	3	2	5	6	1	2	5	6	1

:::: Puzzle (593) ::::

1	6	5	1	4	7	1	2	6	7
3	2	4	7	5	3	6	5	1	4
1	5	3	2	1	7	4	3	6	5
4	7	1	4	6	2	5	2	7	3
5	3	2	3	1	4	7	3	4	2
6	4	1	5	2	3	6	2	6	1
2	3	6	3	4	5	4	5	4	2
4	1	5	1	6	2	1	3	7	1
5	3	6	3	5	3	4	2	5	2
1	2	4	2	1	2	1	6	1	3

:::: Puzzle (594) ::::

1	2	5	2	1	3	2	3	2	1
3	6	1	4	5	4	1	4	6	7
1	2	3	7	6	2	5	3	1	2
4	5	1	4	3	1	4	2	6	3
1	2	6	2	5	2	5	1	4	1
7	4	5	1	4	3	4	6	2	5
5	2	3	6	2	1	5	3	4	3
6	7	1	5	4	3	6	2	1	5
3	5	4	3	2	7	1	5	3	2
6	1	2	1	5	3	4	2	1	4

:::: Puzzle (595) ::::

7	3	4	1	6	2	5	1	3	2
4	1	2	5	3	1	4	2	4	1
5	3	7	4	6	5	6	3	5	2
6	1	5	2	1	4	2	7	4	6
3	2	3	6	7	3	1	5	1	3
6	4	1	4	5	2	7	2	4	6
7	3	5	3	1	3	5	3	1	2
5	6	1	4	5	2	1	2	5	3
2	7	2	6	7	6	4	6	4	1
4	1	3	4	3	2	1	3	7	2

:::: Puzzle (596) ::::

1	6	5	2	1	5	4	1	3	6
5	4	3	4	3	6	3	2	5	2
2	6	2	1	5	4	1	7	1	4
1	3	4	7	2	3	2	3	5	2
7	5	1	3	1	6	5	7	4	1
4	6	7	4	5	7	2	3	6	3
3	2	5	1	3	1	4	1	2	1
5	6	4	6	5	6	2	5	7	6
1	3	2	3	2	3	4	1	3	1
2	7	4	6	1	7	6	5	4	2

:::: Puzzle (597) ::::

1	3	2	3	6	5	1	4	2	3
2	5	4	5	4	7	6	3	5	1
3	1	6	7	2	3	4	7	2	6
6	4	3	1	4	1	2	6	1	4
5	2	6	5	2	5	3	5	3	5
6	4	1	3	1	4	1	2	7	6
1	7	5	6	2	3	6	3	1	4
4	3	2	1	4	7	2	5	6	2
2	5	4	5	2	5	4	7	4	1
1	3	1	3	6	1	2	3	5	7

:::: Puzzle (598) ::::

3	1	5	1	2	1	2	3	5	1
4	2	3	6	5	4	6	1	4	2
5	7	4	7	3	7	2	7	3	1
4	2	6	1	2	1	5	6	2	4
3	5	3	4	6	7	3	4	3	6
2	1	2	5	3	1	5	2	5	1
4	5	3	7	4	2	6	3	4	6
7	6	4	1	3	5	4	1	7	2
2	3	2	6	2	1	7	3	5	3
1	5	7	1	3	5	2	1	6	4

:::: Puzzle (599) ::::

4	2	1	7	4	3	2	4	1	3
7	5	3	6	5	1	7	5	2	5
1	6	4	1	2	3	6	4	1	4
4	5	3	6	5	4	1	5	3	2
6	7	4	1	2	3	2	6	1	4
5	2	3	5	7	5	1	3	5	2
3	1	6	1	3	2	6	2	6	3
2	5	4	7	5	1	4	1	4	7
3	6	3	6	3	2	5	2	5	3
2	1	4	2	1	4	6	3	1	2

:::: Puzzle (600) ::::

4	2	1	3	6	7	4	5	2	1
3	5	6	5	2	1	3	6	4	3
2	4	3	1	4	7	2	1	2	5
3	1	6	2	5	1	5	4	3	4
5	2	4	3	4	3	2	1	7	1
7	3	1	6	5	1	6	5	2	5
4	5	4	7	2	3	2	1	4	6
2	1	2	3	6	5	4	3	5	3
6	3	5	4	1	3	7	2	4	2
1	2	1	6	2	5	1	6	1	3

::::: *Puzzle (601)* :::::

1	7	3	2	6	5	4	2	5	1
6	2	1	7	4	2	3	1	7	6
3	5	4	5	3	1	4	5	2	1
2	1	6	7	2	6	3	6	4	7
3	4	3	4	3	1	2	1	2	3
1	5	6	5	2	7	4	5	6	1
3	4	2	1	4	6	3	1	3	5
1	7	5	3	2	1	4	6	2	1
5	3	1	4	5	3	2	3	5	3
1	2	5	6	2	4	1	7	2	4

::::: *Puzzle (602)* :::::

6	5	1	4	2	3	7	1	5	4
2	3	2	3	1	5	4	3	2	3
1	4	1	4	2	3	6	5	1	4
6	2	5	3	1	5	4	2	3	7
1	4	7	6	4	7	6	1	6	2
3	5	1	2	5	2	3	5	7	5
6	4	3	7	4	6	1	2	3	4
5	2	6	2	1	3	5	6	1	2
4	3	5	7	5	4	2	4	5	3
7	1	2	4	3	1	3	1	2	1

::::: *Puzzle (603)* :::::

6	4	1	6	2	5	3	1	4	2
1	7	5	7	3	1	2	5	7	6
6	3	2	1	5	4	7	6	4	3
1	5	4	3	2	3	5	3	2	1
3	6	2	1	4	1	2	4	5	4
4	5	3	5	2	5	3	1	2	1
3	2	7	1	7	4	2	4	3	6
1	5	4	5	3	5	1	6	7	5
2	6	2	1	6	4	2	4	1	3
1	3	4	3	2	1	7	3	5	2

::::: *Puzzle (604)* :::::

4	1	2	5	2	6	1	2	5	2
2	3	4	3	1	3	7	6	4	1
1	5	2	5	2	4	2	5	3	5
3	4	6	1	3	1	3	4	2	1
1	5	3	2	4	5	2	1	3	4
4	2	1	7	1	3	6	7	2	1
5	7	6	4	6	5	2	1	4	3
2	1	3	5	1	4	6	3	6	1
4	5	2	6	7	2	5	2	5	7
1	3	1	3	4	1	7	3	4	2

::::: *Puzzle (605)* :::::

3	5	2	6	7	5	6	1	5	3
1	4	3	1	3	4	3	4	2	4
2	5	6	2	5	6	2	1	6	5
4	1	3	4	3	1	5	3	2	3
6	5	2	6	2	7	6	7	5	1
2	1	4	5	1	4	1	4	2	4
3	7	2	3	2	5	3	6	3	7
1	6	4	7	4	6	2	1	5	6
5	2	1	2	1	3	4	6	4	1
1	3	4	5	4	7	2	7	3	5

::::: *Puzzle (606)* :::::

4	7	6	4	2	5	6	4	7	1
2	5	3	5	3	4	1	2	5	3
1	7	1	2	6	2	5	3	4	2
3	4	5	3	1	7	1	2	1	3
6	2	7	6	4	3	5	7	5	4
1	5	1	3	5	2	4	1	2	6
3	4	2	6	4	7	5	3	4	3
1	5	3	1	2	1	6	2	6	1
2	4	6	5	4	7	5	1	4	3
3	1	2	3	1	2	3	2	5	1

::::: *Puzzle (607)* :::::

5	3	1	3	6	5	2	5	2	1
2	7	5	4	1	3	7	4	3	4
6	3	1	2	6	2	6	2	1	5
1	4	5	4	7	4	1	7	4	3
3	6	1	6	2	5	3	5	6	2
1	2	4	5	3	6	1	2	3	4
4	5	7	6	1	2	5	4	5	1
2	3	1	2	3	7	1	3	2	6
5	6	5	6	4	5	4	6	7	1
3	1	4	2	1	2	1	3	4	3

::::: *Puzzle (608)* :::::

2	1	3	5	1	2	5	3	2	1
6	7	4	6	4	6	4	1	4	5
5	1	3	1	5	7	3	2	3	2
2	4	2	6	3	1	4	5	7	1
7	6	3	4	2	5	6	3	2	3
4	2	1	5	1	4	7	1	5	4
3	5	4	2	3	6	3	2	3	6
2	7	1	5	7	1	7	1	5	4
1	3	2	4	2	5	6	2	7	1
6	4	6	3	1	4	3	5	6	2

::::: *Puzzle (609)* :::::

1	4	1	3	6	7	3	1	3	2
2	3	5	7	2	5	4	2	6	1
1	6	1	4	6	1	7	1	5	3
3	2	3	2	5	3	2	6	2	4
1	5	7	4	6	4	7	4	1	5
2	4	2	1	2	5	6	3	6	2
5	3	6	3	4	3	1	2	7	3
6	4	2	1	5	2	4	5	1	4
5	1	3	7	6	3	1	7	3	2
3	4	2	1	5	4	6	2	4	1

::::: *Puzzle (610)* :::::

6	4	1	5	1	5	1	6	2	4
3	2	7	2	6	2	3	4	5	3
4	1	6	1	5	4	1	6	2	1
3	5	2	3	7	3	2	4	3	5
1	4	1	4	2	4	1	5	1	4
2	7	6	5	6	3	6	3	2	3
3	1	2	3	2	1	5	4	7	1
2	5	4	1	6	7	3	1	3	2
3	1	7	5	2	5	2	4	5	4
4	6	2	3	1	4	6	3	7	6

::::: *Puzzle (611)* :::::

4	2	1	4	5	4	1	2	1	5
1	3	5	3	2	3	6	4	6	3
2	4	2	6	1	4	5	2	7	2
6	7	1	3	5	3	1	3	5	6
5	2	5	4	7	2	4	2	4	3
4	3	1	2	1	6	1	6	5	1
1	2	5	7	3	4	3	7	4	2
3	4	6	2	5	1	6	5	1	5
6	1	3	1	3	2	4	3	2	6
3	7	4	2	7	5	6	1	4	1

::::: *Puzzle (612)* :::::

2	3	1	6	3	1	3	1	4	2
5	4	2	5	4	5	4	2	5	3
3	6	1	7	2	1	3	7	6	1
1	7	5	3	6	4	2	1	2	4
2	3	6	1	5	7	3	4	5	3
1	4	7	2	4	6	2	6	1	2
3	5	3	6	3	5	3	7	4	6
2	1	2	1	2	7	4	1	3	2
4	3	4	5	4	5	3	5	7	4
2	5	1	6	1	2	1	2	3	1

::::: *Puzzle (613)* :::::

3	1	2	4	6	4	3	7	5	1
5	4	5	3	1	2	1	2	6	2
2	7	2	4	5	7	3	4	1	4
1	4	3	6	3	6	1	6	3	5
3	5	1	2	1	2	5	4	7	2
1	2	4	5	3	4	3	2	1	4
6	5	3	6	1	2	1	6	3	2
3	1	4	7	4	5	3	5	1	7
4	2	6	3	2	7	1	2	3	4
5	1	7	1	4	6	3	5	1	2

::::: *Puzzle (614)* :::::

1	2	3	7	1	6	5	2	3	1
5	6	5	2	4	7	4	6	4	6
4	1	3	1	3	2	3	5	1	2
3	2	5	2	4	5	1	2	4	6
7	4	1	3	1	6	7	3	5	1
5	3	5	6	2	3	1	2	4	2
4	2	7	4	5	6	4	5	1	3
1	5	1	3	2	1	2	3	6	5
6	7	2	4	5	6	4	5	2	1
3	4	1	6	2	3	1	7	4	3

::::: *Puzzle (615)* :::::

3	1	4	1	5	4	2	3	5	1
7	6	2	6	2	6	5	4	6	2
3	5	4	3	5	3	1	3	7	1
1	6	2	7	1	4	2	6	5	2
4	5	4	5	2	3	7	1	3	1
2	6	2	6	4	6	4	5	4	7
7	1	4	7	5	1	2	1	6	1
5	6	3	1	3	4	3	7	2	5
3	1	2	7	2	5	1	6	1	7
4	6	3	5	1	3	2	4	3	2

::::: *Puzzle (616)* :::::

2	1	6	3	5	2	3	1	4	2
7	4	2	4	1	6	4	2	3	6
5	1	5	3	5	2	7	6	5	1
6	3	6	1	4	3	5	1	3	2
2	1	2	7	5	2	4	2	4	1
7	4	3	4	3	1	3	1	5	3
1	6	1	6	5	6	4	7	4	2
5	3	2	3	4	1	2	6	5	1
4	1	5	7	6	5	3	4	3	4
2	3	2	1	3	4	2	1	2	1

::::: *Puzzle (617)* :::::

1	5	1	2	5	4	3	2	1	5
3	4	3	4	7	2	1	4	6	4
2	6	5	6	1	3	5	3	5	1
3	7	3	2	4	2	1	2	4	3
4	5	6	7	3	5	7	6	1	6
6	2	3	2	1	2	4	3	5	4
1	4	7	4	6	3	1	2	1	2
3	2	5	1	2	5	4	7	3	7
6	4	3	6	7	1	3	5	4	5
1	5	1	5	2	4	7	2	6	1

::::: *Puzzle (618)* :::::

1	6	4	7	5	2	1	5	3	2
5	2	3	6	1	4	3	4	1	5
4	1	4	2	3	7	1	7	3	6
3	7	5	7	1	5	2	6	5	1
2	6	2	6	2	3	7	3	2	4
4	5	1	4	1	6	1	5	7	6
3	2	7	2	5	2	3	4	3	4
1	5	3	1	6	4	6	1	2	1
4	2	4	5	3	5	3	5	6	3
3	5	1	6	1	4	2	1	2	4

::::: *Puzzle (619)* :::::

3	1	4	1	4	3	1	6	2	1
6	2	5	2	5	6	4	3	5	6
1	3	6	1	7	2	5	7	2	3
2	4	2	5	3	1	4	3	1	4
3	7	3	1	2	5	2	5	6	3
4	5	2	6	3	1	3	4	1	2
7	6	4	5	2	4	6	2	7	6
2	1	3	1	3	7	1	5	4	3
4	6	2	4	6	5	4	6	7	2
5	3	1	5	2	3	1	5	1	4

::::: *Puzzle (620)* :::::

4	1	7	1	2	4	2	5	3	1
5	3	5	3	6	7	3	1	2	5
7	1	6	1	2	1	5	4	6	3
6	2	7	4	6	3	2	3	5	4
1	5	3	5	2	7	4	1	7	6
2	4	2	4	3	6	2	3	5	4
3	7	6	1	2	5	1	6	2	1
4	1	5	4	7	4	2	7	4	3
5	2	3	6	3	6	3	1	5	1
4	7	1	5	1	2	5	2	4	3

::::: *Puzzle (621)* :::::

5	2	4	1	3	4	2	1	4	2
3	1	5	2	5	1	3	5	7	6
7	6	3	4	6	7	4	6	4	3
4	2	5	2	3	1	2	1	2	7
3	1	4	1	4	6	5	3	5	3
2	5	3	7	3	1	4	7	1	4
6	1	4	1	2	6	2	3	2	6
4	3	2	7	3	1	5	1	5	4
5	6	4	1	5	2	4	2	3	7
1	3	2	3	4	7	6	5	1	2

::::: *Puzzle (622)* :::::

1	2	6	5	4	1	2	3	7	4
3	4	1	7	2	6	4	5	1	2
2	5	2	5	1	3	7	6	3	5
1	6	1	3	2	5	4	1	7	6
2	3	4	5	7	3	2	3	4	1
4	6	1	2	6	1	4	1	5	3
1	5	4	5	3	7	3	6	7	2
2	3	7	2	1	2	5	2	4	1
5	4	6	5	6	3	4	1	5	7
1	3	2	4	1	5	6	3	2	4

::::: *Puzzle (623)* :::::

3	6	5	4	6	3	5	2	4	5
4	1	3	1	2	1	4	7	3	1
5	7	4	6	3	7	6	1	2	6
2	3	5	1	2	5	3	4	3	4
1	4	2	7	3	4	7	2	5	2
2	5	1	5	6	2	5	1	3	1
1	6	3	2	1	4	3	6	4	5
4	2	1	4	7	5	2	5	2	3
3	5	3	6	3	4	1	3	4	6
2	1	4	2	1	6	5	2	1	7

::::: *Puzzle (624)* :::::

5	2	1	4	1	4	7	3	5	2
3	6	5	7	5	2	1	6	1	3
5	2	3	2	6	4	5	2	4	2
1	4	1	4	1	7	3	1	3	6
5	6	5	7	3	2	6	4	5	4
7	1	3	6	4	1	3	2	7	1
4	2	4	5	7	5	7	6	3	2
6	5	3	1	6	4	3	1	4	1
2	7	4	2	5	2	5	2	5	6
3	1	3	6	1	4	3	6	3	2

::::: *Puzzle (625)* :::::

1	3	2	6	1	7	5	2	1	4
2	6	5	4	3	2	4	6	7	3
4	7	1	2	1	5	1	2	5	1
1	3	4	3	7	3	4	7	6	4
5	6	2	1	2	6	1	5	1	3
2	4	3	4	3	5	4	3	2	5
6	5	2	5	6	1	6	5	4	3
3	4	6	1	3	4	2	7	1	7
1	5	2	5	7	6	3	4	6	2
2	3	1	3	4	1	7	2	5	1

::::: *Puzzle (626)* :::::

6	5	3	2	6	1	4	5	4	1
7	2	4	1	4	7	6	1	3	2
6	1	3	6	5	3	4	2	5	6
2	5	7	2	1	2	1	6	3	2
3	1	3	6	4	3	5	7	4	1
5	2	5	2	7	1	4	1	3	5
4	1	4	3	4	5	3	2	4	1
3	2	6	1	2	1	4	5	3	5
4	5	4	5	7	5	2	1	6	2
1	6	7	2	3	1	6	3	4	3

::::: *Puzzle (627)* :::::

3	2	1	4	3	6	5	1	3	7
1	5	6	5	2	7	2	6	4	2
4	3	1	4	3	5	1	5	1	3
5	6	2	7	1	4	3	4	2	4
1	3	5	6	2	5	2	1	6	1
5	2	1	4	3	4	3	5	3	2
6	3	6	2	6	1	2	4	7	1
2	4	5	4	7	4	6	5	6	3
1	3	1	3	2	1	7	3	2	1
7	5	4	5	6	4	2	1	4	5

::::: *Puzzle (628)* :::::

4	2	5	1	5	6	4	1	3	1
3	1	4	2	3	2	3	2	5	4
6	5	3	1	6	5	6	4	3	6
4	1	2	5	4	2	3	1	2	5
3	5	4	1	6	1	5	6	3	6
2	6	3	2	5	3	2	1	2	1
4	7	1	4	1	4	5	4	5	4
3	2	3	2	7	2	6	3	7	6
5	4	6	4	6	3	5	4	2	5
6	1	5	1	2	1	2	1	3	1

::::: *Puzzle (629)* :::::

3	1	2	6	1	5	3	4	1	2
2	5	3	5	7	4	7	6	5	4
4	1	2	1	2	5	3	1	2	6
5	6	3	6	4	1	4	6	4	5
3	2	7	1	5	3	2	3	7	3
4	5	4	3	2	1	7	4	6	1
1	3	6	1	4	5	6	2	5	2
5	2	4	5	2	3	7	3	1	3
4	3	1	6	4	5	1	2	4	2
1	2	5	3	1	2	4	3	5	1

::::: *Puzzle (630)* :::::

1	5	2	1	6	1	2	1	3	2
3	4	3	4	2	4	5	6	4	1
7	2	5	7	3	1	3	7	3	2
5	6	1	6	4	2	5	1	6	4
4	2	5	3	5	6	4	3	2	1
3	7	1	2	1	3	5	1	4	5
5	6	5	3	4	6	4	6	7	3
1	4	7	2	1	3	1	2	4	2
6	2	1	6	5	2	4	6	3	1
1	4	5	2	3	1	3	5	2	4

::::: *Puzzle (631)* :::::

3	5	4	2	1	4	5	7	6	7
1	2	3	7	3	6	1	4	3	2
3	5	6	5	2	4	2	6	1	4
2	1	4	1	6	1	5	4	3	5
3	6	3	7	2	3	2	1	6	7
4	5	4	6	5	1	4	7	3	5
1	2	1	3	2	3	2	5	2	4
6	5	7	5	1	5	7	4	1	3
1	4	2	4	7	2	1	6	2	6
2	3	1	3	5	4	3	4	5	1

::::: *Puzzle (632)* :::::

5	7	1	6	3	4	6	2	3	4
1	3	2	4	2	1	5	1	5	6
2	4	1	5	6	3	6	7	3	2
1	5	3	4	1	2	5	2	4	1
2	4	7	2	3	6	1	3	5	3
3	6	3	1	4	2	5	4	1	2
4	2	5	2	5	6	3	6	7	4
5	7	4	1	3	7	4	1	2	6
3	1	3	2	5	6	2	3	4	1
5	6	4	1	4	1	7	6	2	5

::::: *Puzzle (633)* :::::

1	2	4	3	5	1	2	3	4	5
3	5	6	1	2	3	4	5	7	2
6	1	2	7	6	5	6	1	3	6
7	4	3	4	1	2	3	7	4	2
2	1	2	5	3	4	1	5	1	5
3	6	4	6	2	5	3	6	3	2
1	5	1	3	4	1	4	2	5	4
3	4	2	5	7	2	3	1	3	1
1	6	3	1	4	5	6	5	4	6
4	5	2	5	2	7	4	3	1	2

::::: *Puzzle (634)* :::::

3	5	2	3	2	3	2	1	4	2
2	7	4	1	4	1	6	5	6	3
1	3	6	2	3	2	4	3	2	5
6	5	1	5	1	5	1	5	1	3
1	2	4	6	3	4	3	4	7	2
4	5	3	1	7	1	6	2	1	6
2	1	7	5	4	5	3	4	5	4
7	3	2	1	3	2	7	1	6	1
4	5	6	4	5	4	6	4	2	5
2	3	1	2	3	1	7	1	3	7

::::: *Puzzle (635)* :::::

5	2	1	2	3	5	1	4	2	3
7	3	5	4	1	4	3	5	7	6
6	4	2	7	2	6	2	4	2	4
5	1	3	1	5	1	3	1	3	1
7	6	7	6	3	4	2	5	6	2
1	4	2	4	2	5	6	7	1	3
3	5	3	7	3	4	3	4	2	7
4	1	4	6	5	1	5	6	1	6
2	3	2	1	3	7	2	4	7	4
1	5	6	4	5	1	3	5	2	1

::::: *Puzzle (636)* :::::

7	2	4	5	3	7	6	5	1	3
1	6	3	1	6	1	4	2	6	2
2	5	4	2	3	2	5	7	3	4
3	1	7	5	6	7	1	6	5	1
6	2	6	4	3	4	3	4	2	3
5	3	7	1	2	1	2	1	5	6
4	1	4	5	3	7	4	3	4	1
3	6	2	7	1	5	6	2	5	2
1	7	4	3	2	4	1	4	1	3
6	5	2	5	1	3	2	3	2	4

::::: *Puzzle (637)* :::::

2	4	3	5	1	5	3	6	2	1
3	1	6	4	6	2	1	4	3	4
4	2	5	2	3	4	5	7	2	1
1	3	6	4	5	2	3	4	3	4
5	4	5	1	7	1	6	1	2	6
6	7	2	6	2	4	7	3	5	3
1	3	1	5	1	3	1	6	4	1
4	2	4	2	7	4	5	3	2	5
5	7	6	3	1	3	1	6	1	3
2	3	1	2	6	5	7	2	4	2

::::: *Puzzle (638)* :::::

1	5	6	4	2	3	5	2	1	5
4	3	2	1	6	7	1	3	4	2
7	1	5	3	2	4	2	5	6	1
6	2	6	4	6	5	1	7	3	7
5	4	5	7	1	3	4	6	4	5
1	7	2	3	5	2	5	3	1	3
2	3	4	1	7	3	6	4	6	4
5	6	7	3	6	5	2	1	2	1
4	2	4	2	1	4	3	6	5	3
1	7	3	6	5	6	1	2	1	4

::::: *Puzzle (639)* :::::

3	2	3	1	2	6	2	3	1	6
1	5	4	5	3	7	5	4	5	4
3	6	3	1	6	1	2	7	2	7
2	1	2	5	4	5	4	3	1	3
4	5	6	1	3	2	1	7	6	4
3	1	4	2	4	6	4	2	5	2
5	6	3	1	7	2	3	6	1	4
4	1	4	2	5	6	1	7	5	3
6	5	3	7	4	2	5	4	6	1
7	1	2	5	3	6	1	7	3	2

::::: *Puzzle (640)* :::::

2	4	1	7	1	3	6	4	5	2
5	3	2	3	4	2	5	2	3	1
1	6	4	1	7	6	3	6	5	4
7	3	2	5	4	1	2	1	3	7
4	5	7	3	2	3	4	5	2	5
1	2	1	6	4	5	6	3	6	1
3	4	3	2	3	1	7	2	5	4
2	5	1	6	4	2	3	1	3	2
7	6	2	3	5	1	5	4	5	4
4	5	1	4	6	4	2	1	3	1

::::: *Puzzle (641)* :::::

3	2	1	4	1	3	1	2	1	6
5	4	3	2	5	2	4	7	3	2
2	6	1	4	1	6	3	5	1	7
1	3	5	3	2	5	2	4	3	4
6	4	2	4	6	7	6	1	2	1
2	7	1	5	1	3	2	5	4	5
4	5	3	7	6	4	1	3	7	1
1	2	6	4	3	7	5	2	6	4
3	5	7	2	1	2	6	3	1	3
7	6	1	3	5	4	5	2	4	5

::::: *Puzzle (642)* :::::

2	3	1	6	5	4	7	4	3	1
1	7	4	3	1	2	6	2	6	5
2	6	5	2	6	4	5	4	7	1
1	3	7	1	7	2	3	1	2	3
2	6	5	2	3	1	5	4	5	1
5	4	3	1	5	4	2	1	3	4
3	1	5	2	3	7	3	6	2	1
2	6	3	6	4	1	5	4	3	7
1	4	7	1	7	3	6	2	1	6
5	2	5	3	2	4	1	4	5	2

::::: *Puzzle (643)* :::::

2	3	7	6	5	1	4	5	1	4
4	1	2	4	3	2	3	2	3	2
2	5	6	1	6	4	1	5	1	6
1	3	4	3	7	3	2	4	3	2
4	5	2	5	1	4	6	7	5	6
3	6	1	4	2	5	1	3	1	4
1	4	5	6	1	3	2	5	2	5
2	7	2	4	2	7	4	3	1	3
3	5	1	6	3	6	1	5	6	4
1	4	3	2	1	5	2	4	1	3

::::: *Puzzle (644)* :::::

1	6	1	7	4	6	2	4	3	5
3	2	5	2	3	1	5	1	7	2
4	6	3	6	7	4	3	4	5	1
1	2	7	2	3	5	1	7	6	3
3	5	1	6	4	6	4	2	4	1
4	2	7	2	5	2	7	5	3	5
3	6	5	6	1	3	6	4	2	1
4	2	4	3	4	2	5	1	3	7
5	1	5	1	5	1	3	7	2	5
6	2	3	4	3	6	2	4	1	4

::::: *Puzzle (645)* :::::

4	1	2	3	7	3	1	2	1	6
3	6	5	1	5	2	4	7	5	3
4	2	3	2	4	6	5	3	1	6
1	5	4	5	3	1	4	6	4	2
6	2	1	2	4	2	5	2	1	6
3	5	4	7	1	3	6	3	5	4
4	6	1	3	5	2	4	1	2	1
2	7	2	6	1	3	5	6	7	3
4	3	5	3	2	7	2	4	2	4
1	2	1	4	5	1	5	3	1	3

::::: *Puzzle (646)* :::::

1	7	1	6	2	3	7	6	2	1
5	4	2	3	5	1	4	1	4	3
2	7	5	6	4	3	6	3	2	1
6	3	2	1	5	1	5	4	5	3
2	1	5	3	2	4	7	6	2	1
4	3	4	6	1	5	2	3	5	7
5	2	1	2	4	3	4	6	4	2
7	4	6	3	1	5	1	7	1	6
5	3	2	5	6	3	2	5	4	2
6	7	4	1	2	4	1	3	1	3

::::: *Puzzle (647)* :::::

1	2	5	4	2	3	5	1	4	2
3	4	3	1	7	4	6	3	7	6
2	1	6	4	6	1	2	1	5	3
6	4	3	1	3	7	5	4	2	4
3	5	2	7	5	1	6	1	5	1
1	6	1	4	6	7	3	4	7	2
2	5	3	2	3	1	2	6	3	6
3	4	7	4	5	4	5	1	2	1
2	5	1	3	1	7	2	4	7	5
1	6	2	6	5	4	3	1	3	2

::::: *Puzzle (648)* :::::

6	5	2	7	4	3	6	2	4	5
1	4	3	5	1	2	1	7	3	1
2	6	2	4	6	3	6	2	6	4
5	3	5	3	2	1	4	5	1	5
1	4	1	7	5	6	3	7	4	2
3	2	5	2	4	7	5	1	3	1
4	6	3	7	1	2	4	2	6	5
3	1	2	4	5	3	6	5	1	7
6	5	7	1	6	4	1	2	3	2
3	1	2	4	2	5	3	4	6	1

::::: *Puzzle (649)* :::::

3	2	1	2	4	1	3	1	4	2
1	6	7	3	5	2	5	2	3	1
5	4	1	4	6	7	3	1	4	2
7	3	2	3	1	2	5	2	5	3
2	1	5	4	6	3	1	4	7	6
6	4	3	7	1	2	5	2	3	4
1	5	1	5	6	3	1	4	1	2
3	4	6	2	1	2	5	3	5	3
2	1	5	3	5	4	6	4	2	1
4	3	2	1	2	7	1	5	3	4

::::: *Puzzle (650)* :::::

6	5	1	5	1	2	1	2	6	1
7	4	3	2	3	4	3	4	5	2
3	1	6	1	6	1	2	1	7	4
2	7	4	5	7	4	3	5	2	5
5	6	1	3	6	5	1	6	1	3
1	3	7	5	4	3	2	4	5	6
2	4	2	1	2	1	5	1	3	4
3	1	5	6	3	4	7	2	6	7
6	2	4	2	1	6	3	1	4	3
3	5	1	7	3	4	2	6	2	5

::::: *Puzzle (651)* :::::

5	6	1	3	2	4	3	6	4	2
4	3	7	4	1	7	2	1	3	1
6	5	6	3	2	4	5	6	2	4
1	2	1	4	1	7	1	3	5	3
5	7	5	2	3	5	4	2	4	2
3	4	3	6	1	7	1	5	3	1
6	1	2	5	4	5	3	4	2	4
5	7	6	1	2	1	2	5	3	1
2	3	4	3	6	4	3	1	2	6
4	1	2	5	7	1	2	4	5	3

::::: *Puzzle (652)* :::::

2	5	6	3	7	1	4	6	2	5
1	3	2	1	5	3	5	3	1	3
4	6	4	3	6	2	1	7	4	2
7	2	1	2	1	4	3	2	1	6
6	5	7	4	3	5	1	6	7	4
1	3	1	5	1	7	4	2	3	6
4	7	6	4	3	2	5	1	5	4
3	2	5	2	6	4	6	3	2	3
7	1	4	3	7	2	5	7	4	5
5	2	6	1	5	3	6	1	2	1

::::: *Puzzle (653)* :::::

3	2	4	6	3	5	2	4	5	1
1	6	1	5	1	4	1	3	6	2
7	2	7	6	2	3	2	4	5	4
5	3	1	5	1	5	1	6	7	3
4	2	4	2	4	3	4	3	5	4
3	5	1	6	7	2	7	2	6	3
1	4	2	3	5	1	6	1	5	2
6	3	5	1	4	2	5	7	4	7
7	2	4	3	6	3	6	2	1	6
1	5	7	1	5	2	1	3	7	4

::::: *Puzzle (654)* :::::

6	4	5	2	3	2	7	6	1	4
7	2	1	7	1	5	3	4	3	5
1	4	6	4	3	4	2	6	2	1
7	5	3	1	6	5	7	1	5	6
2	1	7	2	3	4	3	4	3	2
4	6	3	5	1	6	2	6	5	4
3	5	1	6	2	4	1	4	1	2
4	2	4	7	1	3	2	7	5	7
3	1	5	2	6	4	1	6	4	3
5	2	3	1	3	5	3	5	1	2

::::: *Puzzle (655)* :::::

1	5	4	2	1	4	5	1	2	1
3	2	7	3	6	2	7	6	3	4
1	6	1	2	1	4	1	4	1	5
2	5	3	5	6	7	3	2	6	3
4	1	4	2	1	2	5	7	4	1
3	6	7	6	5	7	4	3	6	3
5	4	2	4	3	6	5	1	5	2
7	1	6	5	2	1	4	2	3	6
3	2	3	1	4	6	3	1	7	1
1	5	7	2	3	1	5	4	2	5

::::: *Puzzle (656)* :::::

1	4	6	3	5	2	3	5	1	4
3	5	1	2	1	6	4	2	7	6
2	6	4	5	7	2	1	3	1	2
1	3	1	2	6	5	4	5	6	4
5	7	5	3	4	3	2	3	1	5
6	4	2	7	5	1	4	6	4	3
1	5	6	1	6	2	3	1	2	5
4	2	4	3	7	1	4	5	3	4
3	6	5	6	4	5	7	2	1	2
1	4	3	2	3	2	1	3	5	6

::::: *Puzzle (657)* :::::

1	3	2	4	7	4	5	7	2	1
2	4	5	6	3	1	2	1	3	6
5	7	3	4	2	5	3	5	4	7
1	6	1	5	6	4	6	2	1	5
5	3	4	2	1	2	3	4	3	2
1	6	1	6	4	7	5	6	1	6
2	4	7	2	5	6	3	2	5	4
3	5	1	4	3	2	1	7	1	2
1	2	3	2	1	5	4	2	5	3
3	6	5	4	7	3	6	3	1	4

::::: *Puzzle (658)* :::::

2	3	1	6	1	3	2	5	1	4
1	5	4	5	4	7	4	3	2	3
3	2	3	2	3	2	1	7	4	5
6	4	1	5	6	7	3	2	1	2
2	3	7	2	4	5	1	7	5	6
1	5	6	3	1	3	4	6	3	1
3	4	1	4	5	2	7	1	2	6
1	5	2	7	1	6	4	5	7	1
6	7	4	6	4	3	2	6	2	4
3	2	1	3	2	5	1	5	1	3

::::: *Puzzle (659)* :::::

2	4	7	5	6	1	3	4	2	4
5	3	6	3	4	2	6	5	1	3
7	2	1	2	7	1	7	3	4	2
1	6	7	5	3	5	6	2	6	1
4	3	4	1	6	7	4	1	3	5
5	1	2	3	2	1	2	5	4	1
4	7	4	1	4	5	3	1	2	7
2	6	3	2	6	1	7	5	6	3
3	5	1	5	4	3	2	1	2	1
1	4	2	3	7	5	6	3	4	5

::::: *Puzzle (660)* :::::

2	4	6	2	3	4	1	5	3	1
3	5	1	4	1	5	3	2	4	2
1	6	3	5	2	6	7	1	3	5
2	4	2	1	4	3	4	6	4	6
1	5	3	5	6	2	7	3	1	5
4	7	4	1	3	5	4	2	4	7
2	1	2	5	4	2	3	6	1	2
3	5	6	3	1	6	1	2	3	6
2	4	7	5	2	4	3	5	1	4
3	1	3	1	6	1	2	4	3	2

:::: Puzzle (661) ::::

3	2	5	4	2	4	5	1	3	1
4	7	3	1	6	1	2	6	2	4
1	6	4	2	3	5	7	5	3	5
5	3	5	1	4	1	3	6	1	2
4	1	2	6	2	6	2	4	3	5
2	3	4	5	7	4	1	5	7	1
6	5	1	3	1	2	3	2	6	4
4	3	2	4	5	6	4	1	3	2
5	1	6	1	2	3	7	5	4	5
3	7	2	3	6	1	2	3	7	1

:::: Puzzle (662) ::::

3	2	1	6	2	4	2	7	3	4
4	7	5	4	7	1	5	1	6	1
2	3	6	1	3	6	7	3	4	2
5	7	4	2	5	1	2	5	1	5
4	2	5	6	4	6	4	3	2	3
6	1	7	3	1	3	5	1	6	4
2	3	5	6	5	4	6	4	3	5
7	1	2	1	3	1	5	2	1	2
5	4	3	4	6	2	4	3	4	5
3	1	2	5	7	3	1	2	1	2

:::: Puzzle (663) ::::

3	2	1	7	3	5	1	2	4	1
6	4	5	2	1	2	4	3	6	3
3	1	6	4	5	3	6	5	7	1
5	4	2	3	2	1	2	3	2	4
1	6	5	1	4	6	5	4	1	5
2	7	3	2	5	2	7	2	3	7
3	4	5	1	3	1	3	5	1	6
6	1	6	4	5	4	2	7	3	2
3	4	2	1	3	1	3	4	6	4
1	5	3	6	2	4	2	1	2	1

:::: Puzzle (664) ::::

3	5	6	5	6	7	2	6	3	1
7	4	1	4	1	3	4	1	4	2
2	6	2	7	2	5	2	6	3	5
7	1	5	3	1	4	7	4	1	4
4	2	6	7	2	5	3	5	3	6
1	5	3	4	3	6	2	7	2	5
3	2	1	2	7	1	4	1	3	1
6	4	6	5	4	3	7	2	7	5
1	5	1	3	2	5	1	5	4	1
3	2	6	4	1	6	3	6	3	2

:::: Puzzle (665) ::::

6	2	5	3	6	7	1	7	2	5
5	4	6	2	1	4	3	5	4	1
3	1	3	4	5	6	2	7	3	7
2	4	2	6	7	3	1	4	1	4
1	5	1	5	1	4	5	2	6	2
7	2	6	4	3	6	3	1	3	5
1	4	3	5	1	5	2	4	2	1
6	2	6	7	2	3	1	5	3	5
1	3	4	3	4	7	4	7	6	4
5	2	1	2	6	1	5	1	3	2

:::: Puzzle (666) ::::

3	2	5	2	4	3	1	2	3	5
1	4	1	3	1	2	4	5	7	1
3	5	2	4	5	3	6	1	3	6
2	1	3	1	2	1	4	2	4	7
3	7	4	5	4	6	3	5	3	2
4	5	1	2	3	1	2	1	4	5
6	2	4	6	7	4	3	6	2	1
1	5	1	3	5	2	1	5	7	6
6	2	4	6	7	3	4	3	2	4
4	5	3	2	1	2	1	5	1	3

:::: Puzzle (667) ::::

3	1	4	1	4	6	1	3	5	1
2	5	2	6	2	5	4	2	7	3
4	3	1	5	1	6	1	3	4	6
5	6	4	7	2	5	2	5	7	2
1	2	3	6	4	1	3	4	3	4
3	4	5	1	3	2	7	6	1	2
2	1	3	2	4	6	3	2	5	7
5	6	4	5	7	1	5	7	4	1
1	2	1	2	3	6	4	3	5	6
3	4	3	6	1	5	7	2	1	4

:::: Puzzle (668) ::::

4	2	1	4	5	4	1	2	1	5
1	3	5	3	2	3	6	4	6	3
2	4	2	6	1	4	5	2	7	2
6	7	1	3	5	3	1	3	5	6
5	2	5	4	7	2	4	2	4	3
4	3	1	2	1	6	1	6	5	1
1	2	5	7	3	4	3	7	4	2
3	4	6	2	5	1	6	5	1	5
6	1	3	1	3	2	4	3	2	6
3	7	4	2	7	5	6	1	4	1

:::: Puzzle (669) ::::

2	5	6	5	4	5	1	4	6	1
4	3	7	3	7	3	7	3	5	2
1	5	1	2	1	6	1	2	7	3
6	2	4	6	4	2	4	5	4	1
1	7	3	1	3	6	1	6	2	6
4	2	5	4	2	4	3	5	1	4
1	3	1	3	5	1	2	6	7	2
5	4	6	4	2	3	7	3	5	1
1	2	3	5	7	5	2	1	2	4
3	6	1	2	4	1	6	5	3	6

:::: Puzzle (670) ::::

6	1	2	3	1	4	5	1	5	6
2	5	6	5	7	3	6	7	4	2
4	1	3	2	1	4	2	3	1	3
3	2	4	5	3	5	1	6	2	4
1	5	3	1	4	2	3	7	1	6
2	6	2	5	7	1	4	5	2	5
5	1	3	4	2	5	2	1	4	3
4	2	6	1	3	7	4	3	2	7
3	5	4	7	4	1	5	6	5	4
1	2	6	1	3	2	3	2	1	3

:::: Puzzle (671) ::::

4	3	4	5	6	3	1	2	4	6
2	1	2	3	2	5	4	5	1	2
6	4	5	6	1	3	7	2	7	3
1	3	1	7	2	6	4	3	1	4
2	4	5	3	4	5	2	5	6	3
5	3	6	2	1	7	1	4	1	7
1	7	1	3	5	4	2	7	5	2
3	2	4	2	6	1	6	4	3	1
4	5	6	5	3	4	2	1	2	6
3	1	7	2	1	6	3	5	4	5

:::: Puzzle (672) ::::

6	5	1	5	1	2	1	2	6	1
7	4	3	2	3	4	3	4	5	2
3	1	6	1	6	1	2	1	7	4
2	7	4	5	7	4	3	5	2	5
5	6	1	3	6	5	1	6	1	3
1	3	7	5	4	3	2	4	5	6
2	4	2	1	2	1	5	1	3	4
3	1	5	6	3	4	7	2	6	7
6	2	4	2	1	6	3	1	4	3
3	5	1	7	3	4	2	6	2	5

:::: Puzzle (673) ::::

4	7	3	1	4	6	2	1	2	3
5	1	2	6	5	3	7	5	4	5
6	4	5	1	2	4	1	2	3	6
3	7	3	6	3	6	5	6	4	2
1	2	1	4	7	2	4	2	3	1
6	4	5	2	5	3	1	5	4	2
3	7	1	7	1	7	2	3	6	3
2	5	3	6	5	4	6	4	1	4
7	4	2	4	2	1	3	5	3	5
5	1	7	5	3	4	2	1	6	1

:::: Puzzle (674) ::::

1	4	6	5	1	5	2	4	2	1
2	3	1	3	4	3	1	5	3	4
1	4	2	5	1	2	6	4	7	2
3	5	7	3	4	3	5	1	6	3
2	4	1	2	5	1	6	3	2	1
1	3	5	4	6	2	5	1	4	3
4	2	7	1	5	3	7	6	2	5
6	5	6	3	6	2	1	5	4	6
2	3	4	2	1	3	4	3	2	1
7	1	7	3	6	5	2	1	7	4

:::: Puzzle (675) ::::

1	6	5	2	1	5	4	1	3	6
5	4	3	4	3	6	3	2	5	2
2	6	2	1	5	4	1	7	1	4
1	3	4	7	2	3	2	3	5	2
7	5	1	3	1	6	5	7	4	1
4	6	7	4	5	7	2	3	6	3
3	2	5	1	3	1	4	1	2	1
5	6	4	6	5	6	2	5	7	6
1	3	2	3	2	3	4	1	3	1
2	7	4	6	1	7	6	5	4	2

:::: Puzzle (676) ::::

2	1	5	1	4	3	1	2	3	5
6	3	4	7	5	2	6	4	1	2
4	1	5	6	4	1	3	5	6	3
6	3	4	1	5	7	2	4	2	4
2	7	6	3	4	3	1	3	1	6
1	3	5	2	5	2	5	7	5	2
2	7	4	1	4	1	3	6	3	4
3	1	2	6	2	7	5	1	2	1
5	4	5	3	1	6	3	7	5	3
2	3	1	2	5	4	1	2	6	4

:::: Puzzle (677) ::::

4	5	3	6	4	1	3	1	3	1
3	1	2	5	2	5	4	6	4	2
2	4	6	3	1	3	1	2	3	5
6	1	2	7	5	2	5	6	1	2
5	3	4	6	1	7	4	7	4	5
7	1	5	2	3	5	2	3	6	2
3	2	3	4	1	6	1	7	1	4
4	1	6	2	5	3	4	3	5	2
6	2	3	1	7	1	2	1	4	1
1	4	5	2	3	4	5	3	2	3

:::: Puzzle (678) ::::

2	4	3	5	1	5	3	6	2	1
3	1	6	4	6	2	1	4	3	4
4	2	5	2	3	4	5	7	2	1
1	3	6	4	5	2	3	4	3	4
5	4	5	1	7	1	6	1	2	6
6	7	2	6	2	4	7	3	5	3
1	3	1	5	1	3	1	6	4	1
4	2	4	2	7	4	5	3	2	5
5	7	6	3	1	3	1	6	1	3
2	3	1	2	6	5	7	2	4	2

:::: Puzzle (679) ::::

2	3	1	3	5	3	1	4	1	3
4	6	4	2	1	2	5	2	6	4
3	2	3	6	4	6	4	1	5	2
1	5	1	5	7	1	3	6	7	1
7	4	2	4	2	5	2	5	4	5
3	1	3	7	6	7	1	3	6	7
5	2	5	1	4	3	2	4	2	3
4	1	3	2	6	7	5	3	7	1
3	6	7	5	1	4	6	2	4	2
4	2	1	3	2	5	1	5	3	1

:::: Puzzle (680) ::::

7	3	4	1	6	2	5	1	3	2
4	1	2	5	3	1	4	2	4	1
5	3	7	4	6	5	6	3	5	2
6	1	5	2	1	4	2	7	4	6
3	2	3	6	7	3	1	5	1	3
6	4	1	4	5	2	7	2	4	6
7	3	5	3	1	3	5	3	1	2
5	6	1	4	5	2	1	2	5	3
2	7	2	6	7	6	4	6	4	1
4	1	3	4	3	2	1	3	7	2

:::: Puzzle (681) ::::

4	3	7	2	6	2	1	5	3	1
6	2	4	1	4	5	7	2	7	4
5	3	5	2	3	1	3	1	6	2
6	1	4	1	4	5	2	4	5	3
2	3	7	5	7	3	1	3	6	2
1	6	1	2	1	2	6	4	5	3
4	5	3	4	6	7	5	1	6	1
2	1	2	1	5	1	6	2	3	4
3	6	5	3	2	3	4	7	5	1
4	1	4	6	1	5	2	6	4	3

:::: Puzzle (682) ::::

5	2	3	2	4	2	3	4	7	1
3	6	1	5	1	5	6	5	2	3
1	4	2	3	2	4	3	4	1	4
3	6	1	5	7	6	1	6	2	5
4	2	7	3	1	5	2	4	7	3
7	1	6	2	4	7	1	5	1	5
3	5	7	1	3	2	6	3	7	6
6	1	4	6	4	7	4	1	4	2
5	3	2	1	5	1	2	5	6	3
2	1	5	3	6	4	3	1	2	1

:::: Puzzle (683) ::::

1	3	1	4	5	3	6	3	2	1
4	5	2	3	6	2	7	5	4	3
2	6	7	1	5	1	4	2	7	2
1	4	5	6	4	3	5	1	5	4
3	2	3	2	7	6	4	3	2	1
6	5	7	6	4	1	5	6	4	3
2	1	4	1	3	7	4	2	5	1
3	5	3	2	5	6	3	1	6	2
6	2	1	6	1	2	4	5	4	1
4	5	4	2	3	5	1	2	3	6

:::: Puzzle (684) ::::

7	6	1	5	2	3	6	2	4	3
5	3	4	7	1	7	4	3	1	2
4	1	2	6	2	5	1	5	6	4
6	5	3	4	1	4	2	7	1	3
3	7	2	6	2	7	3	6	5	4
5	6	5	3	1	5	4	1	2	1
4	3	1	2	7	3	2	6	7	6
1	5	4	6	5	1	4	3	5	2
4	3	2	3	2	7	6	1	6	4
2	1	5	6	1	4	2	3	5	1

:::: Puzzle (685) ::::

2	3	1	6	5	4	7	4	3	1
1	7	4	3	1	2	6	2	6	5
2	6	5	2	6	4	5	4	7	1
1	3	7	1	7	2	3	1	2	3
2	6	5	2	3	1	5	4	5	1
5	4	3	1	5	4	2	1	3	4
3	1	5	2	3	7	3	6	2	1
2	6	3	6	4	1	5	4	3	7
1	4	7	1	7	3	6	2	1	6
5	2	5	3	2	4	1	4	5	2

:::: Puzzle (686) ::::

5	6	1	5	1	3	5	4	3	1
7	4	2	6	4	6	2	1	2	6
2	6	3	1	7	3	4	5	4	1
4	5	4	5	2	5	7	6	3	2
3	2	3	6	7	1	3	1	5	4
1	5	1	5	4	6	2	6	2	3
2	6	3	6	2	3	5	3	4	5
5	1	7	4	1	4	1	2	6	3
2	3	6	2	5	2	6	3	5	1
1	4	5	3	4	1	4	1	2	4

:::: Puzzle (687) ::::

3	2	3	1	2	6	2	3	1	6
1	5	4	5	3	7	5	4	5	4
3	6	3	1	6	1	2	7	2	7
2	1	2	5	4	5	4	3	1	3
4	5	6	1	3	2	1	7	6	4
3	1	4	2	4	6	4	2	5	2
5	6	3	1	7	2	3	6	1	4
4	1	4	2	5	6	1	7	5	3
6	5	3	7	4	2	5	4	6	1
7	1	2	5	3	6	1	7	3	2

:::: Puzzle (688) ::::

1	2	3	1	6	1	4	1	2	4
4	7	4	2	3	5	3	6	5	1
6	1	3	1	7	2	1	2	3	2
5	2	4	2	6	3	6	5	6	1
1	7	5	3	5	4	2	1	2	4
2	6	2	7	1	3	5	3	5	3
5	1	5	3	2	4	1	4	2	6
4	3	4	6	1	5	3	7	1	4
1	2	1	3	2	4	2	5	3	5
3	4	7	6	7	3	6	1	2	4

:::: Puzzle (689) ::::

4	5	2	5	1	5	2	4	6	3
1	6	3	6	2	4	7	3	1	4
7	2	5	1	3	6	2	6	2	3
1	4	3	2	4	7	3	4	5	1
3	2	1	7	1	5	1	7	2	6
6	4	5	4	6	4	6	4	1	5
5	1	6	2	3	2	7	5	7	3
4	3	7	5	1	5	6	2	4	1
7	2	4	2	6	3	1	5	6	2
5	3	1	3	7	4	2	3	1	3

:::: Puzzle (690) ::::

4	1	7	1	2	4	2	5	3	1
5	3	5	3	6	7	3	1	2	5
7	1	6	1	2	1	5	4	6	3
6	2	7	4	6	3	2	3	5	4
1	5	3	5	2	7	4	1	7	6
2	4	2	4	3	6	2	3	5	4
3	7	6	1	2	5	1	6	2	1
4	1	5	4	7	4	2	7	4	3
5	2	3	6	3	6	3	1	5	1
4	7	1	5	1	2	5	2	4	3

:::: Puzzle (691) ::::

2	4	5	2	1	3	2	1	7	6
1	3	1	7	4	5	4	3	4	3
2	4	5	2	3	6	1	2	6	5
1	6	3	7	5	4	5	4	1	3
3	2	5	4	6	2	6	2	7	5
6	1	3	2	7	1	5	3	4	1
7	5	4	1	3	2	4	1	5	6
1	2	3	2	6	5	6	2	3	7
3	5	4	5	4	1	3	1	4	1
6	1	2	1	3	2	4	2	6	5

:::: Puzzle (692) ::::

3	6	1	3	6	4	1	4	5	2
2	4	5	2	7	5	3	2	1	4
1	3	1	4	1	2	1	4	6	3
2	4	7	6	5	3	6	5	2	1
5	1	5	4	2	4	7	1	6	3
2	3	6	3	1	3	6	2	5	7
1	5	7	4	7	5	4	3	1	2
4	2	3	2	1	2	1	5	7	4
1	6	1	6	5	7	6	3	2	5
3	5	4	2	1	3	4	1	4	3

:::: Puzzle (693) ::::

3	5	4	2	1	4	5	7	6	7
1	2	3	7	3	6	1	4	3	2
3	5	6	5	2	4	2	6	1	4
2	1	4	1	6	1	5	4	3	5
3	6	3	7	2	3	2	1	6	7
4	5	4	6	5	1	4	7	3	5
1	2	1	3	2	3	2	5	2	4
6	5	7	5	1	5	7	4	1	3
1	4	2	4	7	2	1	6	2	6
2	3	1	3	5	4	3	4	5	1

:::: Puzzle (694) ::::

6	5	1	4	2	3	7	1	5	4
2	3	2	3	1	5	4	3	2	3
1	4	1	4	2	3	6	5	1	4
6	2	5	3	1	5	4	2	3	7
1	4	7	6	4	7	6	1	6	2
3	5	1	2	5	2	3	5	7	5
6	4	3	7	4	6	1	2	3	4
5	2	6	2	1	3	5	6	1	2
4	3	5	7	5	4	2	4	5	3
7	1	2	4	3	1	3	1	2	1

:::: Puzzle (695) ::::

2	3	1	6	3	1	3	1	4	2
5	4	2	5	4	5	4	2	5	3
3	6	1	7	2	1	3	7	6	1
1	7	5	3	6	4	2	1	2	4
2	3	6	1	5	7	3	4	5	3
1	4	7	2	4	6	2	6	1	2
3	5	3	6	3	5	3	7	4	6
2	1	2	1	2	7	4	1	3	2
4	3	4	5	4	5	3	5	7	4
2	5	1	6	1	2	1	2	3	1

:::: Puzzle (696) ::::

4	2	1	7	4	3	2	4	1	3
7	5	3	6	5	1	7	5	2	5
1	6	4	1	2	3	6	4	1	4
4	5	3	6	5	4	1	5	3	2
6	7	4	1	2	3	2	6	1	4
5	2	3	5	7	5	1	3	5	2
3	1	6	1	3	2	6	2	6	3
2	5	4	7	5	1	4	1	4	7
3	6	3	6	3	2	5	2	5	3
2	1	4	2	1	4	6	3	1	2

:::: Puzzle (697) ::::

5	2	6	1	6	7	5	1	3	1
4	7	3	4	2	4	6	4	2	5
2	5	6	1	3	1	5	3	6	4
3	1	3	4	2	7	2	1	5	1
2	6	2	1	5	1	4	7	2	3
3	7	3	7	3	2	3	5	6	5
2	4	2	5	4	6	1	2	1	2
1	3	1	7	2	3	7	6	4	3
5	2	6	4	1	4	2	3	5	1
1	3	1	2	3	7	1	4	2	3

:::: Puzzle (698) ::::

1	3	6	7	1	3	4	5	7	2
2	5	2	5	2	6	7	3	1	6
1	4	1	4	7	4	2	6	5	3
7	3	7	3	5	1	3	1	2	1
4	6	2	1	2	4	7	4	3	4
5	1	3	4	3	1	6	2	1	2
4	2	5	2	6	5	4	5	3	5
1	3	1	3	7	2	6	2	1	6
4	5	4	5	1	4	7	4	3	5
6	3	1	2	7	3	1	5	2	6

:::: Puzzle (699) ::::

1	3	2	4	1	2	3	1	2	3
7	4	6	3	5	6	4	5	4	6
2	5	7	2	1	3	1	3	1	5
3	1	4	5	4	5	4	7	2	3
5	2	6	3	7	6	2	6	4	1
1	3	1	4	1	3	7	1	3	2
6	4	7	2	5	6	5	2	5	1
1	2	3	6	4	2	7	1	4	2
3	5	1	5	1	3	4	5	3	1
1	4	2	3	6	5	2	6	4	2

:::: Puzzle (700) ::::

1	2	4	3	5	1	2	3	4	5
3	5	6	1	2	3	4	5	7	2
6	1	2	7	6	5	6	1	3	6
7	4	3	4	1	2	3	7	4	2
2	1	2	5	3	4	1	5	1	5
3	6	4	6	2	5	3	6	3	2
1	5	1	3	4	1	4	2	5	4
3	4	2	5	7	2	3	1	3	1
1	6	3	1	4	5	6	5	4	6
4	5	2	5	2	7	4	3	1	2

::::: Puzzle (701) :::::

5	4	1	2	5	4	2	3	1	6
2	6	3	4	3	7	6	4	5	4
3	4	7	1	5	1	3	2	7	2
5	2	3	6	2	4	6	5	1	3
1	4	1	4	1	3	1	3	4	2
5	2	7	6	2	6	2	7	6	5
1	3	5	3	1	5	3	5	1	7
6	2	4	6	7	2	4	2	4	6
4	5	3	1	5	1	3	1	3	1
3	1	4	2	6	7	4	2	6	5

::::: Puzzle (702) :::::

3	2	1	2	4	1	3	1	4	2
1	6	7	3	5	2	5	2	3	1
5	4	1	4	6	7	3	1	4	2
7	3	2	3	1	2	5	2	5	3
2	1	5	4	6	3	1	4	7	6
6	4	3	7	1	2	5	2	3	4
1	5	1	5	6	3	1	4	1	2
3	4	6	2	1	2	5	3	5	3
2	1	5	3	5	4	6	4	2	1
4	3	2	1	2	7	1	5	3	4

::::: Puzzle (703) :::::

1	3	2	6	1	7	5	2	1	4
2	6	5	4	3	2	4	6	7	3
4	7	1	2	1	5	1	2	5	1
1	3	4	3	7	3	4	7	6	4
5	6	2	1	2	6	1	5	1	3
2	4	3	4	3	5	4	3	2	5
6	5	2	5	6	1	6	5	4	3
3	4	6	1	3	4	2	7	1	7
1	5	2	5	7	6	3	4	6	2
2	3	1	3	4	1	7	2	5	1

::::: Puzzle (704) :::::

4	2	6	2	5	3	6	3	2	5
1	5	1	7	4	1	4	5	4	7
3	6	4	3	2	6	3	1	2	1
1	5	7	1	5	1	2	6	3	4
2	3	4	2	7	4	5	4	5	2
4	6	1	5	6	3	1	6	3	1
5	3	2	3	2	4	2	5	2	7
1	4	1	5	1	3	1	4	6	3
2	5	3	2	4	2	6	3	1	5
1	6	4	1	5	7	4	2	7	3

::::: Puzzle (705) :::::

4	2	4	2	5	4	3	1	5	2
1	7	1	3	6	2	7	6	4	1
3	6	2	4	1	5	1	2	5	6
2	5	1	5	2	3	6	3	4	3
6	3	4	3	1	4	7	1	7	2
5	1	2	6	2	3	5	4	5	3
4	3	7	3	4	1	2	3	1	6
2	1	4	1	2	6	5	7	4	5
3	6	3	5	4	3	4	3	6	2
1	5	2	1	6	5	2	7	1	4

::::: Puzzle (706) :::::

1	4	1	3	6	7	3	1	3	2
2	3	5	7	2	5	4	2	6	1
1	6	1	4	6	1	7	1	5	3
3	2	3	2	5	3	2	6	2	4
1	5	7	4	6	4	7	4	1	5
2	4	2	1	2	5	6	3	6	2
5	3	6	3	4	3	1	2	7	3
6	4	2	1	5	2	4	5	1	4
5	1	3	7	6	3	1	7	3	2
3	4	2	1	5	4	6	2	4	1

::::: Puzzle (707) :::::

2	5	6	3	7	1	4	6	2	5
1	3	2	1	5	3	5	3	1	3
4	6	4	3	6	2	1	7	4	2
7	2	1	2	1	4	3	2	1	6
6	5	7	4	3	5	1	6	7	4
1	3	1	5	1	7	4	2	3	6
4	7	6	4	3	2	5	1	5	4
3	2	5	2	6	4	6	3	2	3
7	1	4	3	7	2	5	7	4	5
5	2	6	1	5	3	6	1	2	1

::::: Puzzle (708) :::::

2	4	1	7	1	3	6	4	5	2
5	3	2	3	4	2	5	2	3	1
1	6	4	1	7	6	3	6	5	4
7	3	2	5	4	1	2	1	3	7
4	5	7	3	2	3	4	5	2	5
1	2	1	6	4	5	6	3	6	1
3	4	3	2	3	1	7	2	5	4
2	5	1	6	4	2	3	1	3	2
7	6	2	3	5	1	5	4	5	4
4	5	1	4	6	4	2	1	3	1

::::: Puzzle (709) :::::

5	2	1	3	2	6	2	1	3	4
3	4	6	5	1	3	4	5	6	5
6	1	3	2	4	7	1	2	1	7
7	4	5	1	3	2	3	4	3	2
6	1	3	2	5	4	5	2	1	4
5	2	4	1	3	1	6	4	3	5
6	1	5	2	7	2	3	2	1	6
5	3	4	6	3	4	5	6	4	3
1	6	2	1	2	1	2	1	5	1
2	3	5	4	7	5	3	4	6	2

::::: Puzzle (710) :::::

6	5	2	7	4	3	6	2	4	5
1	4	3	5	1	2	1	7	3	1
2	6	2	4	6	3	6	2	6	4
5	3	5	3	2	1	4	5	1	5
1	4	1	7	5	6	3	7	4	2
3	2	5	2	4	7	5	1	3	1
4	6	3	7	1	2	4	2	6	5
3	1	2	4	5	3	6	5	1	7
6	5	7	1	6	4	1	2	3	2
3	1	2	4	2	5	3	4	6	1

::::: Puzzle (711) :::::

1	5	6	4	2	3	5	2	1	5
4	3	2	1	6	7	1	3	4	2
7	1	5	3	2	4	2	5	6	1
6	2	6	4	6	5	1	7	3	7
5	4	5	7	1	3	4	6	4	5
1	7	2	3	5	2	5	3	1	3
2	3	4	1	7	3	6	4	6	4
5	6	7	3	6	5	2	1	2	1
4	2	4	2	1	4	3	6	5	3
1	7	3	6	5	6	1	2	1	4

::::: Puzzle (712) :::::

3	2	3	2	1	3	4	1	4	5
4	1	5	4	5	2	5	6	2	3
5	2	6	1	7	1	7	3	4	6
3	1	3	5	4	6	4	2	5	1
4	5	6	7	3	1	3	1	4	2
2	1	2	1	2	5	6	7	3	7
4	5	4	3	4	7	3	5	6	5
1	2	6	1	5	1	2	1	2	4
6	3	5	3	2	3	4	6	3	1
5	7	1	4	5	1	7	2	4	2

::::: Puzzle (713) :::::

1	4	1	5	3	4	3	4	2	6
2	5	3	4	6	1	2	5	1	5
1	7	6	1	7	4	7	3	7	3
2	3	2	3	5	6	1	2	1	5
1	4	1	4	2	3	4	6	4	3
7	5	3	6	7	1	7	1	2	6
4	6	2	4	2	3	4	3	4	5
5	3	5	1	7	1	6	1	7	1
2	1	2	4	6	2	5	2	5	2
5	6	7	3	5	7	3	6	4	1

::::: Puzzle (714) :::::

6	4	1	6	2	5	3	1	4	2
1	7	5	7	3	1	2	5	7	6
6	3	2	1	5	4	7	6	4	3
1	5	4	3	2	3	5	3	2	1
3	6	2	1	4	1	2	4	5	4
4	5	3	5	2	5	3	1	2	1
3	2	7	1	7	4	2	4	3	6
1	5	4	5	3	5	1	6	7	5
2	6	2	1	6	4	2	4	1	3
1	3	4	3	2	1	7	3	5	2

::::: Puzzle (715) :::::

2	5	1	3	2	4	3	2	5	2
6	4	6	4	1	5	1	6	1	3
3	1	3	5	2	4	2	3	2	5
6	4	6	4	1	3	1	4	6	1
1	5	3	7	2	4	2	3	5	3
2	4	2	4	1	3	5	1	2	6
3	1	5	3	5	6	7	4	5	4
2	4	7	1	7	4	3	1	7	6
3	1	2	5	6	1	6	2	3	4
2	5	3	1	2	3	4	5	1	2

::::: Puzzle (716) :::::

1	2	5	2	1	3	2	3	2	1
3	6	1	4	5	4	1	4	6	7
1	2	3	7	6	2	5	3	1	2
4	5	1	4	3	1	4	2	6	3
1	2	6	2	5	2	5	1	4	1
7	4	5	1	4	3	4	6	2	5
5	2	3	6	2	1	5	3	4	3
6	7	1	5	4	3	6	2	1	5
3	5	4	3	2	7	1	5	3	2
6	1	2	1	5	3	4	2	1	4

::::: Puzzle (717) :::::

6	4	1	5	1	5	1	6	2	4
3	2	7	2	6	2	3	4	5	3
4	1	6	1	5	4	1	6	2	1
3	5	2	3	7	3	2	4	3	5
1	4	1	4	2	4	1	5	1	4
2	7	6	5	6	3	6	3	2	3
3	1	2	3	2	1	5	4	7	1
2	5	4	1	6	7	3	1	3	2
3	1	7	5	2	5	2	4	5	4
4	6	2	3	1	4	6	3	7	6

::::: Puzzle (718) :::::

3	1	2	4	6	4	3	7	5	1
5	4	5	3	1	2	1	2	6	2
2	7	2	4	5	7	3	4	1	4
1	4	3	6	3	6	1	6	3	5
3	5	1	2	1	2	5	4	7	2
1	2	4	5	3	4	3	2	1	4
6	5	3	6	1	2	1	6	3	2
3	1	4	7	4	5	3	5	1	7
4	2	6	3	2	7	1	2	3	4
5	1	7	1	4	6	3	5	1	2

::::: Puzzle (719) :::::

1	6	1	7	4	6	2	4	3	5
3	2	5	2	3	1	5	1	7	2
4	6	3	6	7	4	3	4	5	1
1	2	7	2	3	5	1	7	6	3
3	5	1	6	4	6	4	2	4	1
4	2	7	2	5	2	7	5	3	5
3	6	5	6	1	3	6	4	2	1
4	2	4	3	4	2	5	1	3	7
5	1	5	1	5	1	3	7	2	5
6	2	3	4	3	6	2	4	1	4

::::: Puzzle (720) :::::

5	6	1	2	3	7	2	1	4	6
1	2	4	5	4	1	4	3	2	3
3	6	3	7	3	5	2	1	4	5
2	5	2	1	2	1	3	7	3	1
3	1	4	7	6	4	5	4	6	2
6	7	6	2	5	3	1	2	3	1
1	3	4	1	4	2	6	5	6	2
4	2	7	5	3	5	3	4	3	7
6	1	4	1	7	6	2	1	5	2
5	2	3	6	4	1	5	3	4	1

::::: *Puzzle (721)* :::::

3	2	4	6	3	5	2	4	5	1
1	6	1	5	1	4	1	3	6	2
7	2	7	6	2	3	2	4	5	4
5	3	1	5	1	5	1	6	7	3
4	2	4	2	4	3	4	3	5	4
3	5	1	6	7	2	7	2	6	3
1	4	2	3	5	1	6	1	5	2
6	3	5	1	4	2	5	7	4	7
7	2	4	3	6	3	6	2	1	6
1	5	7	1	5	2	1	3	7	4

::::: *Puzzle (722)* :::::

5	3	1	3	6	5	2	5	2	1
2	7	5	4	1	3	7	4	3	4
6	3	1	2	6	2	6	2	1	5
1	4	5	4	7	4	1	7	4	3
3	6	1	6	2	5	3	5	6	2
1	2	4	5	3	6	1	2	3	4
4	5	7	6	1	2	5	4	5	1
2	3	1	2	3	7	1	3	2	6
5	6	5	6	4	5	4	6	7	1
3	1	4	2	1	2	1	3	4	3

::::: *Puzzle (723)* :::::

6	2	5	3	6	7	1	7	2	5
5	4	6	2	1	4	3	5	4	1
3	1	3	4	5	6	2	7	3	7
2	4	2	6	7	3	1	4	1	4
1	5	1	5	1	4	5	2	6	2
7	2	6	4	3	6	3	1	3	5
1	4	3	5	1	5	2	4	2	1
6	2	6	7	2	3	1	5	3	5
1	3	4	3	4	7	4	7	6	4
5	2	1	2	6	1	5	1	3	2

::::: *Puzzle (724)* :::::

3	5	1	2	3	5	3	4	2	5
4	7	4	6	1	6	2	7	1	6
2	5	1	2	4	5	4	6	5	3
7	3	6	3	1	2	1	2	4	1
5	2	1	5	4	3	5	3	5	2
6	4	6	7	6	1	4	1	4	1
5	3	5	4	2	7	2	3	2	3
1	7	2	1	6	1	4	1	5	4
4	6	3	5	3	5	3	2	3	2
3	2	7	4	1	2	4	1	7	6

::::: *Puzzle (725)* :::::

1	2	5	1	3	2	5	4	1	6
3	4	6	4	6	7	1	6	2	4
6	1	2	5	3	5	3	4	3	5
2	7	3	4	1	2	7	1	7	1
3	4	1	2	7	5	6	3	6	2
1	2	5	6	1	2	1	2	4	5
3	4	3	2	3	4	5	6	3	2
1	2	6	4	5	6	7	2	4	5
5	7	1	3	2	4	1	6	3	7
2	3	4	5	1	5	3	7	1	6

::::: *Puzzle (726)* :::::

1	2	1	5	1	5	7	6	5	1
6	3	4	7	3	6	2	1	2	4
4	2	1	2	1	4	7	4	7	3
1	5	3	4	6	2	3	5	6	2
3	4	6	1	5	7	1	2	1	3
5	1	2	3	4	3	4	3	4	2
2	7	5	1	5	2	5	7	1	5
3	4	6	2	3	4	1	2	4	7
7	2	1	4	1	5	3	5	1	6
1	3	7	6	3	2	6	4	3	2

::::: *Puzzle (727)* :::::

2	1	4	5	3	4	1	6	2	3
5	3	2	1	6	2	3	5	7	4
1	6	4	5	7	1	4	1	3	5
7	3	2	3	4	2	5	6	2	1
5	1	4	1	5	1	3	1	3	6
4	2	3	6	3	2	6	2	4	2
1	5	1	2	4	1	7	5	3	5
7	2	4	5	3	5	3	1	2	1
4	3	1	2	4	1	4	5	4	7
2	5	6	3	6	3	2	6	1	2

::::: *Puzzle (728)* :::::

2	4	6	2	3	4	1	5	3	1
3	5	1	4	1	5	3	2	4	2
1	6	3	5	2	6	7	1	3	5
2	4	2	1	4	3	4	6	4	6
1	5	3	5	6	2	7	3	1	5
4	7	4	1	3	5	4	2	4	7
2	1	2	5	4	2	3	6	1	2
3	5	6	3	1	6	1	2	3	6
2	4	7	5	2	4	3	5	1	4
3	1	3	1	6	1	2	4	3	2

::::: *Puzzle (729)* :::::

1	3	7	3	2	7	4	5	1	5
5	4	1	6	1	6	3	2	3	4
1	2	5	2	4	2	7	4	5	1
3	4	6	3	5	6	1	3	2	3
6	2	1	2	1	3	5	7	6	1
1	5	4	7	6	2	4	2	5	4
2	3	2	3	4	3	1	6	3	2
5	1	6	1	2	5	4	5	1	4
4	3	5	4	6	1	3	2	3	2
2	1	2	3	7	5	7	6	1	4

::::: *Puzzle (730)* :::::

2	1	2	3	1	4	2	4	1	3
4	6	7	4	7	3	1	5	6	2
1	5	2	3	2	5	2	4	3	5
3	7	4	1	6	1	6	7	1	6
2	5	2	5	3	5	2	5	3	7
1	6	3	7	1	6	1	4	6	2
3	5	1	5	4	2	5	2	5	4
7	6	4	2	1	3	4	3	6	3
1	3	7	3	4	6	1	2	4	1
4	2	4	2	1	5	3	6	5	7

::::: *Puzzle (731)* :::::

1	2	4	6	2	3	2	5	6	3
3	5	3	1	4	1	4	3	2	7
1	2	6	5	2	3	7	1	5	4
6	4	1	3	4	1	5	6	7	1
5	7	2	6	2	3	7	2	4	3
6	3	4	1	5	1	4	6	5	1
4	2	7	6	3	2	3	2	3	2
5	1	3	2	4	1	5	1	4	1
2	4	6	5	3	6	7	3	5	3
3	1	2	1	2	4	5	1	2	4

::::: *Puzzle (732)* :::::

3	6	5	4	6	3	5	2	4	5
4	1	3	1	2	1	4	7	3	1
5	7	4	6	3	7	6	1	2	6
2	3	5	1	2	5	3	4	3	4
1	4	2	7	3	4	7	2	5	2
2	5	1	5	6	2	5	1	3	1
1	6	3	2	1	4	3	6	4	5
4	2	1	4	7	5	2	5	2	3
3	5	3	6	3	4	1	3	4	6
2	1	4	2	1	6	5	2	1	7

::::: *Puzzle (733)* :::::

1	6	3	1	3	7	3	2	6	1
4	2	4	2	5	1	6	1	4	5
7	3	5	1	4	2	7	5	2	1
5	1	2	3	5	3	1	4	6	4
3	4	6	4	1	4	6	2	1	2
2	7	1	5	2	3	7	3	5	6
5	4	2	4	7	6	1	4	2	1
1	3	1	3	5	3	2	3	6	4
2	5	6	2	6	4	5	7	5	2
3	1	4	5	1	2	6	1	3	1

::::: *Puzzle (734)* :::::

5	6	4	1	7	3	4	3	5	1
3	2	5	3	6	5	6	7	2	6
1	4	1	4	2	4	1	5	3	1
2	3	7	6	1	6	7	2	4	2
7	5	2	3	2	4	1	3	1	6
2	1	4	5	1	5	2	5	4	7
5	6	7	3	4	6	1	6	3	2
4	3	1	2	5	7	3	7	5	4
6	7	5	3	6	4	6	4	2	3
1	2	4	2	1	5	3	1	6	5

::::: *Puzzle (735)* :::::

4	1	2	5	2	6	1	2	5	2
2	3	4	3	1	3	7	6	4	1
1	5	2	5	2	4	2	5	3	5
3	4	6	1	3	1	3	4	2	1
1	5	3	2	4	5	2	1	3	4
4	2	1	7	1	3	6	7	2	1
5	7	6	4	6	5	2	1	4	3
2	1	3	5	1	4	6	3	6	1
4	5	2	6	7	2	5	2	5	7
1	3	1	3	4	1	7	3	4	2

::::: *Puzzle (736)* :::::

1	7	1	4	1	3	5	7	6	2
3	6	3	5	6	2	4	2	4	1
2	1	2	1	7	1	6	3	5	2
5	4	7	3	5	2	4	7	4	3
1	3	1	4	6	1	3	5	2	1
2	4	5	2	3	5	4	1	3	4
3	6	7	4	6	1	6	2	5	2
2	5	1	5	3	2	7	1	6	1
3	4	7	6	1	4	5	3	5	4
2	5	1	4	2	3	1	6	2	3

::::: *Puzzle (737)* :::::

2	1	3	5	3	1	5	3	2	3
3	4	7	2	6	2	4	1	5	1
1	5	6	1	4	7	3	2	6	2
4	3	2	7	2	1	5	1	3	4
2	6	4	1	3	7	3	4	2	1
5	1	5	2	5	1	6	5	7	3
2	4	3	6	4	2	4	2	6	1
3	1	2	5	3	6	3	5	3	4
6	4	7	1	2	4	1	6	2	7
2	1	3	4	7	5	3	4	1	5

::::: *Puzzle (738)* :::::

4	7	6	2	5	1	3	1	2	4
1	2	4	3	7	4	6	7	5	3
5	3	6	1	2	5	2	1	2	1
2	4	5	4	3	6	3	4	3	4
6	1	6	1	2	1	7	6	5	1
3	5	4	7	3	6	5	4	2	3
1	2	3	2	5	2	1	6	1	7
5	4	1	6	1	6	7	3	4	2
2	7	5	3	7	4	1	2	1	5
3	4	2	6	1	2	5	3	4	3

::::: *Puzzle (739)* :::::

3	1	5	1	2	1	2	3	5	1
4	2	3	6	5	4	6	1	4	2
5	7	4	7	3	7	2	7	3	1
4	2	6	1	2	1	5	6	2	4
3	5	3	4	6	7	3	4	3	6
2	1	2	5	3	1	5	2	5	1
4	5	3	7	4	2	6	3	4	6
7	6	4	1	3	5	4	1	7	2
2	3	2	6	2	1	7	3	5	3
1	5	7	1	3	5	2	1	6	4

::::: *Puzzle (740)* :::::

5	2	1	4	1	4	7	3	5	2
3	6	5	7	5	2	1	6	1	3
5	2	3	2	6	4	5	2	4	2
1	4	1	4	1	7	3	1	3	6
5	6	5	7	3	2	6	4	5	4
7	1	3	6	4	1	3	2	7	1
4	2	4	5	7	5	7	6	3	2
6	5	3	1	6	4	3	1	4	1
2	7	4	2	5	2	5	2	5	6
3	1	3	6	1	4	3	6	3	2

:::: Puzzle (741) ::::

1	6	5	1	4	7	1	2	6	7
3	2	4	7	5	3	6	5	1	4
1	5	3	2	1	7	4	3	6	5
4	7	1	4	6	2	5	2	7	3
5	3	2	3	1	4	7	3	4	2
6	4	1	5	2	3	6	2	6	1
2	3	6	3	4	5	4	5	4	2
4	1	5	1	6	2	1	3	7	1
5	3	6	3	5	3	4	2	5	2
1	2	4	2	1	2	1	6	1	3

:::: Puzzle (742) ::::

1	4	2	3	1	3	5	4	1	5
2	3	1	4	6	2	6	3	7	6
1	7	2	3	5	3	5	1	4	2
5	6	5	1	4	2	4	3	5	1
4	3	4	2	3	7	1	2	6	2
6	5	1	6	1	5	4	5	4	3
7	3	2	4	2	7	3	2	6	1
2	6	5	1	5	1	4	1	5	2
5	4	7	3	4	2	3	7	6	7
6	3	1	2	7	1	6	2	4	3

:::: Puzzle (743) ::::

2	5	2	1	5	1	6	7	6	4
1	3	6	4	3	2	5	4	5	1
5	2	1	7	6	4	1	3	7	2
7	3	4	2	1	2	6	2	1	4
6	5	7	3	5	3	1	3	6	5
1	3	4	2	1	7	6	5	1	2
2	6	1	3	5	2	4	2	6	4
4	3	4	2	4	1	3	5	1	3
2	1	6	3	5	6	2	4	7	6
3	7	5	4	2	3	1	3	1	5

:::: Puzzle (744) ::::

4	1	3	5	4	3	2	7	1	2
3	5	4	2	7	6	1	6	5	6
2	6	1	6	3	5	2	4	1	3
5	4	3	2	1	4	1	3	7	5
1	2	5	4	3	2	6	5	6	4
6	4	3	1	5	1	7	2	7	1
2	7	5	4	7	3	4	5	6	4
3	1	3	2	5	2	1	2	7	3
5	4	6	4	3	7	6	3	4	2
1	3	2	5	6	1	2	5	6	1

:::: Puzzle (745) ::::

4	2	5	1	5	6	4	1	3	1
3	1	4	2	3	2	3	2	5	4
6	5	3	1	6	5	6	4	3	6
4	1	2	5	4	2	3	1	2	5
3	5	4	1	6	1	5	6	3	6
2	6	3	2	5	3	2	1	2	1
4	7	1	4	1	4	5	4	5	4
3	2	3	2	7	2	6	3	7	6
5	4	6	4	6	3	5	4	2	5
6	1	5	1	2	1	2	1	3	1

:::: Puzzle (746) ::::

6	4	2	4	2	3	5	1	4	2
5	1	6	1	7	1	7	3	5	3
3	7	2	5	3	4	5	6	2	1
6	5	4	6	2	7	2	4	5	4
1	2	7	3	1	6	3	1	2	1
4	6	1	5	4	7	5	4	7	6
5	2	4	3	2	6	1	3	5	2
7	3	6	1	4	5	2	6	1	3
6	4	2	5	2	1	4	5	2	4
1	3	7	1	3	5	3	1	3	1

:::: Puzzle (747) ::::

3	2	5	4	2	4	5	1	3	1
4	7	3	1	6	1	2	6	2	4
1	6	4	2	3	5	7	5	3	5
5	3	5	1	4	1	3	6	1	2
4	1	2	6	2	6	2	4	3	5
2	3	4	5	7	4	1	5	7	1
6	5	1	3	1	2	3	2	6	4
4	3	2	4	5	6	4	1	3	2
5	1	6	1	2	3	7	5	4	5
3	7	2	3	6	1	2	3	7	1

:::: Puzzle (748) ::::

7	6	3	4	1	6	5	3	6	2
4	1	7	5	2	4	2	7	1	3
3	2	3	6	3	1	3	4	5	4
5	1	5	2	4	5	6	1	6	1
6	3	4	1	6	2	3	2	5	3
4	5	7	2	3	5	6	1	4	2
2	1	6	1	4	2	4	5	7	6
5	4	2	3	6	7	1	3	1	5
1	3	5	7	2	3	6	2	4	2
5	2	6	4	5	1	4	7	3	1

:::: Puzzle (749) ::::

2	5	4	6	2	7	3	6	1	4
1	3	1	3	4	1	5	2	5	2
7	5	2	7	6	2	3	6	4	1
3	1	3	5	3	5	4	5	3	2
2	4	6	1	6	2	1	2	1	4
1	3	2	5	4	3	4	3	5	3
4	5	4	6	7	6	2	7	4	1
1	3	2	3	1	4	5	3	6	5
2	5	4	7	6	2	1	4	1	3
7	6	1	3	1	4	5	2	5	2

:::: Puzzle (750) ::::

3	5	2	6	7	5	6	1	5	3
1	4	3	1	3	4	3	4	2	4
2	5	6	2	5	6	2	1	6	5
4	1	3	4	3	1	5	3	2	3
6	5	2	6	2	7	6	7	5	1
2	1	4	5	1	4	1	4	2	4
3	7	2	3	2	5	3	6	3	7
1	6	4	7	4	6	2	1	5	6
5	2	1	2	1	3	4	6	4	1
1	3	4	5	4	7	2	7	3	5

:::: Puzzle (751) ::::

3	2	1	6	2	4	2	7	3	4
4	7	5	4	7	1	5	1	6	1
2	3	6	1	3	6	7	3	4	2
5	7	4	2	5	1	2	5	1	5
4	2	5	6	4	6	4	3	2	3
6	1	7	3	1	3	5	1	6	4
2	3	5	6	5	4	6	4	3	5
7	1	2	1	3	1	5	2	1	2
5	4	3	4	6	2	4	3	4	5
3	1	2	5	7	3	1	2	1	2

:::: Puzzle (752) ::::

4	5	7	2	1	2	3	5	4	1
6	3	1	5	3	6	7	6	3	2
1	5	6	7	1	5	4	5	7	6
4	7	3	2	4	2	3	1	2	1
2	1	4	7	6	1	5	6	4	3
6	5	2	3	2	7	4	3	2	1
1	7	4	1	4	1	2	5	6	4
5	2	3	5	3	7	6	7	3	1
1	4	1	2	4	2	3	5	4	5
2	6	3	6	7	5	4	1	3	2

:::: Puzzle (753) ::::

7	5	2	1	6	3	4	1	7	5
4	1	3	4	2	1	6	2	3	6
5	2	6	1	7	5	3	4	7	5
6	1	5	3	2	4	6	2	1	3
3	4	2	6	1	3	7	3	5	6
1	5	1	4	5	2	4	1	4	2
3	2	6	2	7	3	6	5	3	7
1	5	1	3	1	4	1	2	6	1
4	6	4	5	2	5	6	3	4	7
3	2	1	7	4	3	2	1	5	2

:::: Puzzle (754) ::::

4	2	5	1	6	2	3	4	5	1
1	6	3	2	5	1	5	1	6	4
3	7	1	4	6	7	6	3	2	3
1	2	3	2	3	1	2	4	7	1
5	6	1	4	5	4	7	1	3	2
1	4	2	3	7	3	5	4	7	4
2	3	1	4	2	6	1	6	1	5
4	5	6	5	3	7	2	5	3	6
3	1	2	1	2	6	4	1	2	7
4	6	5	3	4	5	2	5	3	4

:::: Puzzle (755) ::::

2	1	6	3	5	2	3	1	4	2
7	4	2	4	1	6	4	2	3	6
5	1	5	3	5	2	7	6	5	1
6	3	6	1	4	3	5	1	3	2
2	1	2	7	5	2	4	2	4	1
7	4	3	4	3	1	3	1	5	3
1	6	1	6	5	6	4	7	4	2
5	3	2	3	4	1	2	6	5	1
4	1	5	7	6	5	3	4	3	4
2	3	2	1	3	4	2	1	2	1

:::: Puzzle (756) ::::

2	5	4	7	1	5	4	7	6	4
3	1	6	2	6	3	2	1	5	1
6	4	7	3	5	1	4	6	2	3
7	3	1	2	4	2	7	3	4	1
5	2	5	3	1	5	4	6	2	5
1	6	1	2	4	2	3	5	1	3
3	5	4	7	6	7	4	6	7	2
2	1	2	3	1	3	2	1	5	4
3	5	6	4	5	4	7	4	3	6
2	1	3	1	7	1	3	6	5	2

:::: Puzzle (757) ::::

2	1	5	1	7	2	6	2	4	1
5	4	2	6	3	4	3	5	6	3
3	1	3	1	2	6	2	7	4	1
4	5	4	5	3	4	5	1	3	6
1	6	3	1	2	1	3	6	5	2
2	4	5	6	7	5	2	4	3	1
7	1	2	4	1	6	3	7	2	4
2	3	7	3	5	2	5	1	3	1
4	1	2	1	4	3	6	4	2	4
5	3	7	6	7	2	5	3	6	1

:::: Puzzle (758) ::::

5	3	6	1	2	6	4	1	4	3
2	1	2	3	4	1	3	5	2	5
4	7	4	5	2	5	2	1	4	3
1	5	1	6	1	3	4	6	5	7
2	3	4	2	5	2	1	2	4	1
1	6	5	7	1	4	3	5	3	2
4	3	1	3	5	2	1	2	6	5
1	2	4	6	1	7	3	4	1	3
5	3	5	7	2	6	5	6	2	4
6	4	2	1	3	1	3	4	5	1

:::: Puzzle (759) ::::

2	5	2	1	3	4	5	4	2	5
3	1	4	6	7	6	3	1	3	1
6	7	2	3	1	5	4	2	4	2
1	4	6	7	4	2	3	5	3	1
3	5	3	1	6	1	4	1	7	6
2	4	2	5	3	5	3	2	4	2
7	1	3	1	2	1	4	1	6	3
4	5	4	5	6	5	2	3	5	1
2	6	2	1	2	3	6	4	2	4
5	1	3	5	4	7	5	1	3	1

:::: Puzzle (760) ::::

4	2	1	3	6	7	4	5	2	1
3	5	6	5	2	1	3	6	4	3
2	4	3	1	4	7	2	1	2	5
3	1	6	2	5	1	5	4	3	4
5	2	4	3	4	3	2	1	7	1
7	3	1	6	5	1	6	5	2	5
4	5	4	7	2	3	2	1	4	6
2	1	2	3	6	5	4	3	5	3
6	3	5	4	1	3	7	2	4	2
1	2	1	6	2	5	1	6	1	3

::::: Puzzle (761) :::::

2	3	1	7	3	2	4	3	2	1
5	4	6	2	1	7	6	5	4	6
3	2	1	4	5	3	1	3	1	2
1	5	3	2	1	7	6	4	7	5
2	7	4	6	5	2	3	5	3	2
1	6	5	1	4	1	4	7	6	1
3	4	3	2	3	6	3	5	2	4
6	5	7	1	7	4	1	4	3	1
1	2	4	2	3	2	5	2	7	4
3	5	7	6	4	1	6	3	5	2

::::: Puzzle (762) :::::

6	5	3	2	6	1	4	5	4	1
7	2	4	1	4	7	6	1	3	2
6	1	3	6	5	3	4	2	5	6
2	5	7	2	1	2	1	6	3	2
3	1	3	6	4	3	5	7	4	1
5	2	5	2	7	1	4	1	3	5
4	1	4	3	4	5	3	2	4	1
3	2	6	1	2	1	4	5	3	5
4	5	4	5	7	5	2	1	6	2
1	6	7	2	3	1	6	3	4	3

::::: Puzzle (763) :::::

3	2	1	4	3	6	5	1	3	7
1	5	6	5	2	7	2	6	4	2
4	3	1	4	3	5	1	5	1	3
5	6	2	7	1	4	3	4	2	4
1	3	5	6	2	5	2	1	6	1
5	2	1	4	3	4	3	5	3	2
6	3	6	2	6	1	2	4	7	1
2	4	5	4	7	4	6	5	6	3
1	3	1	3	2	1	7	3	2	1
7	5	4	5	6	4	2	1	4	5

::::: Puzzle (764) :::::

3	1	4	1	5	4	2	3	5	1
7	6	2	6	2	6	5	4	6	2
3	5	4	3	5	3	1	3	7	1
1	6	2	7	1	4	2	6	5	2
4	5	4	5	2	3	7	1	3	1
2	6	2	6	4	6	4	5	4	7
7	1	4	7	5	1	2	1	6	1
5	6	3	1	3	4	3	7	2	5
3	1	2	7	2	5	1	6	1	7
4	6	3	5	1	3	2	4	3	2

::::: Puzzle (765) :::::

1	4	5	2	6	4	1	2	5	4
3	2	3	1	5	3	7	4	1	3
1	4	7	6	2	6	2	3	2	6
5	3	1	5	4	7	5	1	7	5
2	6	2	3	1	6	3	2	3	1
3	4	1	5	4	5	4	6	7	5
6	2	6	7	6	2	1	2	1	6
4	3	4	5	3	4	7	5	4	2
1	5	6	2	1	6	3	6	3	5
7	3	4	3	5	2	1	4	2	1

::::: Puzzle (766) :::::

6	7	2	3	2	4	5	7	1	7
4	5	1	5	1	3	2	4	6	3
1	3	6	2	6	4	1	3	5	4
4	5	7	4	5	3	2	6	1	2
1	6	2	3	1	6	5	7	3	6
3	5	4	7	2	3	2	1	2	1
2	1	2	1	5	7	4	3	5	4
3	6	5	4	3	1	6	2	1	3
2	4	7	1	5	2	4	3	6	5
1	3	2	3	4	6	1	7	2	4

::::: Puzzle (767) :::::

1	7	1	3	4	6	1	5	4	6
4	3	2	6	2	7	4	2	3	1
2	1	5	4	3	6	3	5	4	2
5	4	2	1	7	4	1	2	3	6
6	3	6	5	2	5	3	6	7	1
4	5	1	4	3	1	2	1	5	3
3	7	6	2	5	4	3	7	4	2
5	1	5	1	3	1	2	6	1	5
7	6	4	2	6	4	3	5	2	7
2	1	5	3	5	2	1	6	3	4

::::: Puzzle (768) :::::

1	5	1	3	2	1	2	5	4	7
3	2	4	7	6	3	6	3	6	1
4	1	3	2	4	2	5	4	7	2
2	5	4	1	3	1	3	6	1	4
3	1	3	7	5	2	5	7	3	2
2	5	2	1	4	6	3	2	5	7
1	4	3	5	2	7	4	7	1	6
2	5	6	4	1	3	1	3	2	4
3	4	2	3	7	5	6	5	1	6
1	5	6	5	6	2	1	4	3	4

::::: Puzzle (769) :::::

4	2	7	5	1	4	1	3	2	5
3	1	3	2	3	6	2	5	7	3
6	7	4	5	7	1	4	6	4	1
5	1	6	1	6	5	2	1	2	6
4	2	4	3	7	3	4	3	7	3
3	6	1	5	4	5	2	1	5	2
1	2	4	3	1	6	7	3	6	4
5	3	6	2	5	2	1	4	2	1
2	4	7	1	4	7	3	6	5	3
1	6	5	3	2	5	2	1	4	6

::::: Puzzle (770) :::::

3	6	5	7	4	2	1	3	5	1
1	4	2	6	1	5	6	2	7	2
5	6	3	5	3	4	3	4	5	4
2	7	1	4	7	5	2	1	2	3
3	4	2	5	2	1	7	3	6	5
6	1	3	7	4	6	4	2	1	3
5	2	6	1	5	3	7	6	4	2
1	3	7	2	4	2	5	1	3	1
4	5	1	3	6	3	4	2	7	5
6	3	7	4	1	2	1	5	4	6

::::: Puzzle (771) :::::

1	5	7	4	3	2	6	4	3	1
4	3	6	1	5	1	5	7	6	2
1	5	4	2	6	4	3	4	1	4
2	7	3	1	3	1	2	6	3	2
5	4	5	2	5	6	4	5	7	5
3	1	3	4	1	3	1	2	1	3
4	2	5	2	6	2	7	6	5	4
5	3	6	7	3	1	5	1	3	7
4	2	1	4	6	2	4	2	4	2
1	6	5	2	3	7	6	5	1	3

::::: Puzzle (772) :::::

5	6	1	3	2	4	3	6	4	2
4	3	7	4	1	7	2	1	3	1
6	5	6	3	2	4	5	6	2	4
1	2	1	4	1	7	1	3	5	3
5	7	5	2	3	5	4	2	4	2
3	4	3	6	1	7	1	5	3	1
6	1	2	5	4	5	3	4	2	4
5	7	6	1	2	1	2	5	3	1
2	3	4	3	6	4	3	1	2	6
4	1	2	5	7	1	2	4	5	3

::::: Puzzle (773) :::::

4	1	2	3	7	3	1	2	1	6
3	6	5	1	5	2	4	7	5	3
4	2	3	2	4	6	5	3	1	6
1	5	4	5	3	1	4	6	4	2
6	2	1	2	4	2	5	2	1	6
3	5	4	7	1	3	6	3	5	4
4	6	1	3	5	2	4	1	2	1
2	7	2	6	1	3	5	6	7	3
4	3	5	3	2	7	2	4	2	4
1	2	1	4	5	1	5	3	1	3

::::: Puzzle (774) :::::

4	1	5	4	1	3	2	1	5	3
3	2	3	6	2	6	4	3	4	7
4	5	1	4	1	5	1	7	2	6
7	2	6	5	2	3	4	6	3	5
3	5	1	7	1	7	2	5	4	1
1	4	6	4	2	3	1	3	6	2
2	3	1	7	6	4	6	7	1	3
5	4	5	4	2	5	1	3	6	5
2	1	2	1	3	4	6	5	2	4
6	3	5	7	2	1	2	4	3	1

::::: Puzzle (775) :::::

1	3	2	3	6	5	1	4	2	3
2	5	4	5	4	7	6	3	5	1
3	1	6	7	2	3	4	7	2	6
6	4	3	1	4	1	2	6	1	4
5	2	6	5	2	5	3	5	3	5
6	4	1	3	1	4	1	2	7	6
1	7	5	6	2	3	6	3	1	4
4	3	2	1	4	7	2	5	6	2
2	5	4	5	2	5	4	7	4	1
1	3	1	3	6	1	2	3	5	7

::::: Puzzle (776) :::::

4	5	7	5	2	1	3	1	3	1
2	3	2	1	3	4	6	2	6	4
5	4	7	6	5	2	1	3	7	5
6	2	5	1	7	4	7	4	2	3
1	4	3	4	6	1	3	5	1	5
3	7	6	1	2	5	4	2	4	2
5	1	2	3	6	3	1	6	3	1
6	4	5	4	5	2	5	4	2	7
2	3	1	2	1	6	1	3	6	1
1	7	4	3	5	3	7	4	2	5

::::: Puzzle (777) :::::

3	4	6	1	6	3	5	3	4	1
7	1	5	3	2	4	1	2	5	2
2	4	6	7	5	6	5	4	3	1
5	1	2	1	3	2	3	7	2	4
2	6	3	5	4	1	5	1	6	5
1	4	7	1	6	2	4	3	4	2
3	2	3	5	7	5	1	2	6	1
7	4	6	1	4	2	6	7	4	3
3	2	5	3	5	3	1	5	1	5
4	6	1	4	2	4	7	2	6	3

::::: Puzzle (778) :::::

5	2	4	1	3	4	2	1	4	2
3	1	5	2	5	1	3	5	7	6
7	6	3	4	6	7	4	6	4	3
4	2	5	2	3	1	2	1	2	7
3	1	4	1	4	6	5	3	5	3
2	5	3	7	3	1	4	7	1	4
6	1	4	1	2	6	2	3	2	6
4	3	2	7	3	1	5	1	5	4
5	6	4	1	5	2	4	2	3	7
1	3	2	3	4	7	6	5	1	2

::::: Puzzle (779) :::::

2	4	6	3	1	5	6	3	2	1
3	5	1	5	4	2	7	1	5	3
4	7	4	6	3	1	4	6	4	6
3	2	3	1	5	2	7	1	5	2
1	5	7	2	6	3	4	2	4	6
7	6	1	4	5	2	7	1	3	1
3	5	3	2	1	6	5	4	5	7
6	4	1	4	3	2	1	3	2	3
3	2	6	5	1	4	5	6	1	5
5	4	1	7	2	6	2	3	2	4

::::: Puzzle (780) :::::

5	2	6	4	6	2	3	6	5	3
4	1	7	5	1	7	1	4	2	1
3	6	4	2	3	2	6	5	7	4
5	1	5	6	7	1	3	4	1	2
3	4	2	1	3	4	6	2	3	5
2	6	3	7	5	1	7	5	7	1
7	5	4	1	4	3	2	1	3	2
3	2	3	5	7	5	7	6	4	6
1	6	1	2	4	3	4	2	7	3
2	7	4	6	5	1	6	1	5	4

::::: Puzzle (781) :::::

7	3	4	1	2	5	4	3	6	1
2	6	2	6	4	3	6	2	4	2
7	1	3	1	2	7	5	3	5	6
4	5	4	5	4	1	6	1	7	1
1	6	2	3	6	2	5	2	3	2
2	3	7	5	1	4	3	7	1	4
1	5	4	2	3	2	1	6	5	3
4	3	6	1	6	5	3	4	7	2
2	1	2	5	3	4	6	2	6	5
3	4	3	1	7	1	5	4	3	1

::::: Puzzle (782) :::::

4	3	1	4	1	7	4	6	1	5
2	6	2	3	2	5	2	3	4	7
1	5	4	5	4	3	4	6	2	3
4	7	1	3	2	6	1	5	7	5
2	6	2	6	1	4	2	3	4	2
5	3	1	3	5	6	1	6	1	6
6	2	5	4	1	3	5	3	2	3
3	4	1	2	5	7	2	4	5	1
1	2	3	6	4	6	1	6	2	4
3	4	1	2	5	3	4	3	5	1

::::: Puzzle (783) :::::

4	2	5	1	3	1	2	4	5	6
3	1	7	2	4	5	6	1	7	3
6	2	4	1	7	3	2	3	5	2
3	1	5	3	4	5	1	7	1	4
2	6	4	2	1	2	3	6	3	6
5	1	5	7	3	4	5	4	2	4
4	3	2	4	2	6	3	6	3	6
6	1	6	1	5	7	1	2	5	1
5	4	3	4	2	6	4	7	4	7
3	2	1	7	1	5	2	3	5	1

::::: Puzzle (784) :::::

1	6	4	7	5	2	1	5	3	2
5	2	3	6	1	4	3	4	1	5
4	1	4	2	3	7	1	7	3	6
3	7	5	7	1	5	2	6	5	1
2	6	2	6	2	3	7	3	2	4
4	5	1	4	1	6	1	5	7	6
3	2	7	2	5	2	3	4	3	4
1	5	3	1	6	4	6	1	2	1
4	2	4	5	3	5	3	5	6	3
3	5	1	6	1	4	2	1	2	4

::::: Puzzle (785) :::::

3	4	1	5	1	6	5	7	2	3
2	6	2	3	2	4	1	6	1	4
5	3	4	6	5	6	3	4	2	3
4	1	2	3	2	1	5	1	5	1
2	3	4	7	4	7	6	2	3	2
1	5	6	5	1	3	1	7	1	4
2	7	3	4	2	6	2	4	2	5
3	1	2	1	3	1	5	3	6	3
5	4	7	5	4	2	7	4	5	2
1	2	1	3	6	3	6	1	3	1

::::: Puzzle (786) :::::

1	2	6	5	4	1	2	3	7	4
3	4	1	7	2	6	4	5	1	2
2	5	2	5	1	3	7	6	3	5
1	6	1	3	2	5	4	1	7	6
2	3	4	5	7	3	2	3	4	1
4	6	1	2	6	1	4	1	5	3
1	5	4	5	3	7	3	6	7	2
2	3	7	2	1	2	5	2	4	1
5	4	6	5	6	3	4	1	5	7
1	3	2	4	1	5	6	3	2	4

::::: Puzzle (787) :::::

1	4	6	3	5	2	3	5	1	4
3	5	1	2	1	6	4	2	7	6
2	6	4	5	7	2	1	3	1	2
1	3	1	2	6	5	4	5	6	4
5	7	5	3	4	3	2	3	1	5
6	4	2	7	5	1	4	6	4	3
1	5	6	1	6	2	3	1	2	5
4	2	4	3	7	1	4	5	3	4
3	6	5	6	4	5	7	2	1	2
1	4	3	2	3	2	1	3	5	6

::::: Puzzle (788) :::::

5	3	2	6	7	1	3	1	2	1
1	4	5	4	5	2	4	5	7	5
3	2	1	3	1	3	1	3	4	3
6	5	4	2	5	6	4	2	6	1
2	1	6	1	4	1	5	3	4	5
4	3	7	3	2	6	7	2	6	1
2	6	2	4	7	3	5	4	5	4
1	3	1	5	2	1	2	3	7	1
4	6	7	4	3	6	5	4	2	4
2	1	3	5	1	7	2	3	5	1

::::: Puzzle (789) :::::

4	3	1	3	2	1	5	3	4	1
7	2	4	6	4	3	2	1	6	7
1	6	1	3	1	5	4	3	2	5
4	2	5	2	4	2	1	5	1	3
3	6	4	1	6	5	7	3	6	4
5	1	2	5	2	1	4	1	7	2
2	4	3	4	3	6	2	5	4	5
1	5	1	6	5	7	4	1	3	6
3	7	2	4	3	6	2	7	5	1
5	6	1	6	2	1	3	4	2	3

::::: Puzzle (790) :::::

5	2	1	5	4	3	2	1	4	2
1	3	4	3	6	1	5	3	5	1
4	5	2	1	4	2	6	1	6	2
1	3	4	6	3	1	5	7	5	3
2	6	5	2	5	7	2	3	1	4
1	4	1	3	4	6	4	6	2	5
3	2	5	6	2	3	1	3	1	6
4	6	4	3	1	4	5	2	5	3
1	5	2	7	6	7	1	3	1	4
6	3	1	4	5	2	4	2	5	2

::::: Puzzle (791) :::::

5	1	3	2	1	3	6	3	2	5
3	2	7	6	4	2	4	7	4	1
4	6	3	2	1	5	6	2	3	7
1	5	4	5	6	3	1	4	5	1
4	7	1	3	4	2	5	6	2	7
5	2	6	2	1	6	1	3	4	1
6	7	1	4	3	5	4	5	2	3
5	4	2	5	7	1	2	6	1	4
3	1	3	4	3	5	3	4	3	5
2	7	2	1	6	7	2	1	6	1

::::: Puzzle (792) :::::

3	1	2	1	2	3	5	4	3	2
2	4	5	7	4	6	2	6	7	1
1	3	2	1	5	3	1	5	2	4
5	4	6	3	4	7	2	3	1	3
3	7	1	5	1	6	1	5	4	6
4	2	6	2	7	5	3	2	3	5
6	1	4	3	4	1	4	1	4	1
2	5	2	5	2	3	2	7	5	6
3	4	3	1	7	1	4	6	2	1
5	6	2	5	3	6	7	1	4	5

::::: Puzzle (793) :::::

1	2	4	5	1	3	5	2	4	6
7	6	1	7	6	2	4	3	5	3
5	2	3	4	3	1	6	2	1	4
6	4	1	2	5	2	5	4	6	5
5	3	6	7	1	7	3	1	3	2
7	1	4	3	6	4	2	5	7	1
2	3	6	1	2	1	3	4	2	3
5	7	2	4	5	4	6	1	5	1
2	6	1	3	1	2	7	3	6	4
3	5	4	2	7	4	5	1	2	3

::::: Puzzle (794) :::::

3	2	1	7	3	5	1	2	4	1
6	4	5	2	1	2	4	3	6	3
3	1	6	4	5	3	6	5	7	1
5	4	2	3	2	1	2	3	2	4
1	6	5	1	4	6	5	4	1	5
2	7	3	2	5	2	7	2	3	7
3	4	5	1	3	1	3	5	1	6
6	1	6	4	5	4	2	7	3	2
3	4	2	1	3	1	3	4	6	4
1	5	3	6	2	4	2	1	2	1

::::: Puzzle (795) :::::

2	4	7	5	6	1	3	4	2	4
5	3	6	3	4	2	6	5	1	3
7	2	1	2	7	1	7	3	4	2
1	6	7	5	3	5	6	2	6	1
4	3	4	1	6	7	4	1	3	5
5	1	2	3	2	1	2	5	4	1
4	7	4	1	4	5	3	1	2	7
2	6	3	2	6	1	7	5	6	3
3	5	1	5	4	3	2	1	2	1
1	4	2	3	7	5	6	3	4	5

::::: Puzzle (796) :::::

5	3	4	2	6	1	5	3	1	2
1	6	5	1	4	7	6	2	7	3
2	3	4	3	6	2	1	3	1	2
5	1	7	2	7	4	5	4	6	5
2	4	5	6	5	1	2	3	1	3
7	1	2	4	3	6	4	6	2	4
3	6	3	6	2	1	2	3	7	1
4	2	7	1	5	7	5	1	5	3
6	5	4	3	4	6	4	6	4	2
1	7	1	2	1	3	2	1	3	5

::::: Puzzle (797) :::::

3	2	5	4	3	4	1	5	4	5
5	6	3	1	6	2	6	2	1	6
7	1	2	4	5	3	1	7	4	2
6	5	7	3	1	4	6	2	5	3
3	4	1	2	6	2	1	4	1	7
2	7	3	4	1	5	3	6	3	2
6	5	1	5	3	6	7	2	7	4
1	4	3	2	1	2	4	1	6	5
5	2	1	5	3	5	3	2	3	1
3	6	7	4	2	4	1	4	5	4

::::: Puzzle (798) :::::

5	7	1	6	3	4	6	2	3	4
1	3	2	4	2	1	5	1	5	6
2	4	1	5	6	3	6	7	3	2
1	5	3	4	1	2	5	2	4	1
2	4	7	2	3	6	1	3	5	3
3	6	3	1	4	2	5	4	1	2
4	2	5	2	5	6	3	6	7	4
5	7	4	1	3	7	4	1	2	6
3	1	3	2	5	6	2	3	4	1
5	6	4	1	4	1	7	6	2	5

::::: Puzzle (799) :::::

2	3	1	6	1	3	2	5	1	4
1	5	4	5	4	7	4	3	2	3
3	2	3	2	3	2	1	7	4	5
6	4	1	5	6	7	3	2	1	2
2	3	7	2	4	5	1	7	5	6
1	5	6	3	1	3	4	6	3	1
3	4	1	4	5	2	7	1	2	6
1	5	2	7	1	6	4	5	7	1
6	7	4	6	4	3	2	6	2	4
3	2	1	3	2	5	1	5	1	3

::::: Puzzle (800) :::::

5	3	5	2	6	4	3	2	3	1
4	6	1	4	1	2	1	5	4	2
3	2	3	2	7	6	3	7	3	1
1	4	1	5	4	5	4	1	5	2
6	2	6	3	2	3	6	2	4	1
1	4	5	1	5	1	4	3	5	7
5	3	2	4	2	3	6	1	4	6
2	1	7	3	6	7	5	3	2	5
6	4	2	4	5	4	2	1	4	1
3	1	5	3	6	1	3	6	5	2

::::: *Puzzle (801)* :::::

4	5	6	3	2	3	2	1	4	1
1	3	2	1	7	1	4	5	3	5
6	5	4	6	4	3	6	2	1	2
4	2	1	2	5	2	7	3	6	3
5	3	5	3	4	6	5	1	4	5
4	2	1	6	5	7	4	6	7	2
1	3	4	2	1	3	5	2	1	4
2	5	1	3	7	4	6	4	5	3
6	7	2	5	2	3	5	1	2	1
2	3	1	3	4	1	6	4	7	3

::::: *Puzzle (802)* :::::

4	1	6	3	6	3	2	1	2	1
3	7	2	7	4	1	5	4	3	4
1	5	1	5	3	2	3	2	5	1
4	2	3	2	1	5	7	1	3	4
3	5	1	4	3	6	2	6	5	6
7	4	2	7	5	1	3	4	2	3
6	3	6	1	2	7	2	1	5	1
2	4	7	4	5	3	5	3	4	2
5	6	2	3	2	1	2	1	7	5
1	3	5	1	4	6	7	4	6	1

::::: *Puzzle (803)* :::::

4	1	4	2	3	1	5	6	4	1
5	2	3	1	6	2	4	1	5	3
3	1	6	7	3	5	3	2	6	2
2	7	2	1	2	4	6	1	5	7
4	6	3	5	3	5	7	2	3	2
5	1	2	4	6	4	3	5	4	6
3	4	7	3	1	7	6	7	1	3
1	5	6	2	5	4	2	3	2	4
2	3	1	4	3	6	7	1	5	1
1	4	5	6	2	1	2	3	4	6

::::: *Puzzle (804)* :::::

1	7	1	6	2	3	7	6	2	1
5	4	2	3	5	1	4	1	4	3
2	7	5	6	4	3	6	3	2	1
6	3	2	1	5	1	5	4	5	3
2	1	5	3	2	4	7	6	2	1
4	3	4	6	1	5	2	3	5	7
5	2	1	2	4	3	4	6	4	2
7	4	6	3	1	5	1	7	1	6
5	3	2	5	6	3	2	5	4	2
6	7	4	1	2	4	1	3	1	3

::::: *Puzzle (805)* :::::

2	5	2	5	1	4	2	4	1	3
3	1	7	4	6	3	6	5	2	4
2	4	3	1	5	1	7	3	1	6
3	5	2	4	6	3	2	6	7	4
1	6	1	5	2	4	7	3	5	2
4	2	3	4	7	1	2	1	7	3
1	6	1	2	3	6	4	3	6	1
4	2	4	7	1	5	1	5	2	4
5	3	5	3	6	4	2	6	3	5
4	1	6	2	5	3	7	1	7	1

::::: *Puzzle (806)* :::::

4	1	3	1	6	4	7	1	3	1
3	2	7	5	2	1	3	2	4	2
6	5	1	4	6	5	4	5	3	6
2	3	6	5	2	3	2	1	7	1
1	4	1	4	1	4	7	6	3	5
3	2	3	2	3	2	5	2	4	1
4	5	1	5	4	1	4	1	3	2
6	2	7	2	3	6	2	5	7	4
1	5	3	4	1	7	4	3	6	3
4	2	1	2	3	5	6	1	2	5

::::: *Puzzle (807)* :::::

2	3	1	2	1	3	7	3	1	4
1	7	5	4	6	4	2	5	6	5
3	4	2	1	3	7	6	3	2	3
2	7	6	5	4	2	1	5	1	4
4	1	4	2	1	5	6	7	2	6
3	5	3	6	3	2	3	1	3	1
1	4	1	2	4	6	4	5	2	4
5	2	3	6	3	2	1	7	1	5
3	6	4	5	7	5	4	2	3	4
2	1	7	2	4	1	3	6	1	5

::::: *Puzzle (808)* :::::

3	5	4	1	4	2	6	1	5	7
1	6	7	2	6	7	4	2	6	4
3	2	1	3	5	2	1	3	5	3
5	4	6	2	4	3	6	2	4	1
1	2	3	1	6	2	4	3	5	3
3	6	5	2	5	1	5	1	2	1
4	1	4	1	4	3	2	3	4	7
2	3	5	3	7	1	7	1	5	1
6	7	1	4	2	5	6	3	4	6
2	3	6	5	3	1	2	5	2	1

::::: *Puzzle (809)* :::::

2	4	3	1	2	6	2	1	2	6
6	7	2	5	3	1	4	6	5	4
3	5	1	7	2	5	3	1	2	3
1	2	3	4	3	6	2	4	7	5
4	7	1	2	1	4	3	6	1	3
6	2	6	5	7	5	1	7	4	5
3	4	3	1	4	3	4	5	3	1
5	1	2	7	6	7	2	6	4	2
2	6	3	1	3	1	4	5	1	6
1	5	7	5	4	2	6	3	2	5

::::: *Puzzle (810)* :::::

2	3	6	4	3	5	4	2	1	3
5	1	5	1	6	1	3	6	5	4
3	6	4	2	3	4	2	7	1	2
1	2	1	5	7	6	3	5	6	5
5	4	3	4	2	4	1	4	3	2
6	7	5	6	3	5	7	5	1	6
2	1	2	4	2	4	1	4	2	5
6	4	7	1	7	3	5	3	1	3
2	5	2	3	6	4	2	4	5	4
1	3	6	1	7	5	3	6	1	2

::::: *Puzzle (811)* :::::

6	2	4	3	6	1	5	2	3	1
5	7	5	1	4	2	3	1	6	4
1	4	6	2	3	5	7	2	3	5
2	5	3	1	7	1	3	6	1	2
3	1	4	6	2	4	5	2	3	4
4	2	7	3	7	3	6	1	6	2
5	6	5	1	2	4	5	4	5	1
1	7	3	6	5	1	7	3	2	4
2	4	2	1	4	3	4	6	1	3
1	6	3	5	2	1	2	5	4	2

::::: *Puzzle (812)* :::::

2	5	4	1	2	3	4	2	5	7
3	1	6	5	4	6	1	6	3	6
4	7	2	1	2	3	5	7	1	2
2	1	5	3	5	6	4	3	5	4
3	4	7	1	4	1	2	6	7	1
5	1	2	3	2	5	3	5	3	4
2	6	5	1	4	7	2	1	6	1
5	4	7	6	3	6	4	3	2	5
1	2	3	5	1	2	5	1	4	6
3	4	1	2	3	6	4	3	2	3

::::: *Puzzle (813)* :::::

6	5	7	1	4	6	4	2	1	3
1	2	3	2	3	5	1	7	5	7
5	4	1	4	1	4	6	2	1	2
2	3	5	2	5	3	1	3	4	3
1	4	6	4	1	4	5	7	6	1
5	3	2	5	3	2	3	2	3	4
2	7	1	4	1	4	1	6	5	2
6	4	2	6	5	6	3	4	3	1
3	1	3	1	3	7	2	5	2	6
4	2	5	2	5	1	4	6	3	1

::::: *Puzzle (814)* :::::

3	4	1	5	7	3	4	2	3	6
2	5	2	6	2	5	1	5	1	4
6	1	7	5	4	6	7	6	7	2
4	2	4	1	3	1	3	5	3	5
3	1	5	6	5	2	4	1	2	4
6	2	7	1	3	7	3	6	3	1
7	3	4	5	2	6	4	1	4	2
1	6	2	7	1	3	5	2	3	6
3	5	1	6	5	7	4	6	5	4
4	2	4	3	4	2	1	3	2	1

::::: *Puzzle (815)* :::::

4	2	1	3	5	2	4	2	6	1
1	3	6	7	1	3	5	7	3	4
5	2	1	3	4	2	4	2	1	5
6	3	4	2	1	5	1	5	3	4
4	2	1	5	3	4	3	2	6	2
1	7	3	6	7	1	6	1	5	1
5	4	1	4	2	5	2	3	2	3
2	6	3	5	3	1	4	5	4	1
5	4	7	4	2	5	3	2	3	5
2	3	1	6	1	6	1	4	1	2

::::: *Puzzle (816)* :::::

4	6	7	3	2	5	1	4	3	2
5	2	4	5	1	7	3	2	6	4
1	6	3	7	3	6	1	4	1	3
5	2	4	1	2	7	3	5	2	4
6	1	5	6	3	4	2	4	3	1
3	7	4	1	2	5	3	6	2	5
1	2	3	6	7	1	4	1	3	1
7	5	1	2	4	3	2	5	2	5
1	2	4	6	5	6	7	1	4	6
6	5	3	1	7	3	4	2	5	1

::::: *Puzzle (817)* :::::

4	7	6	1	3	4	2	3	1	3
2	3	2	5	7	1	6	5	6	2
1	7	6	1	4	3	4	2	1	4
3	2	5	3	5	1	6	7	6	5
1	6	1	6	2	4	3	5	3	1
7	5	3	7	1	5	7	6	2	4
3	4	6	4	2	4	2	5	1	5
2	5	2	3	6	1	7	3	4	2
4	1	6	4	2	5	4	1	5	1
3	7	5	7	6	3	2	3	4	2

::::: *Puzzle (818)* :::::

3	6	2	4	3	6	4	1	7	2
4	1	7	5	2	1	2	3	5	3
2	5	4	1	3	6	5	4	2	1
3	6	3	5	4	1	2	1	3	4
5	4	2	1	2	6	3	4	6	5
1	6	3	5	7	4	5	2	1	3
3	2	1	6	1	3	1	3	7	6
5	4	3	5	2	7	2	4	1	4
1	2	1	4	3	1	6	5	2	6
7	6	5	2	5	4	2	3	1	7

::::: *Puzzle (819)* :::::

4	1	5	2	5	1	2	7	3	5
6	2	6	1	6	3	5	4	1	2
5	7	4	3	4	2	6	3	5	4
2	3	1	2	6	3	1	4	1	3
6	4	5	3	1	7	6	7	6	7
1	7	1	6	2	3	1	4	2	5
3	6	3	5	1	5	2	7	1	3
2	5	7	4	3	4	3	4	2	4
4	6	3	1	2	5	1	6	1	6
5	2	7	4	3	4	2	5	2	5

::::: *Puzzle (820)* :::::

1	6	2	1	2	5	3	5	2	3
7	5	3	7	4	1	4	1	7	1
1	4	1	5	3	2	6	5	6	2
3	2	3	2	6	1	3	1	3	4
7	1	5	1	3	4	5	2	5	1
2	4	2	4	6	2	1	4	3	4
6	3	5	7	5	3	6	7	6	2
4	2	4	3	2	4	1	3	1	4
1	6	7	5	1	5	2	5	6	2
3	5	2	6	3	4	1	3	1	7

::::: *Puzzle (821)* :::::

1	2	7	2	7	6	2	4	1	3
5	6	1	4	3	5	3	7	6	4
1	2	3	5	2	4	1	5	1	5
4	5	1	6	7	3	2	6	2	3
1	2	3	2	4	6	1	3	7	6
3	4	5	1	3	5	4	2	1	2
2	1	6	7	6	1	7	6	3	7
4	3	2	5	4	5	4	5	1	5
5	1	4	3	7	3	6	2	4	6
3	2	6	2	1	5	4	3	1	2

::::: *Puzzle (822)* :::::

5	2	1	2	3	5	1	4	2	3
7	3	5	4	1	4	3	5	7	6
6	4	2	7	2	6	2	4	2	4
5	1	3	1	5	1	3	1	3	1
7	6	7	6	3	4	2	5	6	2
1	4	2	4	2	5	6	7	1	3
3	5	3	7	3	4	3	4	2	7
4	1	4	6	5	1	5	6	1	6
2	3	2	1	3	7	2	4	7	4
1	5	6	4	5	1	3	5	2	1

::::: *Puzzle (823)* :::::

3	5	2	3	2	3	2	1	4	2
2	7	4	1	4	1	6	5	6	3
1	3	6	2	3	2	4	3	2	5
6	5	1	5	1	5	1	5	1	3
1	2	4	6	3	4	3	4	7	2
4	5	3	1	7	1	6	2	1	6
2	1	7	5	4	5	3	4	5	4
7	3	2	1	3	2	7	1	6	1
4	5	6	4	5	4	6	4	2	5
2	3	1	2	3	1	7	1	3	7

::::: *Puzzle (824)* :::::

6	3	4	2	6	4	1	2	5	1
4	2	1	5	1	3	5	4	3	2
3	5	3	4	6	4	1	6	1	7
4	7	1	2	3	2	3	2	5	3
1	3	5	6	7	1	5	1	4	6
2	6	1	2	5	3	4	6	5	7
5	4	3	7	4	1	2	1	2	1
1	7	2	1	6	5	3	6	5	4
2	5	3	5	4	2	1	2	1	3
7	4	6	2	1	3	4	3	5	4

::::: *Puzzle (825)* :::::

3	4	2	3	5	1	7	4	3	1
5	1	7	6	4	2	5	1	2	6
2	3	2	3	5	3	7	4	5	4
7	4	6	1	7	2	6	3	2	1
6	1	2	4	3	4	1	5	6	7
2	5	3	5	2	6	2	3	2	1
1	4	1	4	7	4	1	5	4	5
2	3	5	3	1	2	6	7	3	2
1	7	1	7	5	3	4	2	1	6
3	2	3	6	4	1	5	6	4	3

::::: *Puzzle (826)* :::::

3	1	4	2	7	5	2	3	5	6
5	2	5	1	4	1	7	6	4	1
4	3	6	3	5	3	2	1	2	7
1	5	1	4	6	7	4	3	4	3
7	6	7	5	2	1	5	6	5	6
4	2	3	1	7	6	4	2	1	3
1	5	6	2	3	1	3	5	7	2
3	2	7	1	4	2	7	2	3	1
4	1	5	2	5	6	3	4	6	2
6	2	3	1	4	1	2	1	3	4

::::: *Puzzle (827)* :::::

1	2	3	7	1	6	5	2	3	1
5	6	5	2	4	7	4	6	4	6
4	1	3	1	3	2	3	5	1	2
3	2	5	2	4	5	1	2	4	6
7	4	1	3	1	6	7	3	5	1
5	3	5	6	2	3	1	2	4	2
4	2	7	4	5	6	4	5	1	3
1	5	1	3	2	1	2	3	6	5
6	7	2	4	5	6	4	5	2	1
3	4	1	6	2	3	1	7	4	3

::::: *Puzzle (828)* :::::

2	1	3	5	6	2	3	4	1	2
6	4	2	4	1	4	1	6	5	3
7	5	1	5	6	5	2	3	4	7
1	6	7	3	4	3	7	5	1	3
2	3	4	1	2	6	2	3	2	4
6	1	2	3	7	1	4	1	5	1
3	4	5	4	5	3	5	6	2	3
1	7	3	2	6	4	2	3	5	1
5	2	6	4	5	1	7	6	7	2
3	4	1	2	3	2	5	1	4	6

::::: *Puzzle (829)* :::::

5	6	2	3	1	3	6	3	4	2
1	4	1	5	6	4	7	1	5	1
3	2	3	2	1	2	6	3	2	3
4	6	5	7	5	4	5	7	5	6
2	1	4	2	3	1	3	6	4	1
3	7	3	1	4	6	2	5	2	7
4	6	4	5	2	1	4	1	4	3
1	2	1	3	4	5	7	5	2	5
5	3	6	2	7	3	6	1	6	3
6	2	1	3	4	1	2	4	5	2

::::: *Puzzle (830)* :::::

3	1	4	1	4	6	1	3	5	1
2	5	2	6	2	5	4	2	7	3
4	3	1	5	1	6	1	3	4	6
5	6	4	7	2	5	2	5	7	2
1	2	3	6	4	1	3	4	3	4
3	4	5	1	3	2	7	6	1	2
2	1	3	2	4	6	3	2	5	7
5	6	4	5	7	1	5	7	4	1
1	2	1	2	3	6	4	3	5	6
3	4	3	6	1	5	7	2	1	4

::::: *Puzzle (831)* :::::

5	3	6	4	5	7	1	4	6	1
1	4	5	3	2	4	6	3	2	5
2	6	7	1	5	7	1	7	6	3
1	3	4	2	6	2	4	2	5	4
2	5	7	1	3	1	5	1	3	2
6	4	3	2	6	7	3	7	6	4
1	5	6	1	3	4	5	2	3	5
7	4	2	4	7	6	3	4	1	2
5	1	6	1	2	4	1	2	5	6
2	3	5	3	6	5	3	7	4	1

::::: *Puzzle (832)* :::::

3	1	2	5	2	3	1	3	5	2
4	6	7	1	4	7	4	2	1	6
3	2	3	2	3	1	5	3	5	2
1	6	7	1	7	2	6	1	4	6
5	3	2	6	4	1	4	3	5	3
2	1	4	1	7	5	2	1	2	1
6	3	5	2	6	3	7	5	6	4
4	2	1	3	4	5	1	2	7	3
6	5	4	6	1	7	4	5	1	4
3	2	1	2	3	2	1	3	2	3

::::: *Puzzle (833)* :::::

3	4	2	5	1	2	4	2	1	3
2	1	3	4	3	7	1	5	6	5
5	6	2	1	6	2	3	7	1	3
3	4	5	4	3	5	1	5	4	2
7	2	7	2	7	4	7	6	3	1
6	4	3	6	5	1	5	2	5	4
1	5	2	7	3	4	3	1	6	3
2	6	1	4	1	6	2	4	2	4
4	5	2	3	2	4	5	3	6	1
1	3	6	1	5	3	1	2	5	7

::::: *Puzzle (834)* :::::

5	6	3	5	3	7	2	4	1	2
2	4	2	1	4	1	6	3	6	3
1	6	5	3	2	3	2	1	7	4
3	4	2	7	4	5	6	4	3	6
2	1	3	1	2	3	1	5	2	5
4	5	6	5	4	6	4	7	4	1
6	2	3	7	1	2	5	2	6	7
1	5	6	2	4	6	3	1	5	1
7	4	3	7	1	2	5	4	2	4
3	1	2	5	6	3	1	3	1	3

::::: *Puzzle (835)* :::::

5	4	2	3	1	3	2	6	2	4
1	3	1	5	4	5	1	3	1	3
4	6	4	7	2	6	2	5	2	6
1	5	3	1	5	1	7	1	4	5
6	7	2	4	3	4	6	5	2	7
5	3	6	5	2	1	3	1	3	6
2	1	4	3	6	4	2	5	7	1
4	3	2	5	2	7	3	6	2	4
1	6	1	4	1	5	1	4	1	5
4	2	3	2	3	4	6	5	3	2

::::: *Puzzle (836)* :::::

1	7	3	2	6	5	4	2	5	1
6	2	1	7	4	2	3	1	7	6
3	5	4	5	3	1	4	5	2	1
2	1	6	7	2	6	3	6	4	7
3	4	3	4	3	1	2	1	2	3
1	5	6	5	2	7	4	5	6	1
3	4	2	1	4	6	3	1	3	5
1	7	5	3	2	1	4	6	2	1
5	3	1	4	5	3	2	3	5	3
1	2	5	6	2	4	1	7	2	4

::::: *Puzzle (837)* :::::

1	7	1	6	4	6	1	5	2	4
5	2	3	5	1	7	2	3	1	6
3	1	4	2	3	5	6	4	2	5
4	5	6	5	4	2	3	1	3	1
3	2	7	2	3	5	7	4	2	4
4	1	6	1	4	1	2	1	5	3
6	7	4	3	5	6	4	3	6	4
1	3	1	6	2	1	5	1	2	5
5	4	2	4	5	3	2	3	4	1
2	6	3	1	2	1	5	6	2	3

::::: *Puzzle (838)* :::::

5	2	3	4	6	1	3	5	1	3
6	1	6	1	7	2	4	6	2	5
7	3	2	5	3	1	5	1	4	1
4	5	4	7	4	6	2	3	6	7
2	1	2	5	2	5	4	1	2	3
4	6	3	4	1	6	7	6	4	1
1	2	1	2	3	5	4	1	3	2
7	3	6	4	1	2	3	2	5	7
5	2	5	3	5	4	1	4	3	6
1	3	4	1	7	6	2	7	5	1

::::: *Puzzle (839)* :::::

5	7	3	2	4	3	7	5	4	1
4	1	4	5	6	1	2	6	2	6
3	2	6	1	4	5	3	1	5	3
5	1	3	2	3	6	7	2	6	4
4	2	4	5	1	2	3	1	7	5
7	5	6	2	4	5	7	6	2	3
3	2	3	1	6	1	3	4	1	4
1	6	4	2	4	2	5	2	7	6
5	3	5	1	5	3	1	3	1	2
1	4	6	3	2	6	4	7	4	5

::::: *Puzzle (840)* :::::

1	2	1	3	4	3	1	6	5	4
5	6	7	2	5	2	5	2	7	2
3	1	3	4	1	3	1	4	3	1
4	5	6	5	2	7	2	5	2	6
2	3	2	3	4	5	6	3	4	3
4	1	4	6	1	7	1	2	1	5
6	7	5	2	3	6	3	4	6	4
5	1	4	7	1	2	7	1	3	5
4	6	5	3	4	3	6	5	4	2
3	1	2	7	1	5	4	2	6	1

:::: Puzzle (841) ::::

6	3	6	3	4	2	7	5	1	4
2	1	7	5	1	6	3	2	3	2
4	5	2	4	3	2	5	1	4	1
3	7	3	6	5	1	3	7	2	3
5	1	5	1	7	2	5	4	1	4
2	7	6	4	3	4	1	6	2	5
6	4	5	1	5	2	3	5	3	4
2	1	3	2	7	4	1	6	2	6
4	6	5	4	6	5	3	4	3	5
1	2	3	1	3	2	1	2	7	1

:::: Puzzle (842) ::::

6	4	5	2	3	2	7	6	1	4
7	2	1	7	1	5	3	4	3	5
1	4	6	4	3	4	2	6	2	1
7	5	3	1	6	5	7	1	5	6
2	1	7	2	3	4	3	4	3	2
4	6	3	5	1	6	2	6	5	4
3	5	1	6	2	4	1	4	1	2
4	2	4	7	1	3	2	7	5	7
3	1	5	2	6	4	1	6	4	3
5	2	3	1	3	5	3	5	1	2

:::: Puzzle (843) ::::

1	4	2	7	5	1	4	1	4	1
6	5	3	1	3	2	6	2	5	2
4	2	7	4	6	5	3	1	3	1
3	1	6	3	2	1	2	5	2	5
5	2	4	1	5	4	3	4	3	4
6	7	3	2	6	2	6	2	6	1
5	1	6	1	7	1	7	1	3	5
2	4	3	2	4	5	4	5	4	1
3	7	6	5	3	1	3	6	7	2
1	4	1	7	2	5	2	1	3	4

:::: Puzzle (844) ::::

1	3	2	5	4	7	1	4	1	6
4	6	4	3	1	3	2	3	2	5
5	7	2	6	2	4	6	4	1	6
1	3	1	4	3	5	3	5	2	5
2	6	2	7	1	2	1	7	4	3
1	3	5	6	4	6	3	5	1	6
2	4	7	2	1	2	1	4	2	4
3	5	1	6	3	4	3	5	7	3
1	2	7	5	2	7	2	6	1	5
3	4	3	1	4	1	5	3	4	2

:::: Puzzle (845) ::::

1	3	2	5	1	2	4	3	1	2
5	7	1	3	4	3	1	2	5	4
3	2	4	6	2	6	5	3	1	2
5	6	5	1	3	1	2	4	5	3
3	2	4	7	4	7	6	3	1	2
1	6	1	2	3	2	5	2	4	3
5	2	3	4	5	1	6	1	7	5
4	6	5	1	3	2	3	4	3	4
1	2	4	2	6	7	1	6	2	1
4	6	5	3	1	3	5	4	5	4

:::: Puzzle (846) ::::

7	6	5	4	2	4	1	4	2	3
3	2	1	3	1	6	3	7	5	1
4	5	6	4	2	4	5	1	3	2
1	3	2	7	5	1	2	6	4	1
2	5	1	6	3	4	7	3	5	2
1	3	2	4	7	5	1	2	6	7
2	4	5	3	2	3	4	5	3	4
1	3	1	7	1	6	7	6	1	2
2	5	2	4	3	5	1	5	4	6
6	4	3	1	7	6	2	3	1	5

:::: Puzzle (847) ::::

1	2	5	7	2	4	2	1	6	1
6	4	3	4	6	1	5	7	3	2
3	5	1	5	2	4	2	6	5	1
1	2	3	6	3	1	7	3	7	4
6	5	4	1	2	4	6	1	2	3
7	2	3	6	3	5	2	4	5	1
4	1	4	1	4	1	3	6	3	2
2	7	2	3	2	5	4	5	4	1
1	5	6	1	6	7	2	7	2	6
3	2	3	4	5	1	4	3	1	3

:::: Puzzle (848) ::::

2	1	3	5	1	2	5	3	2	1
6	7	4	6	4	6	4	1	4	5
5	1	3	1	5	7	3	2	3	2
2	4	2	6	3	1	4	5	7	1
7	6	3	4	2	5	6	3	2	3
4	2	1	5	1	4	7	1	5	4
3	5	4	2	3	6	3	2	3	6
2	7	1	5	7	1	7	1	5	4
1	3	2	4	2	5	6	2	7	1
6	4	6	3	1	4	3	5	6	2

:::: Puzzle (849) ::::

6	3	5	3	5	2	7	2	3	1
4	1	4	2	1	6	4	1	5	2
5	2	3	6	3	5	2	6	4	1
3	1	4	5	2	6	3	1	2	6
2	7	2	7	1	4	7	4	3	1
4	3	6	3	6	2	3	5	7	5
1	2	4	5	1	4	1	4	2	4
4	5	1	6	2	6	3	5	1	7
1	6	7	5	3	1	4	6	3	2
3	5	2	4	2	7	3	5	1	4

:::: Puzzle (850) ::::

2	4	3	4	2	6	1	2	3	4
6	5	1	5	3	5	4	5	7	2
1	2	3	4	1	6	1	6	1	3
3	6	1	6	7	4	5	4	5	6
2	7	5	2	5	2	7	3	2	1
4	1	6	1	4	3	1	4	7	3
5	3	5	3	2	7	6	5	1	5
7	4	6	1	6	1	3	2	6	2
2	5	2	7	3	2	6	5	4	1
4	3	1	5	4	1	4	3	2	7

:::: Puzzle (851) ::::

6	2	3	4	6	1	6	3	4	3
1	4	5	1	2	3	4	1	7	1
3	6	3	4	7	5	7	2	5	2
5	7	1	2	1	6	1	4	3	1
1	4	3	5	7	2	5	2	5	2
5	2	6	4	1	4	3	4	3	1
4	1	7	3	6	2	6	2	7	5
2	6	5	2	1	3	1	4	1	6
1	4	3	4	7	5	2	6	3	2
3	7	5	6	2	1	3	4	5	1

:::: Puzzle (852) ::::

7	4	6	2	3	5	2	3	4	1
3	1	5	4	6	1	4	7	2	6
5	2	3	2	5	7	3	6	1	5
1	6	5	4	1	2	5	7	3	4
2	3	2	3	6	3	4	1	2	1
1	4	6	1	7	2	6	3	4	7
3	7	2	4	5	4	5	2	1	6
5	1	6	7	3	2	1	6	4	5
3	4	5	4	1	4	5	3	7	3
2	1	6	2	5	3	7	1	2	4

:::: Puzzle (853) ::::

2	3	1	6	4	3	5	2	4	3
1	5	4	3	1	2	1	7	6	1
6	2	6	2	4	5	4	5	2	4
4	1	3	5	1	2	1	6	3	7
3	5	2	6	4	3	4	5	1	5
4	7	3	1	2	6	2	3	4	3
3	5	6	5	4	7	1	5	6	2
2	1	7	1	3	6	2	3	4	5
6	4	5	2	5	4	1	5	6	3
1	2	3	4	1	3	6	2	1	2

:::: Puzzle (854) ::::

7	6	5	1	2	1	2	4	3	2
4	2	7	4	3	5	6	1	5	1
3	1	3	1	7	1	3	2	6	2
4	7	2	6	3	4	5	4	3	5
3	6	5	4	2	1	2	1	2	4
5	1	7	1	5	3	7	5	3	1
6	4	2	4	6	4	2	1	2	6
3	5	3	1	7	1	3	5	3	1
2	1	4	2	5	4	7	1	7	5
6	5	3	6	1	6	2	3	6	4

:::: Puzzle (855) ::::

1	6	3	5	3	6	3	4	6	1
7	4	2	7	2	5	2	7	2	3
3	6	5	6	1	4	1	5	4	5
2	1	2	4	2	6	3	6	2	1
3	4	7	1	3	1	5	4	7	3
6	1	5	6	5	4	2	3	2	5
3	4	2	3	1	3	1	6	1	4
2	5	1	5	2	6	2	5	3	2
1	4	3	4	3	1	4	1	4	1
2	5	6	1	7	2	3	5	7	6

:::: Puzzle (856) ::::

2	4	3	1	3	1	6	4	1	3
6	1	5	2	5	2	5	3	5	2
3	2	6	3	4	6	1	2	4	1
1	4	1	2	5	2	4	3	5	2
2	5	3	4	1	7	6	1	7	1
3	4	6	5	6	5	2	4	6	4
5	2	1	2	7	3	1	3	2	3
1	7	5	3	1	5	4	6	5	1
6	3	4	6	4	3	2	7	2	4
4	1	5	3	2	1	4	1	5	3

:::: Puzzle (857) ::::

2	7	4	5	6	1	3	4	5	4
5	1	3	1	3	5	2	6	2	1
2	6	7	4	2	4	7	1	3	5
5	4	2	1	3	5	3	5	2	7
1	7	3	6	4	2	4	1	6	3
2	4	1	2	7	6	3	7	4	2
5	3	5	3	1	2	1	6	5	6
7	1	4	2	4	5	3	4	3	1
4	2	7	6	3	6	2	5	2	5
6	1	3	1	4	5	7	3	4	1

:::: Puzzle (858) ::::

2	3	4	6	3	5	4	2	7	1
5	1	5	1	2	6	3	1	3	5
2	4	2	3	5	1	2	4	2	4
1	3	7	1	2	3	6	5	3	6
6	4	2	3	6	5	2	1	4	1
7	1	5	1	4	1	3	5	2	3
4	6	7	2	3	5	4	1	6	1
2	3	4	1	6	1	6	3	4	2
6	5	6	3	2	4	2	7	5	1
4	3	2	1	5	1	5	1	3	2

:::: Puzzle (859) ::::

2	4	5	2	6	4	7	1	4	5
5	1	3	1	7	1	3	2	3	2
6	4	7	2	3	6	5	6	1	5
3	1	3	1	5	4	7	3	2	4
2	5	7	6	3	1	2	4	5	1
6	1	2	4	7	6	3	1	2	6
4	5	7	1	3	5	4	5	3	4
1	3	2	4	2	6	7	6	2	5
6	5	1	6	1	4	3	5	1	6
3	2	4	5	3	2	1	7	2	4

:::: Puzzle (860) ::::

3	1	2	5	1	3	1	5	2	3
4	5	3	4	6	2	6	4	6	4
7	2	1	2	3	5	1	2	5	3
1	6	5	4	7	4	6	3	6	1
2	3	2	3	1	2	1	5	2	4
1	4	5	6	5	3	7	4	1	3
5	7	3	7	4	2	1	6	2	7
1	2	1	2	6	7	5	4	1	5
4	6	3	5	4	1	6	7	3	6
3	5	4	1	2	3	5	2	4	2

::::: Puzzle (861) :::::

5	1	6	2	3	2	1	2	4	6
4	2	3	1	4	5	4	6	1	5
3	5	4	6	2	3	2	5	3	7
4	2	3	1	7	1	4	1	4	2
1	5	7	5	2	5	3	5	3	5
6	2	4	6	3	4	1	2	6	1
4	1	5	2	1	7	3	4	3	5
3	2	3	6	5	4	1	2	1	4
6	7	1	2	1	3	6	5	3	6
1	4	3	5	4	2	1	7	2	1

::::: Puzzle (862) :::::

2	7	2	4	3	4	6	4	1	5
1	3	1	5	2	5	1	5	2	7
6	5	4	3	1	4	2	4	1	3
3	1	2	5	6	3	1	3	6	2
2	5	3	1	4	2	4	2	5	3
3	4	6	2	3	5	7	1	4	1
1	2	3	5	7	1	4	2	6	3
5	4	1	2	4	2	3	7	4	5
3	2	6	5	1	6	1	5	2	3
6	1	7	4	2	3	4	3	6	1

::::: Puzzle (863) :::::

2	6	1	6	1	3	7	5	3	1
1	4	3	7	2	5	4	2	4	2
3	5	2	4	6	3	7	1	5	3
1	7	6	3	2	1	2	6	4	1
5	3	5	1	4	6	5	1	3	2
4	7	2	7	3	1	3	4	5	4
3	1	3	6	4	5	2	1	2	6
5	4	2	5	2	3	4	5	4	1
6	3	6	4	1	5	1	3	6	2
2	1	2	5	3	4	6	2	5	4

::::: Puzzle (864) :::::

1	2	5	4	2	3	5	1	4	2
3	4	3	1	7	4	6	3	7	6
2	1	6	4	6	1	2	1	5	3
6	4	3	1	3	7	5	4	2	4
3	5	2	7	5	1	6	1	5	1
1	6	1	4	6	7	3	4	7	2
2	5	3	2	3	1	2	6	3	6
3	4	7	4	5	4	5	1	2	1
2	5	1	3	1	7	2	4	7	5
1	6	2	6	5	4	3	1	3	2

::::: Puzzle (865) :::::

1	5	6	3	1	3	4	3	2	1
3	2	4	2	5	2	1	7	5	4
4	7	1	3	1	6	3	2	6	7
1	6	4	7	5	4	1	4	3	2
5	3	1	2	1	2	5	7	5	4
6	4	6	5	7	3	1	2	6	1
2	1	7	1	4	6	7	4	3	4
3	6	5	2	3	1	3	1	5	1
4	1	3	4	5	6	5	2	3	6
2	6	7	2	1	4	7	6	5	2

::::: Puzzle (866) :::::

2	1	6	1	5	3	4	2	4	1
3	4	7	3	6	2	5	6	5	2
7	1	5	1	4	3	7	1	4	3
4	3	2	6	7	2	4	2	6	5
5	6	4	3	1	5	3	1	3	2
4	2	5	2	7	6	4	7	5	1
6	1	3	1	4	1	2	1	3	4
3	2	6	7	3	5	6	4	2	6
5	7	1	5	4	2	3	1	5	7
2	3	4	7	1	5	6	4	2	3

::::: Puzzle (867) :::::

1	5	4	2	6	3	4	5	2	3
3	2	7	1	5	1	6	3	4	7
4	6	5	4	2	3	4	1	6	1
1	3	2	6	1	5	2	3	4	7
5	6	1	3	2	4	1	5	1	2
2	4	5	4	6	5	6	2	3	6
3	7	3	2	3	1	3	1	4	1
1	5	4	1	5	7	2	5	7	2
2	6	7	6	4	6	4	1	4	5
3	1	2	1	5	3	2	3	2	1

::::: Puzzle (868) :::::

2	1	6	2	5	4	3	1	2	1
4	3	5	4	3	2	7	4	3	5
1	7	6	2	6	1	3	6	1	2
2	5	1	4	7	5	2	7	3	4
3	4	3	6	1	4	3	4	1	2
1	6	1	2	7	5	1	2	3	5
3	2	7	5	1	3	6	4	1	4
5	1	6	3	4	7	1	3	5	2
4	3	4	2	5	2	6	4	6	3
2	5	1	3	7	3	1	2	1	2

::::: Puzzle (869) :::::

4	7	2	5	2	3	1	4	7	1
1	5	3	6	7	6	5	3	5	4
2	6	4	1	3	2	4	1	6	1
4	1	3	2	4	1	5	2	4	3
3	2	6	5	3	2	6	1	5	2
5	1	7	2	1	7	5	4	6	4
2	3	4	6	3	2	3	7	3	1
5	1	7	2	5	6	4	5	4	2
7	6	4	1	4	3	2	1	6	3
1	3	5	7	2	1	4	3	5	1

::::: Puzzle (870) :::::

7	2	1	3	2	3	1	3	1	3
5	3	5	4	5	6	4	7	2	4
6	7	6	2	1	2	1	5	3	1
2	4	1	5	4	7	4	2	4	2
3	5	6	2	1	3	1	6	1	3
1	4	1	5	6	5	2	3	2	4
3	2	3	4	3	4	1	5	7	6
6	7	5	1	2	6	3	4	2	3
1	3	4	3	4	7	1	5	6	1
2	5	6	7	1	5	2	7	2	4

::::: Puzzle (871) :::::

5	1	2	5	4	1	6	2	4	1
3	6	3	1	7	3	5	3	6	3
2	5	2	5	6	1	4	2	4	5
4	1	4	1	4	3	5	1	7	2
7	6	2	3	7	6	7	2	6	1
5	1	4	1	2	5	1	4	3	4
6	3	5	3	6	4	6	5	1	2
4	2	1	2	1	2	3	4	6	5
6	5	3	6	3	4	5	2	1	3
1	2	4	1	2	1	7	3	5	7

::::: Puzzle (872) :::::

7	1	5	3	2	5	4	3	2	5
5	4	2	7	4	1	2	1	4	3
3	6	1	5	2	6	4	3	2	1
2	5	3	6	7	1	2	1	4	5
4	1	2	4	5	4	6	7	3	6
6	5	3	1	3	1	5	1	2	7
3	4	2	5	2	4	3	7	3	1
2	1	6	3	6	1	5	1	6	5
4	7	2	4	2	4	3	4	7	3
6	1	5	1	3	6	2	1	5	2

::::: Puzzle (873) :::::

4	7	2	5	1	3	2	7	3	5
2	5	4	6	2	4	6	4	2	1
3	7	3	1	3	1	5	3	6	4
5	6	2	4	5	6	2	1	7	2
4	1	5	3	2	1	3	5	4	1
2	7	6	1	4	5	4	6	3	2
3	1	4	3	2	3	1	5	4	6
2	7	5	1	4	6	4	6	2	3
1	6	3	2	7	2	5	3	7	5
3	2	1	6	3	1	7	1	4	1

::::: Puzzle (874) :::::

1	3	2	4	7	4	5	7	2	1
2	4	5	6	3	1	2	1	3	6
5	7	3	4	2	5	3	5	4	7
1	6	1	5	6	4	6	2	1	5
5	3	4	2	1	2	3	4	3	2
1	6	1	6	4	7	5	6	1	6
2	4	7	2	5	6	3	2	5	4
3	5	1	4	3	2	1	7	1	2
1	2	3	2	1	5	4	2	5	3
3	6	5	4	7	3	6	3	1	4

::::: Puzzle (875) :::::

1	6	2	5	1	2	3	5	1	4
3	7	3	4	3	4	1	4	2	5
5	1	2	1	6	2	5	3	1	3
4	6	5	7	5	4	1	4	2	4
1	3	2	4	2	3	2	3	5	1
2	7	1	5	1	5	1	4	7	3
4	3	2	6	3	6	2	3	2	6
5	6	1	4	5	4	1	7	1	5
3	2	3	2	1	3	6	5	3	4
1	4	1	5	4	7	2	4	1	2

::::: Puzzle (876) :::::

1	3	4	3	2	7	6	1	4	5
6	2	7	5	1	3	2	3	2	1
5	1	6	4	6	5	1	6	5	4
6	3	5	3	1	2	4	7	2	7
1	4	2	4	5	6	3	5	4	6
6	3	5	3	2	1	2	7	2	1
2	1	4	6	5	4	3	1	6	3
7	6	2	1	3	1	2	5	4	1
3	5	3	4	7	5	4	6	3	5
4	1	2	1	6	1	3	2	7	2

::::: Puzzle (877) :::::

3	2	3	4	5	3	2	5	4	6
5	4	6	2	1	6	4	1	7	1
1	2	1	3	7	5	3	2	6	4
7	3	6	5	2	6	7	1	5	1
4	1	4	3	4	1	4	3	4	2
3	7	2	1	2	3	2	5	1	3
2	4	6	4	6	1	6	7	2	5
5	3	1	2	5	3	4	5	1	3
1	2	5	3	1	2	7	2	4	6
3	4	6	7	5	4	3	5	1	2

::::: Puzzle (878) :::::

3	1	2	6	1	5	3	4	1	2
2	5	3	5	7	4	7	6	5	4
4	1	2	1	2	5	3	1	2	6
5	6	3	6	4	1	4	6	4	5
3	2	7	1	5	3	2	3	7	3
4	5	4	3	2	1	7	4	6	1
1	3	6	1	4	5	6	2	5	2
5	2	4	5	2	3	7	3	1	3
4	3	1	6	4	5	1	2	4	2
1	2	5	3	1	2	4	3	5	1

::::: Puzzle (879) :::::

1	6	1	7	2	1	3	5	2	4
2	3	4	3	4	5	2	1	3	1
5	1	2	5	6	1	4	5	4	2
6	3	4	3	2	3	2	1	3	5
1	7	5	6	1	4	7	5	2	4
3	4	1	3	5	2	6	4	7	3
5	6	2	4	1	7	1	5	6	1
2	3	5	3	5	3	4	3	4	2
4	1	4	1	6	7	2	1	5	3
2	5	7	2	3	1	5	4	6	2

::::: Puzzle (880) :::::

5	4	1	4	2	7	1	3	1	3
1	2	7	6	1	3	6	2	5	2
3	6	4	5	2	5	4	7	1	4
5	7	2	3	1	7	3	5	3	2
1	3	1	6	2	4	1	2	4	5
2	5	4	5	3	6	3	6	1	6
6	3	7	2	1	4	1	4	2	7
4	2	5	4	5	2	7	6	3	1
6	3	1	3	1	3	1	2	4	2
1	5	4	7	6	2	7	6	5	1

::::: Puzzle (881) :::::

1	3	1	7	6	2	6	4	3	5
4	5	6	5	1	3	5	1	2	4
3	2	1	4	2	4	2	3	7	1
6	4	3	5	3	5	1	5	6	5
2	5	2	1	2	6	2	4	3	1
1	7	4	6	3	4	3	7	5	4
4	5	1	2	5	1	2	1	2	3
3	2	3	4	7	3	6	4	6	5
1	4	1	2	1	2	7	5	1	4
2	3	5	6	3	4	1	6	2	3

::::: Puzzle (882) :::::

7	2	4	1	5	6	7	4	2	1
3	6	5	6	4	3	5	3	5	6
7	2	1	2	1	7	2	4	2	4
6	5	3	4	5	4	3	5	6	5
2	4	1	6	7	1	6	7	2	3
1	5	3	2	4	3	4	3	1	5
3	2	1	7	1	6	1	5	2	4
7	6	3	6	2	5	7	6	7	3
5	4	1	4	1	4	2	1	5	2
3	2	3	6	5	7	3	4	6	1

::::: Puzzle (883) :::::

3	5	1	5	7	3	2	5	3	6
4	2	3	4	2	4	1	4	1	2
5	1	6	1	5	6	5	6	3	7
3	7	5	2	4	2	3	1	4	2
5	6	4	1	3	6	7	2	6	3
2	1	2	7	4	5	1	3	5	1
6	4	3	1	6	3	2	4	7	4
1	5	7	4	2	4	6	1	6	5
3	4	2	6	5	7	3	2	3	2
1	5	3	1	2	4	5	1	5	4

::::: Puzzle (884) :::::

2	4	5	1	6	4	6	2	5	1
6	1	2	4	3	5	3	7	3	2
7	3	6	1	2	1	2	1	4	1
4	2	7	4	3	4	5	6	3	2
7	6	5	2	1	2	3	4	1	7
5	3	1	4	5	7	6	2	5	2
1	6	2	3	1	3	1	3	7	1
3	5	7	6	4	5	4	2	5	4
4	2	1	2	1	2	1	3	1	6
3	5	4	6	7	3	4	5	2	3

::::: Puzzle (885) :::::

5	6	1	7	2	1	7	2	1	5
3	4	2	3	6	4	5	3	4	6
1	6	1	5	1	3	6	2	5	2
3	2	4	2	4	2	1	3	1	4
6	7	5	6	5	3	4	5	6	3
2	1	4	1	2	1	2	3	2	1
4	6	3	7	3	4	5	4	5	4
1	2	5	1	6	2	7	1	3	6
7	4	7	4	7	3	4	6	7	5
5	3	2	3	1	5	1	3	1	2

::::: Puzzle (886) :::::

1	5	6	4	1	3	1	2	1	2
2	4	3	5	6	2	4	3	6	5
3	7	1	4	3	1	6	1	2	7
5	2	3	5	7	2	5	7	3	4
4	7	4	6	1	3	1	4	5	6
1	3	2	5	2	4	7	2	3	2
4	6	7	1	6	5	3	4	1	5
5	2	3	4	2	1	2	5	6	4
1	6	1	6	3	5	3	4	1	7
2	3	2	4	1	7	1	2	5	3

::::: Puzzle (887) :::::

4	1	2	6	5	7	2	1	2	1
2	7	4	1	4	3	4	5	3	6
1	3	2	3	5	1	6	7	4	1
5	6	1	6	4	2	3	1	3	5
1	7	3	5	1	7	4	5	6	2
2	5	6	2	3	6	1	7	4	3
4	1	3	4	1	5	4	5	2	6
6	5	2	5	3	6	3	1	4	1
2	4	1	7	1	7	2	6	3	5
1	3	2	4	2	4	3	1	2	7

::::: Puzzle (888) :::::

4	2	6	2	1	6	2	5	4	5
6	3	4	3	7	3	4	3	1	6
5	1	7	5	1	2	5	2	5	2
2	3	4	2	4	6	1	3	4	3
1	7	5	6	1	3	5	6	5	1
4	2	3	4	2	4	1	7	2	6
1	6	1	5	1	6	2	5	3	7
5	3	4	3	7	5	4	1	6	4
1	7	6	2	4	3	2	3	7	3
3	2	1	5	1	5	1	6	4	2

::::: Puzzle (889) :::::

2	3	7	6	5	1	4	5	1	4
4	1	2	4	3	2	3	2	3	2
2	5	6	1	6	4	1	5	1	6
1	3	4	3	7	3	2	4	3	2
4	5	2	5	1	4	6	7	5	6
3	6	1	4	2	5	1	3	1	4
1	4	5	6	1	3	2	5	2	5
2	7	2	4	2	7	4	3	1	3
3	5	1	6	3	6	1	5	6	4
1	4	3	2	1	5	2	4	1	3

::::: Puzzle (890) :::::

4	5	4	5	2	1	5	4	6	2
3	2	7	6	3	4	3	1	3	4
1	5	3	5	1	2	5	2	6	7
6	7	1	2	6	3	4	1	5	3
3	4	3	4	5	1	2	7	6	1
7	1	6	2	3	4	3	1	4	2
2	5	4	1	7	1	6	5	3	1
4	6	2	5	2	3	2	4	2	4
3	1	3	1	6	1	5	7	1	3
4	7	2	5	4	3	2	6	5	2

::::: Puzzle (891) :::::

2	3	1	5	1	2	5	3	1	4
1	5	2	6	4	6	7	4	2	3
2	4	3	1	2	3	1	6	1	4
3	1	7	4	6	5	2	3	5	7
6	2	6	5	2	3	7	1	2	6
1	5	7	4	7	5	4	3	4	5
7	4	1	5	1	2	1	6	1	2
5	6	3	6	4	5	4	3	4	6
2	1	4	1	7	3	1	2	7	3
3	7	2	5	4	2	6	3	5	1

::::: Puzzle (892) :::::

5	2	1	6	2	5	2	3	4	7
7	3	5	4	1	3	4	5	1	6
1	6	2	3	5	2	6	2	4	3
2	4	1	7	1	4	5	1	6	1
5	3	6	5	3	6	7	3	4	2
4	2	4	1	7	4	1	6	5	3
7	1	5	3	2	3	2	4	1	2
3	4	7	1	6	1	5	3	5	7
6	5	6	3	4	2	4	1	6	1
2	3	1	2	5	3	6	2	7	4

::::: Puzzle (893) :::::

3	6	1	5	1	2	6	7	4	2
1	2	3	2	7	3	4	5	1	5
7	4	1	6	5	1	2	3	4	3
6	2	5	2	3	6	7	5	7	1
5	3	4	7	4	1	3	4	3	2
4	7	5	1	3	6	2	5	1	6
3	1	4	2	7	4	7	4	2	3
5	6	3	5	6	5	1	6	1	5
2	7	4	1	4	2	4	5	7	4
6	1	5	2	3	6	3	1	2	6

::::: Puzzle (894) :::::

3	1	2	1	6	5	2	3	4	3
5	6	4	5	3	7	4	7	2	1
2	7	1	2	4	2	1	3	5	6
1	4	6	3	1	3	5	2	1	2
2	3	1	4	5	6	1	4	3	7
1	7	2	7	3	7	5	2	5	4
4	3	5	1	2	4	1	6	1	3
5	1	6	7	6	3	2	3	5	4
3	7	3	2	5	4	1	4	1	3
2	1	4	6	1	2	6	5	6	2

::::: Puzzle (895) :::::

5	3	2	7	4	2	6	3	6	2
2	1	6	1	5	3	1	7	4	1
3	7	5	4	2	6	5	6	3	5
1	4	6	7	1	4	3	2	4	1
5	3	1	3	2	5	7	1	3	2
4	6	2	7	1	6	3	4	5	4
2	1	3	5	2	7	5	2	6	1
6	4	7	1	3	6	4	1	3	4
2	1	3	2	5	2	3	5	2	5
6	5	4	7	3	1	7	6	4	1

::::: Puzzle (896) :::::

7	2	1	3	2	3	2	7	1	6
4	3	5	7	1	5	4	5	4	3
6	1	4	3	4	3	6	2	1	6
5	2	6	7	2	5	1	5	7	2
7	1	3	1	4	6	2	3	4	5
3	2	4	2	3	1	5	7	2	1
6	1	6	7	4	6	3	4	6	7
5	4	3	5	2	1	2	1	5	3
3	6	2	4	6	7	5	4	2	1
1	7	5	7	3	4	2	1	6	3

::::: Puzzle (897) :::::

4	1	2	6	7	5	2	1	6	1
2	5	3	1	3	4	6	7	4	2
6	1	4	6	5	2	1	5	1	3
7	3	5	1	3	4	3	2	4	5
5	4	7	6	2	5	1	5	7	2
1	3	2	3	1	4	2	4	1	6
2	6	1	4	2	5	7	6	2	3
5	4	7	3	1	3	2	1	4	5
3	6	2	4	5	6	7	3	2	3
4	1	5	7	1	3	2	1	4	1

::::: Puzzle (898) :::::

1	2	4	3	6	2	6	1	2	1
4	5	7	1	5	4	5	3	5	3
2	1	4	2	7	3	2	6	1	4
3	5	6	3	1	4	1	4	7	3
2	4	1	2	5	2	6	3	5	2
6	3	6	4	1	3	5	7	4	3
5	4	5	3	7	2	4	2	5	1
7	1	2	1	5	1	6	3	4	2
4	3	7	6	4	2	5	2	5	3
6	2	1	5	3	1	4	6	7	1

::::: Puzzle (899) :::::

7	3	5	1	2	4	1	7	6	4
2	1	2	4	6	3	2	3	2	5
6	4	5	3	5	1	5	1	4	3
1	2	6	1	2	4	6	2	5	6
5	4	3	4	6	3	5	4	1	3
3	2	5	1	5	1	2	3	6	4
5	4	7	2	3	4	5	7	1	7
3	2	6	5	1	7	1	6	4	2
1	5	1	3	2	4	3	2	3	5
6	3	2	4	6	1	7	5	4	6

::::: Puzzle (900) :::::

5	4	5	1	4	3	2	6	2	3
3	1	2	3	2	5	4	3	4	1
2	4	5	6	4	3	6	1	2	3
1	6	1	2	1	5	7	4	5	1
5	2	3	4	3	2	6	1	7	6
3	4	1	2	1	4	3	5	4	3
6	5	6	4	5	6	1	2	1	5
4	3	2	1	3	2	4	6	4	2
7	6	4	7	6	1	5	3	5	3
1	5	2	3	5	4	2	1	2	1

:::: Puzzle (901) ::::

1	2	1	4	3	4	2	4	6	5
5	7	3	2	1	5	6	5	1	3
3	6	1	4	3	2	7	3	4	7
2	4	5	6	1	4	1	2	6	3
1	3	1	3	2	6	3	5	1	2
2	4	2	6	5	7	1	7	6	4
5	1	5	1	2	4	2	4	1	3
2	3	4	3	6	1	5	3	5	6
4	5	1	7	2	3	2	1	2	1
3	7	6	5	1	6	4	7	4	5

:::: Puzzle (902) ::::

1	4	6	2	5	3	4	3	1	2
3	2	7	1	4	2	5	6	4	3
1	5	6	2	7	3	1	3	1	7
4	3	1	5	1	5	4	2	4	6
2	6	7	3	4	7	1	6	1	3
3	4	5	2	5	2	5	4	2	4
6	2	1	6	1	3	7	3	5	1
4	3	7	5	4	6	2	6	7	2
5	6	1	2	1	5	3	5	1	3
1	2	4	3	4	2	1	4	2	5

:::: Puzzle (903) ::::

5	7	1	3	5	3	5	1	5	2
1	2	4	2	1	4	2	4	6	3
3	6	1	5	3	6	7	1	2	1
4	5	4	2	4	2	4	5	6	3
3	1	3	1	3	1	3	1	2	1
2	5	2	4	2	5	4	5	4	3
4	3	1	7	6	1	3	6	1	6
6	2	4	2	4	2	7	2	3	4
3	1	6	5	3	1	4	5	1	5
5	2	3	1	4	7	2	6	2	3

:::: Puzzle (904) ::::

2	7	1	3	1	7	3	5	4	1
6	3	4	5	4	5	6	1	7	2
4	2	1	6	7	2	4	2	4	3
7	6	5	2	4	6	1	5	1	2
5	3	1	3	1	3	2	6	4	3
4	2	4	7	5	6	1	3	7	1
1	3	1	2	1	3	7	5	6	2
5	6	4	3	5	2	1	3	4	1
2	1	2	6	4	3	5	2	7	6
4	7	5	3	1	2	4	3	5	1

:::: Puzzle (905) ::::

6	7	2	4	7	1	2	1	4	6
1	4	6	3	5	3	7	5	2	1
3	7	2	1	2	4	6	1	3	5
5	1	4	5	6	5	3	4	6	2
3	2	6	2	3	4	2	7	3	7
5	4	3	1	5	1	5	4	6	5
6	7	5	7	3	4	2	1	3	4
2	4	1	4	2	1	3	5	2	1
3	5	3	6	3	5	2	4	6	7
6	1	2	1	2	1	3	1	2	3

:::: Puzzle (906) ::::

3	1	4	2	1	4	6	5	6	2
2	5	6	5	6	3	1	3	4	3
7	3	1	2	4	7	4	5	6	5
4	2	5	7	1	2	1	2	3	1
6	1	4	6	5	6	5	4	5	4
5	3	2	3	4	3	1	6	3	1
2	1	6	1	7	6	2	5	4	2
5	3	7	3	4	1	7	1	6	3
1	6	2	1	6	3	4	2	5	2
2	5	4	3	2	7	5	1	3	4

:::: Puzzle (907) ::::

1	6	2	5	2	1	5	2	3	4
4	7	3	6	3	4	7	1	5	7
5	1	4	2	1	6	5	6	4	3
2	3	7	5	3	4	3	2	1	2
4	5	6	1	7	5	1	4	5	3
6	7	2	4	3	4	7	6	1	2
2	3	1	6	2	1	5	3	7	3
1	4	5	3	4	3	6	4	5	1
2	3	2	1	2	1	5	2	6	4
5	1	6	3	4	7	4	7	1	2

:::: Puzzle (908) ::::

3	2	1	4	1	3	1	2	1	6
5	4	3	2	5	2	4	7	3	2
2	6	1	4	1	6	3	5	1	7
1	3	5	3	2	5	2	4	3	4
6	4	2	4	6	7	6	1	2	1
2	7	1	5	1	3	2	5	4	5
4	5	3	7	6	4	1	3	7	1
1	2	6	4	3	7	5	2	6	4
3	5	7	2	1	2	6	3	1	3
7	6	1	3	5	4	5	2	4	5

:::: Puzzle (909) ::::

1	6	2	4	2	3	1	7	3	6
5	3	1	3	1	4	5	2	4	2
2	4	2	7	5	2	3	1	3	1
6	1	5	1	4	1	7	5	2	4
5	4	6	2	3	6	3	4	3	6
1	2	3	1	5	4	7	1	2	1
7	5	4	2	6	2	3	6	3	7
4	6	3	5	1	4	1	2	1	5
3	2	4	2	3	2	3	5	7	2
7	1	5	6	7	1	6	1	4	3

:::: Puzzle (910) ::::

1	4	3	4	1	2	3	4	2	5
5	2	1	2	6	5	1	5	1	6
4	3	5	4	7	3	7	6	2	3
2	6	1	3	2	1	2	4	5	4
7	3	4	5	4	6	3	6	3	1
2	1	2	1	3	7	1	2	5	6
5	3	5	7	4	2	3	7	3	2
6	4	2	6	1	6	1	5	4	1
3	5	1	4	5	2	3	2	3	7
2	4	6	3	1	6	1	4	1	2

:::: Puzzle (911) ::::

3	5	1	7	2	4	5	3	6	1
2	4	6	5	1	3	2	4	5	3
1	5	2	4	7	6	1	3	1	6
4	3	7	1	2	3	4	5	2	4
6	2	4	3	6	1	2	3	1	5
5	1	6	1	2	5	7	4	6	7
2	3	2	7	4	3	6	2	3	5
5	6	5	1	6	1	4	1	4	2
1	4	3	4	7	2	3	5	6	3
5	2	1	5	3	4	1	2	1	4

:::: Puzzle (912) ::::

5	1	3	2	1	4	5	6	4	2
6	4	6	7	6	2	3	2	5	1
7	2	3	4	3	5	1	4	7	3
4	1	5	2	1	2	7	3	1	6
5	3	6	7	4	3	1	2	5	2
7	4	1	3	1	6	5	3	1	4
1	6	2	4	5	3	1	2	5	2
2	3	1	3	7	2	6	7	1	7
5	4	5	2	1	4	5	2	6	4
3	1	6	4	5	6	1	3	1	3

:::: Puzzle (913) ::::

6	2	1	2	1	3	2	4	5	1
1	5	3	4	7	4	1	3	7	6
3	2	1	2	3	5	2	4	1	4
1	6	3	5	1	7	6	3	7	5
2	4	1	6	2	4	2	4	6	3
6	7	3	5	3	5	3	1	5	2
4	2	4	1	6	2	4	2	6	3
3	1	5	2	5	3	7	5	4	1
6	2	4	3	1	4	2	6	2	3
1	5	6	5	2	7	3	1	4	1

:::: Puzzle (914) ::::

5	4	5	1	3	6	4	6	5	7
6	2	3	2	5	2	1	3	1	3
4	5	4	1	7	3	4	2	4	2
1	3	2	3	2	5	7	1	6	3
6	7	1	4	1	3	6	5	4	1
4	2	6	2	6	7	1	2	6	2
1	3	4	5	3	2	4	5	3	1
5	2	1	6	1	7	3	6	2	7
4	3	5	4	2	4	5	1	5	1
2	1	2	3	1	7	3	4	6	2

:::: Puzzle (915) ::::

1	4	7	2	6	1	7	3	1	5
3	5	3	1	5	2	5	4	6	2
6	2	4	7	6	4	3	2	5	7
3	1	3	1	3	1	6	1	6	2
4	2	5	4	6	4	3	2	5	1
1	7	1	2	1	5	1	7	4	3
2	5	6	4	3	4	3	2	1	2
3	1	2	7	1	2	5	4	7	5
2	5	4	5	6	4	6	3	6	3
3	1	3	1	2	3	2	1	4	1

:::: Puzzle (916) ::::

3	2	7	2	3	6	2	3	1	5
4	6	5	6	4	5	1	6	4	2
5	3	4	1	7	2	4	7	5	3
2	7	2	3	4	3	1	2	4	1
1	6	1	5	1	6	5	7	5	3
3	2	7	3	4	2	1	4	6	1
6	1	5	1	6	3	6	7	3	5
4	2	6	7	4	2	4	2	1	2
5	1	4	3	6	1	5	6	3	4
3	2	5	1	2	3	7	4	1	5

:::: Puzzle (917) ::::

1	5	1	2	5	4	3	2	1	5
3	4	3	4	7	2	1	4	6	4
2	6	5	6	1	3	5	3	5	1
3	7	3	2	4	2	1	2	4	3
4	5	6	7	3	5	7	6	1	6
6	2	3	2	1	2	4	3	5	4
1	4	7	4	6	3	1	2	1	2
3	2	5	1	2	5	4	7	3	7
6	4	3	6	7	1	3	5	4	5
1	5	1	5	2	4	7	2	6	1

:::: Puzzle (918) ::::

3	1	4	1	4	3	1	6	2	1
6	2	5	2	5	6	4	3	5	6
1	3	6	1	7	2	5	7	2	3
2	4	2	5	3	1	4	3	1	4
3	7	3	1	2	5	2	5	6	3
4	5	2	6	3	1	3	4	1	2
7	6	4	5	2	4	6	2	7	6
2	1	3	1	3	7	1	5	4	3
4	6	2	4	6	5	4	6	7	2
5	3	1	5	2	3	1	5	1	4

:::: Puzzle (919) ::::

1	5	2	1	6	1	2	1	3	2
3	4	3	4	2	4	5	6	4	1
7	2	5	7	3	1	3	7	3	2
5	6	1	6	4	2	5	1	6	4
4	2	5	3	5	6	4	3	2	1
3	7	1	2	1	3	5	1	4	5
5	6	5	3	4	6	4	6	7	3
1	4	7	2	1	3	1	2	4	2
6	2	1	6	5	2	4	6	3	1
1	4	5	2	3	1	3	5	2	4

:::: Puzzle (920) ::::

1	5	2	3	5	4	2	1	4	2
7	4	1	4	6	1	5	7	6	1
2	6	3	5	2	3	6	2	3	5
4	5	2	1	6	5	4	1	4	2
3	1	3	7	2	1	7	2	3	6
5	4	2	6	5	3	5	4	1	5
1	3	1	4	7	1	2	3	7	3
6	7	6	3	6	4	6	1	5	4
3	5	1	5	1	2	5	2	3	1
4	2	3	4	3	6	1	7	4	2

:::: Puzzle (921) ::::

4	2	1	3	4	5	6	7	5	1
1	3	4	7	1	3	4	3	2	6
2	6	5	2	6	7	1	6	5	4
5	4	7	3	5	4	2	4	2	3
2	3	2	4	1	3	1	3	6	5
6	1	6	3	5	2	7	2	7	1
5	3	4	1	4	1	5	4	3	2
6	2	5	6	5	6	3	6	1	5
1	7	1	2	3	2	4	2	7	6
2	4	3	5	4	1	3	6	1	4

:::: Puzzle (922) ::::

5	2	7	1	4	1	2	3	1	5
3	4	6	3	6	7	4	5	4	6
2	1	5	4	2	5	1	6	2	3
3	7	2	3	1	3	2	4	7	6
4	6	5	4	2	4	1	5	3	5
3	1	2	6	1	3	6	2	7	2
2	6	5	4	5	4	1	3	1	6
1	3	1	7	1	3	6	5	7	4
2	4	2	3	4	2	7	1	3	1
3	1	5	1	5	3	5	2	4	2

:::: Puzzle (923) ::::

3	5	7	5	2	4	5	3	2	1
4	1	6	3	1	3	1	4	5	3
7	3	2	7	6	4	6	7	2	1
1	4	5	4	1	2	3	4	5	6
2	3	6	2	5	6	7	1	3	2
1	4	5	4	3	2	3	2	7	6
3	2	6	2	1	5	6	1	3	1
1	5	1	3	6	4	3	5	6	2
2	3	6	4	5	2	6	2	7	1
4	1	5	2	1	7	4	3	5	4

:::: Puzzle (924) ::::

3	2	5	3	4	1	7	2	7	1
6	1	4	1	2	3	6	5	3	4
4	2	5	6	5	4	2	4	1	2
1	7	1	4	1	3	6	3	7	6
4	3	6	2	5	4	5	2	5	1
6	2	4	1	3	1	3	1	3	2
3	1	3	2	5	2	4	7	4	1
2	4	5	6	1	3	6	5	2	3
5	1	3	2	4	5	1	4	1	6
3	2	4	1	6	2	3	5	7	5

:::: Puzzle (925) ::::

2	1	3	5	1	2	5	3	2	1
6	7	4	6	4	6	4	1	4	5
5	1	3	1	5	7	3	2	3	2
2	4	2	6	3	1	4	5	7	1
7	6	3	4	2	5	6	3	2	3
4	2	1	5	1	4	7	1	5	4
3	5	4	2	3	6	3	2	3	6
2	7	1	5	7	1	7	1	5	4
1	3	2	4	2	5	6	2	7	1
6	4	6	3	1	4	3	5	6	2

:::: Puzzle (926) ::::

7	3	4	1	6	2	5	1	3	2
4	1	2	5	3	1	4	2	4	1
5	3	7	4	6	5	6	3	5	2
6	1	5	2	1	4	2	7	4	6
3	2	3	6	7	3	1	5	1	3
6	4	1	4	5	2	7	2	4	6
7	3	5	3	1	3	5	3	1	2
5	6	1	4	5	2	1	2	5	3
2	7	2	6	7	6	4	6	4	1
4	1	3	4	3	2	1	3	7	2

:::: Puzzle (927) ::::

5	2	1	6	2	5	2	3	4	7
7	3	5	4	1	3	4	5	1	6
1	6	2	3	5	2	6	2	4	3
2	4	1	7	1	4	5	1	6	1
5	3	6	5	3	6	7	3	4	2
4	2	4	1	7	4	1	6	5	3
7	1	5	3	2	3	2	4	1	2
3	4	7	1	6	1	5	3	5	7
6	5	6	3	4	2	4	1	6	1
2	3	1	2	5	3	6	2	7	4

:::: Puzzle (928) ::::

5	3	1	3	6	5	2	5	2	1
2	7	5	4	1	3	7	4	3	4
6	3	1	2	6	2	6	2	1	5
1	4	5	4	7	4	1	7	4	3
3	6	1	6	2	5	3	5	6	2
1	2	4	5	3	6	1	2	3	4
4	5	7	6	1	2	5	4	5	1
2	3	1	2	3	7	1	3	2	6
5	6	5	6	4	5	4	6	7	1
3	1	4	2	1	2	1	3	4	3

:::: Puzzle (929) ::::

1	6	2	5	2	1	5	2	3	4
4	7	3	6	3	4	7	1	5	7
5	1	4	2	1	6	5	6	4	3
2	3	7	5	3	4	3	2	1	2
4	5	6	1	7	5	1	4	5	3
6	7	2	4	3	4	7	6	1	2
2	3	1	6	2	1	5	3	7	3
1	4	5	3	4	3	6	4	5	1
2	3	2	1	2	1	5	2	6	4
5	1	6	3	4	7	4	7	1	2

:::: Puzzle (930) ::::

2	3	1	6	5	4	7	4	3	1
1	7	4	3	1	2	6	2	6	5
2	6	5	2	6	4	5	4	7	1
1	3	7	1	7	2	3	1	2	3
2	6	5	2	3	1	5	4	5	1
5	4	3	1	5	4	2	1	3	4
3	1	5	2	3	7	3	6	2	1
2	6	3	6	4	1	5	4	3	7
1	4	7	1	7	3	6	2	1	6
5	2	5	3	2	4	1	4	5	2

:::: Puzzle (931) ::::

3	1	2	4	6	4	3	7	5	1
5	4	5	3	1	2	1	2	6	2
2	7	2	4	5	7	3	4	1	4
1	4	3	6	3	6	1	6	3	5
3	5	1	2	1	2	5	4	7	2
1	2	4	5	3	4	3	2	1	4
6	5	3	6	1	2	1	6	3	2
3	1	4	7	4	5	3	5	1	7
4	2	6	3	2	7	1	2	3	4
5	1	7	1	4	6	3	5	1	2

:::: Puzzle (932) ::::

6	5	1	4	2	3	7	1	5	4
2	3	2	3	1	5	4	3	2	3
1	4	1	4	2	3	6	5	1	4
6	2	5	3	1	5	4	2	3	7
1	4	7	6	4	7	6	1	6	2
3	5	1	2	5	2	3	5	7	5
6	4	3	7	4	6	1	2	3	4
5	2	6	2	1	3	5	6	1	2
4	3	5	7	5	4	2	4	5	3
7	1	2	4	3	1	3	1	2	1

:::: Puzzle (933) ::::

3	2	1	6	2	4	2	7	3	4
4	7	5	4	7	1	5	1	6	1
2	3	6	1	3	6	7	3	4	2
5	7	4	2	5	1	2	5	1	5
4	2	5	6	4	6	4	3	2	3
6	1	7	3	1	3	5	1	6	4
2	3	5	6	5	4	6	4	3	5
7	1	2	1	3	1	5	2	1	2
5	4	3	4	6	2	4	3	4	5
3	1	2	5	7	3	1	2	1	2

:::: Puzzle (934) ::::

4	1	2	3	7	3	1	2	1	6
3	6	5	1	5	2	4	7	5	3
4	2	3	2	4	6	5	3	1	6
1	5	4	5	3	1	4	6	4	2
6	2	1	2	4	2	5	2	1	6
3	5	4	7	1	3	6	3	5	4
4	6	1	3	5	2	4	1	2	1
2	7	2	6	1	3	5	6	7	3
4	3	5	3	2	7	2	4	2	4
1	2	1	4	5	1	5	3	1	3

:::: Puzzle (935) ::::

5	6	1	5	1	3	5	4	3	1
7	4	2	6	4	6	2	1	2	6
2	6	3	1	7	3	4	5	4	1
4	5	4	5	2	5	7	6	3	2
3	2	3	6	7	1	3	1	5	4
1	5	1	5	4	6	2	6	2	3
2	6	3	6	2	3	5	3	4	5
5	1	7	4	1	4	1	2	6	3
2	3	6	2	5	2	6	3	5	1
1	4	5	3	4	1	4	1	2	4

:::: Puzzle (936) ::::

1	4	2	3	5	3	4	2	1	2
3	6	7	1	2	6	5	7	3	6
1	5	2	5	4	7	1	2	1	4
6	4	3	1	6	3	5	4	7	3
2	1	5	4	2	4	2	3	2	6
5	4	3	6	7	1	5	7	4	1
1	7	1	4	5	2	4	1	3	5
2	4	3	6	3	7	6	7	2	1
1	7	2	1	2	1	2	5	4	5
6	3	5	6	4	5	3	6	3	6

:::: Puzzle (937) ::::

1	2	4	3	5	1	2	3	4	5
3	5	6	1	2	3	4	5	7	2
6	1	2	7	6	5	6	1	3	6
7	4	3	4	1	2	3	7	4	2
2	1	2	5	3	4	1	5	1	5
3	6	4	6	2	5	3	6	3	2
1	5	1	3	4	1	4	2	5	4
3	4	2	5	7	2	3	1	3	1
1	6	3	1	4	5	6	5	4	6
4	5	2	5	2	7	4	3	1	2

:::: Puzzle (938) ::::

1	3	7	3	2	7	4	5	1	5
5	4	1	6	1	6	3	2	3	4
1	2	5	2	4	2	7	4	5	1
3	4	6	3	5	6	1	3	2	3
6	2	1	2	1	3	5	7	6	1
1	5	4	7	6	2	4	2	5	4
2	3	2	3	4	3	1	6	3	2
5	1	6	1	2	5	4	5	1	4
4	3	5	4	6	1	3	2	3	2
2	1	2	3	7	5	7	6	1	4

:::: Puzzle (939) ::::

4	1	2	5	2	6	1	2	5	2
2	3	4	3	1	3	7	6	4	1
1	5	2	5	2	4	2	5	3	5
3	4	6	1	3	1	3	4	2	1
1	5	3	2	4	5	2	1	3	4
4	2	1	7	1	3	6	7	2	1
5	7	6	4	6	5	2	1	4	3
2	1	3	5	1	4	6	3	6	1
4	5	2	6	7	2	5	2	5	7
1	3	1	3	4	1	7	3	4	2

:::: Puzzle (940) ::::

2	4	1	7	1	3	6	4	5	2
5	3	2	3	4	2	5	2	3	1
1	6	4	1	7	6	3	6	5	4
7	3	2	5	4	1	2	1	3	7
4	5	7	3	2	3	4	5	2	5
1	2	1	6	4	5	6	3	6	1
3	4	3	2	3	1	7	2	5	4
2	5	1	6	4	2	3	1	3	2
7	6	2	3	5	1	5	4	5	4
4	5	1	4	6	4	2	1	3	1

::::: Puzzle (941) :::::

2	1	5	1	7	2	6	2	4	1
5	4	2	6	3	4	3	5	6	3
3	1	3	1	2	6	2	7	4	1
4	5	4	5	3	4	5	1	3	6
1	6	3	1	2	1	3	6	5	2
2	4	5	6	7	5	2	4	3	1
7	1	2	4	1	6	3	7	2	4
2	3	7	3	5	2	5	1	3	1
4	1	2	1	4	3	6	4	2	4
5	3	7	6	7	2	5	3	6	1

::::: Puzzle (942) :::::

4	5	3	6	4	1	3	1	3	1
3	1	2	5	2	5	4	6	4	2
2	4	6	3	1	3	1	2	3	5
6	1	2	7	5	2	5	6	1	2
5	3	4	6	1	7	4	7	4	5
7	1	5	2	3	5	2	3	6	2
3	2	3	4	1	6	1	7	1	4
4	1	6	2	5	3	4	3	5	2
6	2	3	1	7	1	2	1	4	1
1	4	5	2	3	4	5	3	2	3

::::: Puzzle (943) :::::

4	2	1	7	4	3	2	4	1	3
7	5	3	6	5	1	7	5	2	5
1	6	4	1	2	3	6	4	1	4
4	5	3	6	5	4	1	5	3	2
6	7	4	1	2	3	2	6	1	4
5	2	3	5	7	5	1	3	5	2
3	1	6	1	3	2	6	2	6	3
2	5	4	7	5	1	4	1	4	7
3	6	3	6	3	2	5	2	5	3
2	1	4	2	1	4	6	3	1	2

::::: Puzzle (944) :::::

2	4	5	2	1	3	2	1	7	6
1	3	1	7	4	5	4	3	4	3
2	4	5	2	3	6	1	2	6	5
1	6	3	7	5	4	5	4	1	3
3	2	5	4	6	2	6	2	7	5
6	1	3	2	7	1	5	3	4	1
7	5	4	1	3	2	4	1	5	6
1	2	3	2	6	5	6	2	3	7
3	5	4	5	4	1	3	1	4	1
6	1	2	1	3	2	4	2	6	5

::::: Puzzle (945) :::::

2	5	2	1	5	1	6	7	6	4
1	3	6	4	3	2	5	4	5	1
5	2	1	7	6	4	1	3	7	2
7	3	4	2	1	2	6	2	1	4
6	5	7	3	5	3	1	3	6	5
1	3	4	2	1	7	6	5	1	2
2	6	1	3	5	2	4	2	6	4
4	3	4	2	4	1	3	5	1	3
2	1	6	3	5	6	2	4	7	6
3	7	5	4	2	3	1	3	1	5

::::: Puzzle (946) :::::

2	5	6	3	7	1	4	6	2	5
1	3	2	1	5	3	5	3	1	3
4	6	4	3	6	2	1	7	4	2
7	2	1	2	1	4	3	2	1	6
6	5	7	4	3	5	1	6	7	4
1	3	1	5	1	7	4	2	3	6
4	7	6	4	3	2	5	1	5	4
3	2	5	2	6	4	6	3	2	3
7	1	4	3	7	2	5	7	4	5
5	2	6	1	5	3	6	1	2	1

::::: Puzzle (947) :::::

4	3	1	3	2	1	5	3	4	1
7	2	4	6	4	3	2	1	6	7
1	6	1	3	1	5	4	3	2	5
4	2	5	2	4	2	1	5	1	3
3	6	4	1	6	5	7	3	6	4
5	1	2	5	2	1	4	1	7	2
2	4	3	4	3	6	2	5	4	5
1	5	1	6	5	7	4	1	3	6
3	7	2	4	3	6	2	7	5	1
5	6	1	6	2	1	3	4	2	3

::::: Puzzle (948) :::::

6	5	1	5	1	2	1	2	6	1
7	4	3	2	3	4	3	4	5	2
3	1	6	1	6	1	2	1	7	4
2	7	4	5	7	4	3	5	2	5
5	6	1	3	6	5	1	6	1	3
1	3	7	5	4	3	2	4	5	6
2	4	2	1	2	1	5	1	3	4
3	1	5	6	3	4	7	2	6	7
6	2	4	2	1	6	3	1	4	3
3	5	1	7	3	4	2	6	2	5

::::: Puzzle (949) :::::

6	5	2	7	4	3	6	2	4	5
1	4	3	5	1	2	1	7	3	1
2	6	2	4	6	3	6	2	6	4
5	3	5	3	2	1	4	5	1	5
1	4	1	7	5	6	3	7	4	2
3	2	5	2	4	7	5	1	3	1
4	6	3	7	1	2	4	2	6	5
3	1	2	4	5	3	6	5	1	7
6	5	7	1	6	4	1	2	3	2
3	1	2	4	2	5	3	4	6	1

::::: Puzzle (950) :::::

1	2	4	5	1	3	5	2	4	6
7	6	1	7	6	2	4	3	5	3
5	2	3	4	3	1	6	2	1	4
6	4	1	2	5	2	5	4	6	5
5	3	6	7	1	7	3	1	3	2
7	1	4	3	6	4	2	5	7	1
2	3	6	1	2	1	3	4	2	3
5	7	2	4	5	4	6	1	5	1
2	6	1	3	1	2	7	3	6	4
3	5	4	2	7	4	5	1	2	3

::::: Puzzle (951) :::::

6	1	2	3	1	4	5	1	5	6
2	5	6	5	7	3	6	7	4	2
4	1	3	2	1	4	2	3	1	3
3	2	4	5	3	5	1	6	2	4
1	5	3	1	4	2	3	7	1	6
2	6	2	5	7	1	4	5	2	5
5	1	3	4	2	5	2	1	4	3
4	2	6	1	3	7	4	3	2	7
3	5	4	7	4	1	5	6	5	4
1	2	6	1	3	2	3	2	1	3

::::: Puzzle (952) :::::

2	5	6	5	4	5	1	4	6	1
4	3	7	3	7	3	7	3	5	2
1	5	1	2	1	6	1	2	7	3
6	2	4	6	4	2	4	5	4	1
1	7	3	1	3	6	1	6	2	6
4	2	5	4	2	4	3	5	1	4
1	3	1	3	5	1	2	6	7	2
5	4	6	4	2	3	7	3	5	1
1	2	3	5	7	5	2	1	2	4
3	6	1	2	4	1	6	5	3	6

::::: Puzzle (953) :::::

4	2	1	4	5	4	1	2	1	5
1	3	5	3	2	3	6	4	6	3
2	4	2	6	1	4	5	2	7	2
6	7	1	3	5	3	1	3	5	6
5	2	5	4	7	2	4	2	4	3
4	3	1	2	1	6	1	6	5	1
1	2	5	7	3	4	3	7	4	2
3	4	6	2	5	1	6	5	1	5
6	1	3	1	3	2	4	3	2	6
3	7	4	2	7	5	6	1	4	1

::::: Puzzle (954) :::::

6	4	1	5	1	5	1	6	2	4
3	2	7	2	6	2	3	4	5	3
4	1	6	1	5	4	1	6	2	1
3	5	2	3	7	3	2	4	3	5
1	4	1	4	2	4	1	5	1	4
2	7	6	5	6	3	6	3	2	3
3	1	2	3	2	1	5	4	7	1
2	5	4	1	6	7	3	1	3	2
3	1	7	5	2	5	2	4	5	4
4	6	2	3	1	4	6	3	7	6

::::: Puzzle (955) :::::

2	5	1	3	2	4	3	2	5	2
6	4	6	4	1	5	1	6	1	3
3	1	3	5	2	4	2	3	2	5
6	4	6	4	1	3	1	4	6	1
1	5	3	7	2	4	2	3	5	3
2	4	2	4	1	3	5	1	2	6
3	1	5	3	5	6	7	4	5	4
2	4	7	1	7	4	3	1	7	6
3	1	2	5	6	1	6	2	3	4
2	5	3	1	2	3	4	5	1	2

::::: Puzzle (956) :::::

3	1	4	1	5	4	2	3	5	1
7	6	2	6	2	6	5	4	6	2
3	5	4	3	5	3	1	3	7	1
1	6	2	7	1	4	2	6	5	2
4	5	4	5	2	3	7	1	3	1
2	6	2	6	4	6	4	5	4	7
7	1	4	7	5	1	2	1	6	1
5	6	3	1	3	4	3	7	2	5
3	1	2	7	2	5	1	6	1	7
4	6	3	5	1	3	2	4	3	2

::::: Puzzle (957) :::::

4	1	7	1	2	4	2	5	3	1
5	3	5	3	6	7	3	1	2	5
7	1	6	1	2	1	5	4	6	3
6	2	7	4	6	3	2	3	5	4
1	5	3	5	2	7	4	1	7	6
2	4	2	4	3	6	2	3	5	4
3	7	6	1	2	5	1	6	2	1
4	1	5	4	7	4	2	7	4	3
5	2	3	6	3	6	3	1	5	1
4	7	1	5	1	2	5	2	4	3

::::: Puzzle (958) :::::

1	3	6	7	1	3	4	5	7	2
2	5	2	5	2	6	7	3	1	6
1	4	1	4	7	4	2	6	5	3
7	3	7	3	5	1	3	1	2	1
4	6	2	1	2	4	7	4	3	4
5	1	3	4	3	1	6	2	1	2
4	2	5	2	6	5	4	5	3	5
1	3	1	3	7	2	6	2	1	6
4	5	4	5	1	4	7	4	3	5
6	3	1	2	7	3	1	5	2	6

::::: Puzzle (959) :::::

4	3	1	4	1	7	4	6	1	5
2	6	2	3	2	5	2	3	4	7
1	5	4	5	4	3	4	6	2	3
4	7	1	3	2	6	1	5	7	5
2	6	2	6	1	4	2	3	4	2
5	3	1	3	5	6	1	6	1	6
6	2	5	4	1	3	5	3	2	3
3	4	1	2	5	7	2	4	5	1
1	2	3	6	4	6	1	6	2	4
3	4	1	2	5	3	4	3	5	1

::::: Puzzle (960) :::::

6	1	6	2	3	6	2	1	7	2
2	4	7	4	5	7	5	4	3	4
1	5	3	2	3	1	3	7	1	6
3	2	1	4	5	6	5	4	3	5
1	4	3	2	1	4	2	1	2	1
5	6	1	4	5	3	5	4	3	4
7	2	5	3	7	2	1	2	1	2
5	1	4	2	4	3	4	3	7	3
3	2	3	7	5	1	6	5	6	1
1	4	6	2	6	4	3	1	2	5

::::: Puzzle (961) :::::

1	6	4	7	5	2	1	5	3	2
5	2	3	6	1	4	3	4	1	5
4	1	4	2	3	7	1	7	3	6
3	7	5	7	1	5	2	6	5	1
2	6	2	6	2	3	7	3	2	4
4	5	1	4	1	6	1	5	7	6
3	2	7	2	5	2	3	4	3	4
1	5	3	1	6	4	6	1	2	1
4	2	4	5	3	5	3	5	6	3
3	5	1	6	1	4	2	1	2	4

::::: Puzzle (962) :::::

4	5	4	5	2	1	5	4	6	2
3	2	7	6	3	4	3	1	3	4
1	5	3	5	1	2	5	2	6	7
6	7	1	2	6	3	4	1	5	3
3	4	3	4	5	1	2	7	6	1
7	1	6	2	3	4	3	1	4	2
2	5	4	1	7	1	6	5	3	1
4	6	2	5	2	3	2	4	2	4
3	1	3	1	6	1	5	7	1	3
4	7	2	5	4	3	2	6	5	2

::::: Puzzle (963) :::::

1	5	4	2	6	3	4	5	2	3
3	2	7	1	5	1	6	3	4	7
4	6	5	4	2	3	4	1	6	1
1	3	2	6	1	5	2	3	4	7
5	6	1	3	2	4	1	5	1	2
2	4	5	4	6	5	6	2	3	6
3	7	3	2	3	1	3	1	4	1
1	5	4	1	5	7	2	5	7	2
2	6	7	6	4	6	4	1	4	5
3	1	2	1	5	3	2	3	2	1

::::: Puzzle (964) :::::

5	3	4	2	6	1	5	3	1	2
1	6	5	1	4	7	6	2	7	3
2	3	4	3	6	2	1	3	1	2
5	1	7	2	7	4	5	4	6	5
2	4	5	6	5	1	2	3	1	3
7	1	2	4	3	6	4	6	2	4
3	6	3	6	2	1	2	3	7	1
4	2	7	1	5	7	5	1	5	3
6	5	4	3	4	6	4	6	4	2
1	7	1	2	1	3	2	1	3	5

::::: Puzzle (965) :::::

2	3	1	6	3	1	3	1	4	2
5	4	2	5	4	5	4	2	5	3
3	6	1	7	2	1	3	7	6	1
1	7	5	3	6	4	2	1	2	4
2	3	6	1	5	7	3	4	5	3
1	4	7	2	4	6	2	6	1	2
3	5	3	6	3	5	3	7	4	6
2	1	2	1	2	7	4	1	3	2
4	3	4	5	4	5	3	5	7	4
2	5	1	6	1	2	1	2	3	1

::::: Puzzle (966) :::::

4	6	4	1	3	2	3	1	2	5
2	1	3	7	5	1	7	5	7	4
5	4	6	2	6	3	2	3	2	6
3	1	5	3	1	4	1	4	1	5
2	4	2	4	2	5	2	5	3	4
6	3	1	3	6	1	7	1	2	1
4	5	4	2	4	2	5	6	4	3
1	3	1	5	3	7	3	1	2	1
7	5	4	6	2	5	2	5	3	4
1	2	3	1	4	3	1	6	1	2

::::: Puzzle (967) :::::

1	5	6	4	2	3	5	2	1	5
4	3	2	1	6	7	1	3	4	2
7	1	5	3	2	4	2	5	6	1
6	2	6	4	6	5	1	7	3	7
5	4	5	7	1	3	4	6	4	5
1	7	2	3	5	2	5	3	1	3
2	3	4	1	7	3	6	4	6	4
5	6	7	3	6	5	2	1	2	1
4	2	4	2	1	4	3	6	5	3
1	7	3	6	5	6	1	2	1	4

::::: Puzzle (968) :::::

1	4	3	6	2	1	4	3	5	4
5	6	7	1	7	6	5	2	7	3
1	2	5	2	4	3	7	6	5	1
6	4	3	6	1	6	4	1	3	2
5	1	2	4	2	5	3	6	7	5
4	6	3	5	7	1	2	1	2	4
3	2	1	6	2	5	7	6	3	1
6	4	3	5	1	6	3	2	5	4
5	2	1	2	3	4	1	4	1	3
4	3	5	4	1	2	6	3	7	2

::::: Puzzle (969) :::::

7	6	3	4	1	6	5	3	6	2
4	1	7	5	2	4	2	7	1	3
3	2	3	6	3	1	3	4	5	4
5	1	5	2	4	5	6	1	6	1
6	3	4	1	6	2	3	2	5	3
4	5	7	2	3	5	6	1	4	2
2	1	6	1	4	2	4	5	7	6
5	4	2	3	6	7	1	3	1	5
1	3	5	7	2	3	6	2	4	2
5	2	6	4	5	1	4	7	3	1

::::: Puzzle (970) :::::

1	4	2	3	1	3	5	4	1	5
2	3	1	4	6	2	6	3	7	6
1	7	2	3	5	3	5	1	4	2
5	6	5	1	4	2	4	3	5	1
4	3	4	2	3	7	1	2	6	2
6	5	1	6	1	5	4	5	4	3
7	3	2	4	2	7	3	2	6	1
2	6	5	1	5	1	4	1	5	2
5	4	7	3	4	2	3	7	6	7
6	3	1	2	7	1	6	2	4	3

::::: Puzzle (971) :::::

4	1	6	3	6	3	2	1	2	1
3	7	2	7	4	1	5	4	3	4
1	5	1	5	3	2	3	2	5	1
4	2	3	2	1	5	7	1	3	4
3	5	1	4	3	6	2	6	5	6
7	4	2	7	5	1	3	4	2	3
6	3	6	1	2	7	2	1	5	1
2	4	7	4	5	3	5	3	4	2
5	6	2	3	2	1	2	1	7	5
1	3	5	1	4	6	7	4	6	1

::::: Puzzle (972) :::::

1	6	5	2	1	5	4	1	3	6
5	4	3	4	3	6	3	2	5	2
2	6	2	1	5	4	1	7	1	4
1	3	4	7	2	3	2	3	5	2
7	5	1	3	1	6	5	7	4	1
4	6	7	4	5	7	2	3	6	3
3	2	5	1	3	1	4	1	2	1
5	6	4	6	5	6	2	5	7	6
1	3	2	3	2	3	4	1	3	1
2	7	4	6	1	7	6	5	4	2

::::: Puzzle (973) :::::

4	5	2	5	1	5	2	4	6	3
1	6	3	6	2	4	7	3	1	4
7	2	5	1	3	6	2	6	2	3
1	4	3	2	4	7	3	4	5	1
3	2	1	7	1	5	1	7	2	6
6	4	5	4	6	4	6	4	1	5
5	1	6	2	3	2	7	5	7	3
4	3	7	5	1	5	6	2	4	1
7	2	4	2	6	3	1	5	6	2
5	3	1	3	7	4	2	3	1	3

::::: Puzzle (974) :::::

2	1	6	3	5	2	3	1	4	2
7	4	2	4	1	6	4	2	3	6
5	1	5	3	5	2	7	6	5	1
6	3	6	1	4	3	5	1	3	2
2	1	2	7	5	2	4	2	4	1
7	4	3	4	3	1	3	1	5	3
1	6	1	6	5	6	4	7	4	2
5	3	2	3	4	1	2	6	5	1
4	1	5	7	6	5	3	4	3	4
2	3	2	1	3	4	2	1	2	1

::::: Puzzle (975) :::::

1	7	3	2	6	5	4	2	5	1
6	2	1	7	4	2	3	1	7	6
3	5	4	5	3	1	4	5	2	1
2	1	6	7	2	6	3	6	4	7
3	4	3	4	3	1	2	1	2	3
1	5	6	5	2	7	4	5	6	1
3	4	2	1	4	6	3	1	3	5
1	7	5	3	2	1	4	6	2	1
5	3	1	4	5	3	2	3	5	3
1	2	5	6	2	4	1	7	2	4

::::: Puzzle (976) :::::

1	2	5	2	1	3	2	3	2	1
3	6	1	4	5	4	1	4	6	7
1	2	3	7	6	2	5	3	1	2
4	5	1	4	3	1	4	2	6	3
1	2	6	2	5	2	5	1	4	1
7	4	5	1	4	3	4	6	2	5
5	2	3	6	2	1	5	3	4	3
6	7	1	5	4	3	6	2	1	5
3	5	4	3	2	7	1	5	3	2
6	1	2	1	5	3	4	2	1	4

::::: Puzzle (977) :::::

1	2	6	5	4	1	2	3	7	4
3	4	1	7	2	6	4	5	1	2
2	5	2	5	1	3	7	6	3	5
1	6	1	3	2	5	4	1	7	6
2	3	4	5	7	3	2	3	4	1
4	6	1	2	6	1	4	1	5	3
1	5	4	5	3	7	3	6	7	2
2	3	7	2	1	2	5	2	4	1
5	4	6	5	6	3	4	1	5	7
1	3	2	4	1	5	6	3	2	4

::::: Puzzle (978) :::::

1	4	1	3	6	7	3	1	3	2
2	3	5	7	2	5	4	2	6	1
1	6	1	4	6	1	7	1	5	3
3	2	3	2	5	3	2	6	2	4
1	5	7	4	6	4	7	4	1	5
2	4	2	1	2	5	6	3	6	2
5	3	6	3	4	3	1	2	7	3
6	4	2	1	5	2	4	5	1	4
5	1	3	7	6	3	1	7	3	2
3	4	2	1	5	4	6	2	4	1

::::: Puzzle (979) :::::

2	6	1	6	1	3	7	5	3	1
1	4	3	7	2	5	4	2	4	2
3	5	2	4	6	3	7	1	5	3
1	7	6	3	2	1	2	6	4	1
5	3	5	1	4	6	5	1	3	2
4	7	2	7	3	1	3	4	5	4
3	1	3	6	4	5	2	1	2	6
5	4	2	5	2	3	4	5	4	1
6	3	6	4	1	5	1	3	6	2
2	1	2	5	3	4	6	2	5	4

::::: Puzzle (980) :::::

1	6	2	1	2	5	3	5	2	3
7	5	3	7	4	1	4	1	7	1
1	4	1	5	3	2	6	5	6	2
3	2	3	2	6	1	3	1	3	4
7	1	5	1	3	4	5	2	5	1
2	4	2	4	6	2	1	4	3	4
6	3	5	7	5	3	6	7	6	2
4	2	4	3	2	4	1	3	1	4
1	6	7	5	1	5	2	5	6	2
3	5	2	6	3	4	1	3	1	7

:::: Puzzle (981) ::::

3	1	5	1	2	1	2	3	5	1
4	2	3	6	5	4	6	1	4	2
5	7	4	7	3	7	2	7	3	1
4	2	6	1	2	1	5	6	2	4
3	5	3	4	6	7	3	4	3	6
2	1	2	5	3	1	5	2	5	1
4	5	3	7	4	2	6	3	4	6
7	6	4	1	3	5	4	1	7	2
2	3	2	6	2	1	7	3	5	3
1	5	7	1	3	5	2	1	6	4

:::: Puzzle (982) ::::

1	2	3	1	6	1	4	1	2	4
4	7	4	2	3	5	3	6	5	1
6	1	3	1	7	2	1	2	3	2
5	2	4	2	6	3	6	5	6	1
1	7	5	3	5	4	2	1	2	4
2	6	2	7	1	3	5	3	5	3
5	1	5	3	2	4	1	4	2	6
4	3	4	6	1	5	3	7	1	4
1	2	1	3	2	4	2	5	3	5
3	4	7	6	7	3	6	1	2	4

:::: Puzzle (983) ::::

5	2	6	4	6	2	3	6	5	3
4	1	7	5	1	7	1	4	2	1
3	6	4	2	3	2	6	5	7	4
5	1	5	6	7	1	3	4	1	2
3	4	2	1	3	4	6	2	3	5
2	6	3	7	5	1	7	5	7	1
7	5	4	1	4	3	2	1	3	2
3	2	3	5	7	5	7	6	4	6
1	6	1	2	4	3	4	2	7	3
2	7	4	6	5	1	6	1	5	4

:::: Puzzle (984) ::::

4	1	3	1	2	1	3	5	3	1
2	7	2	6	3	7	6	1	4	2
3	6	4	5	4	2	4	2	3	5
1	5	1	6	3	1	3	5	1	6
4	2	7	2	5	4	2	4	2	3
5	1	3	6	7	1	6	3	5	1
2	4	5	2	4	2	4	2	7	3
1	3	6	1	5	1	6	1	5	1
2	7	4	2	3	4	3	2	4	6
1	6	3	5	7	1	5	1	3	2

:::: Puzzle (985) ::::

5	2	4	1	3	4	2	1	4	2
3	1	5	2	5	1	3	5	7	6
7	6	3	4	6	7	4	6	4	3
4	2	5	2	3	1	2	1	2	7
3	1	4	1	4	6	5	3	5	3
2	5	3	7	3	1	4	7	1	4
6	1	4	1	2	6	2	3	2	6
4	3	2	7	3	1	5	1	5	4
5	6	4	1	5	2	4	2	3	7
1	3	2	3	4	7	6	5	1	2

:::: Puzzle (986) ::::

2	1	4	5	3	4	1	6	2	3
5	3	2	1	6	2	3	5	7	4
1	6	4	5	7	1	4	1	3	5
7	3	2	3	4	2	5	6	2	1
5	1	4	1	5	1	3	1	3	6
4	2	3	6	3	2	6	2	4	2
1	5	1	2	4	1	7	5	3	5
7	2	4	5	3	5	3	1	2	1
4	3	1	2	4	1	4	5	4	7
2	5	6	3	6	3	2	6	1	2

:::: Puzzle (987) ::::

3	5	2	6	7	5	6	1	5	3
1	4	3	1	3	4	3	4	2	4
2	5	6	2	5	6	2	1	6	5
4	1	3	4	3	1	5	3	2	3
6	5	2	6	2	7	6	7	5	1
2	1	4	5	1	4	1	4	2	4
3	7	2	3	2	5	3	6	3	7
1	6	4	7	4	6	2	1	5	6
5	2	1	2	1	3	4	6	4	1
1	3	4	5	4	7	2	7	3	5

:::: Puzzle (988) ::::

1	2	5	1	3	2	5	4	1	6
3	4	6	4	6	7	1	6	2	4
6	1	2	5	3	5	3	4	3	5
2	7	3	4	1	2	7	1	7	1
3	4	1	2	7	5	6	3	6	2
1	2	5	6	1	2	1	2	4	5
3	4	3	2	3	4	5	6	3	2
1	2	6	4	5	6	7	2	4	5
5	7	1	3	2	4	1	6	3	7
2	3	4	5	1	5	3	7	1	6

:::: Puzzle (989) ::::

7	5	4	3	7	4	1	3	7	1
2	1	2	6	2	5	2	6	5	4
5	3	4	3	1	6	3	4	3	7
4	1	6	7	2	4	1	2	1	2
6	2	5	1	3	5	6	3	7	3
4	1	3	2	4	2	4	2	6	5
3	5	7	1	6	5	6	5	4	1
1	2	4	5	2	1	2	1	6	5
3	6	1	3	4	3	7	3	4	2
1	2	4	2	6	1	5	1	7	3

:::: Puzzle (990) ::::

2	4	3	5	1	5	3	6	2	1
3	1	6	4	6	2	1	4	3	4
4	2	5	2	3	4	5	7	2	1
1	3	6	4	5	2	3	4	3	4
5	4	5	1	7	1	6	1	2	6
6	7	2	6	2	4	7	3	5	3
1	3	1	5	1	3	1	6	4	1
4	2	4	2	7	4	5	3	2	5
5	7	6	3	1	3	1	6	1	3
2	3	1	2	6	5	7	2	4	2

:::: Puzzle (991) ::::

2	3	1	6	1	3	2	5	1	4
1	5	4	5	4	7	4	3	2	3
3	2	3	2	3	2	1	7	4	5
6	4	1	5	6	7	3	2	1	2
2	3	7	2	4	5	1	7	5	6
1	5	6	3	1	3	4	6	3	1
3	4	1	4	5	2	7	1	2	6
1	5	2	7	1	6	4	5	7	1
6	7	4	6	4	3	2	6	2	4
3	2	1	3	2	5	1	5	1	3

:::: Puzzle (992) ::::

1	4	6	2	5	3	4	3	1	2
3	2	7	1	4	2	5	6	4	3
1	5	6	2	7	3	1	3	1	7
4	3	1	5	1	5	4	2	4	6
2	6	7	3	4	7	1	6	1	3
3	4	5	2	5	2	5	4	2	4
6	2	1	6	1	3	7	3	5	1
4	3	7	5	4	6	2	6	7	2
5	6	1	2	1	5	3	5	1	3
1	2	4	3	4	2	1	4	2	5

:::: Puzzle (993) ::::

1	3	2	6	1	7	5	2	1	4
2	6	5	4	3	2	4	6	7	3
4	7	1	2	1	5	1	2	5	1
1	3	4	3	7	3	4	7	6	4
5	6	2	1	2	6	1	5	1	3
2	4	3	4	3	5	4	3	2	5
6	5	2	5	6	1	6	5	4	3
3	4	6	1	3	4	2	7	1	7
1	5	2	5	7	6	3	4	6	2
2	3	1	3	4	1	7	2	5	1

:::: Puzzle (994) ::::

1	4	6	3	5	2	3	5	1	4
3	5	1	2	1	6	4	2	7	6
2	6	4	5	7	2	1	3	1	2
1	3	1	2	6	5	4	5	6	4
5	7	5	3	4	3	2	3	1	5
6	4	2	7	5	1	4	6	4	3
1	5	6	1	6	2	3	1	2	5
4	2	4	3	7	1	4	5	3	4
3	6	5	6	4	5	7	2	1	2
1	4	3	2	3	2	1	3	5	6

:::: Puzzle (995) ::::

5	2	3	2	4	2	3	4	7	1
3	6	1	5	1	5	6	5	2	3
1	4	2	3	2	4	3	4	1	4
3	6	1	5	7	6	1	6	2	5
4	2	7	3	1	5	2	4	7	3
7	1	6	2	4	7	1	5	1	5
3	5	7	1	3	2	6	3	7	6
6	1	4	6	4	7	4	1	4	2
5	3	2	1	5	1	2	5	6	3
2	1	5	3	6	4	3	1	2	1

:::: Puzzle (996) ::::

3	2	5	4	3	4	1	5	4	5
5	6	3	1	6	2	6	2	1	6
7	1	2	4	5	3	1	7	4	2
6	5	7	3	1	4	6	2	5	3
3	4	1	2	6	2	1	4	1	7
2	7	3	4	1	5	3	6	3	2
6	5	1	5	3	6	7	2	7	4
1	4	3	2	1	2	4	1	6	5
5	2	1	5	3	5	3	2	3	1
3	6	7	4	2	4	1	4	5	4

:::: Puzzle (997) ::::

5	3	6	4	5	7	1	4	6	1
1	4	5	3	2	4	6	3	2	5
2	6	7	1	5	7	1	7	6	3
1	3	4	2	6	2	4	2	5	4
2	5	7	1	3	1	5	1	3	2
6	4	3	2	6	7	3	7	6	4
1	5	6	1	3	4	5	2	3	5
7	4	2	4	7	6	3	4	1	2
5	1	6	1	2	4	1	2	5	6
2	3	5	3	6	5	3	7	4	1

:::: Puzzle (998) ::::

1	3	2	3	6	5	1	4	2	3
2	5	4	5	4	7	6	3	5	1
3	1	6	7	2	3	4	7	2	6
6	4	3	1	4	1	2	6	1	4
5	2	6	5	2	5	3	5	3	5
6	4	1	3	1	4	1	2	7	6
1	7	5	6	2	3	6	3	1	4
4	3	2	1	4	7	2	5	6	2
2	5	4	5	2	5	4	7	4	1
1	3	1	3	6	1	2	3	5	7

:::: Puzzle (999) ::::

7	1	4	2	1	2	1	7	1	2
6	5	3	6	3	5	3	5	6	3
1	4	2	4	7	6	2	4	2	4
2	3	1	3	1	3	1	3	1	6
1	5	2	4	5	2	5	2	5	4
6	4	3	6	3	1	6	4	1	2
1	2	1	7	5	2	3	5	3	4
3	4	5	3	1	6	1	4	7	5
2	1	2	4	2	4	2	5	1	3
5	4	3	6	5	6	1	3	2	6

:::: Puzzle (1000) ::::

3	2	3	1	2	6	2	3	1	6
1	5	4	5	3	7	5	4	5	4
3	6	3	1	6	1	2	7	2	7
2	1	2	5	4	5	4	3	1	3
4	5	6	1	3	2	1	7	6	4
3	1	4	2	4	6	4	2	5	2
5	6	3	1	7	2	3	6	1	4
4	1	4	2	5	6	1	7	5	3
6	5	3	7	4	2	5	4	6	1
7	1	2	5	3	6	1	7	3	2

Special Bonus for Logic Puzzles Lovers

Please go to the link below to download and print this 500 Easy to Hard logic puzzles and start having fun.

https://bit.ly/2BM2LSC

A Special Request

Your brief review could really help us.

Thank you for your support

www.ingramcontent.com/pod-product-compliance
Lightning Source LLC
Chambersburg PA
CBHW081251130726
47998CB00010B/2753
* 9 7 8 9 9 2 2 6 3 6 5 7 3 *